物联网+组织变革的计算研究丛书

# 物联网+组织结构的特征、建模与应用

胡　斌　常　珊　丁　龙　著

武汉理工大学出版社

## 内容简介

本书分三个部分来研究物联网环境下企业组织结构与组织管理的问题。第1部分为特征篇，首先介绍物联网环境的技术特征，包括物联网的基本概念、基本特征及其数据特征；然后介绍由物联网技术特征引起的物联网环境下企业组织结构与模式的特征，及其引起的组织管理变革；最后介绍物联网环境下组织流程特征、典型流程及其运作特征。第2部分为建模篇，首先介绍物联网环境下平台组织结构的特征，并从供应链系统视角分析物联网环境的可追溯性，然后分别介绍物联网环境下基于平台的制造组织结构和物流组织结构、基于追溯的供应链组织结构和销售渠道结构。第3部分为应用篇，首先研究物联网环境下灰色市场追溯系统的结构优化设计、供应链不同组织结构中的柔性产能的决策问题，然后介绍物流组织和供应链组织的结构优化问题，最后介绍销售渠道结构与产品质量决策的关系问题、基于RFID的灰色市场结构及其决策问题。

**图书在版编目(CIP)数据**

物联网+组织结构的特征、建模与应用 / 胡斌，常珊，丁龙 著. —武汉 ：武汉理工大学出版社，2020.12

（物联网+组织变革的计算研究丛书）

ISBN 978-7-5629-6367-7

Ⅰ.①物…　Ⅱ.①胡…　②常…　③丁…　Ⅲ.①物联网-研究

Ⅳ.①TP393.4　②TP18

中国版本图书馆CIP数据核字(2020)第247924号

**项目负责人：**尹　杰　　**责任编辑：**尹　杰

**责任校对：**余士龙　　**版面设计：**正风天下

**出版发行：**武汉理工大学出版社

**网　　址：**http://www.wutp.com.cn

**地　　址：**武汉市洪山区珞狮路122号

**邮　　编：**430070

**印　　刷：**武汉市籍缘印刷厂

**经　　销：**各地新华书店

**开　　本：**710mm×1000mm　1/16

**印　　张：**18.75

**字　　数：**269千字

**版　　次：**2020年12月第1版

**印　　次：**2020年12月第1次印刷

**定　　价：**78.00元

# 作者简介

胡斌博士，男，1966 年 12 月生，二级教授、华中学者，华中科技大学管理学院博士生导师、现代化管理研究所所长，兼任中国自动化学会系统仿真专业委员会副主任委员、中国系统仿真学会离散系统仿真专业委员会副主任暨复杂系统仿真专业委员会副主任委员。研究方向为管理系统模拟、基于计算与实验的管理理论与方法、社会计算、计算组织理论，主持完成了国家自科基金重点项目 1 项和面上项目 5 项。在国内外重要期刊上发表学术论文近 100 篇，出版学术专著和专业教材 8 本。

常珊博士，男，1984 年 8 月生，湖北经济学院信息管理与统计学院讲师，研究方向为新兴信息技术环境下的供应链管理、行为运作管理，在国内外重要期刊发表学术论文近 10 篇。

丁龙博士，男，1990 年 10 月生，南京信息工程大学管理工程学院讲师，兼任中国系统仿真学会离散系统仿真专业委员会委员，研究方向为行为运作管理、供应链管理。2018—2019 年赴美国印第安纳大学布卢明顿分校 Kelley 商学院访问，学习和研究了管理领域前沿的营销运营。曾在《Computers & Industrial Engineering》《中国管理科学》《管理工程学报》《系统工程学报》等国内外重要期刊发表学术论文 10 余篇。

# 总　序

随着万物互联智能时代的来临，物联网系统及其环境的鲜明特征，将给各类社会组织的结构与运作带来显著影响，20世纪大规模生产和互联网背景下产生的传统组织管理理论与方法，无法适应万物互联的智能时代特征，而将出现重大的变革。因此，我们要探索和开发物联网环境下组织管理新的学科理论与研究方法。

物联网环境有其鲜明的特征。从纵向来看，物联网系统的感知层、网络层和应用层三层中，实现了信息的实时采集、人和物的实时定位和跟踪。从横向来看，物联网实现了人与物、物与物的互联，组织的边界开始模糊化，从而可以实现大规模集中运作；人和物相互操作，人利用物的“智慧”，便利了自己的工作和生活，但是物对人也有要求，物能倒逼组织对人进行实时管控，给人以压力。因此，物联网环境的特征，造成了组织管理的复杂性。

本“物联网＋组织变革的计算研究丛书”从组织结构、组织行为与人的行为、组织运作、计算与深度分析方法入手，提出物联网环境下组织管理的新理论与方法。

本丛书是国家自然科学基金重点项目“物联网环境下的组织体系架构建模、行为分析与优化设计：以电商物流为例”（No. 71531009）的研究成果之一。我们希望该丛书的出版，能对万物互联时代的组织管理理论与方法的变革有所推动，能对各类社会组织管理的实践者迎接智能时代的来临提供理论支持。

**胡斌教授**

**于华中科技大学**

**2020年6月**

# 前　言

物联网环境具有与传统环境相比不一样的特征，物联网环境下，各类社会组织运作中的人不再是唯一起主导作用的实体。因为“物”能够靠传感器向组织实时提供状态信息以及有边缘计算技术的支持，传统的“物”成为了智慧“物”，也在社会组织中起主导作用了，它虽然给人提供了方便，但也倒逼人要实时地决策，进而倒逼组织架构进行变革。

目前国内物联网环境及其特征还停留在概念上且没有一个权威的界定；为了对物联网环境及其特征进行系统性的归纳，近五年来我们开展了大量调研工作，其中，对新兴信息技术支持下（含机器人）的制造企业（包括两家汽车制造企业和一家纺织企业）进行了调研，深入了解了这些制造企业管理信息系统的开发与运作现状，以及基于信息系统的企业组织结构的设计；对智慧办公环境下通信企业的研发和供应链管理（采购—生产—体化管理）部门进行了调研，对企业内信息系统孤岛造成的业务流程中断现象进行了研讨；对一家大型电商企业的华中地区物流中心进行了调研，观察了自动化物流设备与分拣机器人的工作过程及其形成的物流过程；对西北地区的两家农业物联网示范园区进行了调研，观察了农作物与家畜所处环境的实时数据采集过程；参加了国内以物联网和智慧城市建设为主题的博览会、论坛等每年固定的年会，及东部某城市某农业物联网将家庭农业组织形式与物联网推广融资策略结合起来的应用科研项目；承担了南方某城市的智慧城市建设下物联网技术支持的环卫组织管理科研项目，研究了物联网环境下环卫管理组织结构与流程的变革；对历年国内外学术文献中以“物联网”为主题的文章、著作、杂志专刊等文献进行了系统梳理。

基于上述工作，我们对物联网环境特征，从以下两个层面进行归纳：第一层是物联网系统固有的特征，这是从物联网的技术特征进行归纳；第二层是由物联网系统引发的社会组织所表现的特征，具体包括组织结构、业务流程、组织行为、PEST 环境等四个方面的特征。企业组织架构为适应这些特征将发生变革。

为此,我们从物联网环境的平台性、追溯性这两个主要特征出发,来研究企业组织架构的变革,组织架构包含结构和关系两个方面。对于平台性,我们选取具有代表性的制造组织和物流组织作为应用背景,平台性使得企业以平台为节点,可以向周边辐射为网状的组织集群,企业在物联网环境下就可以实现大规模运作。对于追溯性,我们选取具有代表性的供应链组织和销售渠道为研究背景。追溯是从某个企业节点或业务环节向商务流程的上游追溯,这使得多家企业或者多个业务环节形成了链状的组织,在实时跟踪、实时追溯的技术支持下,企业经营运作可以方便地实现链状合作,真正实现供应链式的运作。传统环境下虽然也有链状合作,但局限于信息的不透明,企业的运作仍然是单体的思维模式。

在此基础上,本书研究了平台和追溯技术条件下组织架构的设计、优化和应用问题,包括制造业的产能决策、供应链的产品质量决策以及物联网技术的采纳决策等。这对物联网环境下组织管理理论的建设与发展,对各类社会组织迎接物联网时代的到来、搞好物联网环境下的组织管理与决策工作,具有广泛的理论意义和现实意义。

本书具体的编撰分工为:第 1 至 5 章由胡斌编撰,其中,第 1 章由许子来和李京蔚整理,第 2 章由封益航和李京蔚整理,第 3 章由邹宵、蒋刚、王丽莉和段妍婷整理,第 4、5 章由薛鹤强和蒋刚整理,第 6、7、12 章由常珊撰写,第 8、13 章由段妍婷撰写,第 9、14 章由王丽莉撰写,第 10、15 章由胡森撰写,第 11、16 章由丁龙撰写。胡斌负责全书内容的策划、主创和统稿。

由于作者的水平有限,不妥甚至有争议之处在所难免。为了我国物联网环境下组织管理研究事业的发展,恳请广大读者不吝赐教。

**作者**

**于华中科技大学**

**2020 年 6 月**

# 目　　录

## 第1部分　特征篇


第1章　物联网的基本特征 …………………………… (3)
1.1　物联网与组织变革 …………………………… (3)
1.2　物联网的简介 …………………………… (5)
1.3　物联网特性 …………………………… (11)
1.4　物联网数据特征 …………………………… (16)
第2章　物联网环境下的企业组织 …………………………… (21)
2.1　物联网环境下企业组织结构的特征 …………………………… (21)
2.2　物联网环境下的组织模式 …………………………… (23)
2.3　物联网环境的组织管理 …………………………… (28)
第3章　物联网环境下的组织流程与运作 …………………………… (35)
3.1　物联网环境下组织流程的特点 …………………………… (35)
3.2　物联网环境下业务流程创新 …………………………… (37)
3.3　物联网环境下组织流程的典型模式 …………………………… (39)
3.4　物联网环境下的组织运作:以供应链组织为例 ……… (42)
3.5　物联网环境下组织流程的典型应用 …………………………… (45)
第4章　物联网环境下企业组织的外部环境特征及其运行条件 …………………………… (51)
4.1　企业组织外部环境的特征 …………………………… (51)
4.2　企业组织运行所需具备的条件 …………………………… (53)
第5章　物联网引起的问题 …………………………… (58)
5.1　数据安全与隐私 …………………………… (58)
5.2　信用与道德问题 …………………………… (60)
5.3　技术问题 …………………………… (64)
5.4　物联网能源管理的问题 …………………………… (68)

## 第2部分　建模篇


**第6章　物联网环境下的平台及可追溯特征**…………………(73)

6.1　物联网环境下的平台结构特征 …………………(73)

6.2　物联网环境下可追溯网络特征 …………………(80)

**第7章　物联网环境下基于平台的制造组织结构**…………(90)

7.1　物联网环境下云平台与云制造特征分析 …………(90)

7.2　物联网环境下制造组织结构分析 ………………(92)

7.3　物联网环境下制造组织的决策分析………………(105)

**第8章　物联网环境下基于平台的物流组织结构** …………(113)

8.1　物联网环境下物流组织特征分析…………………(113)

8.2　物联网环境下物流组织复杂性网络结构分析………(120)

8.3　物联网环境下物流组织关系的网络优化决策分析
………………………………………………………(126)

**第9章　物联网环境下基于追溯的供应网络组织结构** ……(137)

9.1　物联网环境下供应链组织特征……………………(137)

9.2　物联网环境下基于追溯的供应链组织网络结构分析
………………………………………………………(140)

9.3　物联网环境下基于追溯的供应链组织网络优化决策研究………………………………………………(145)

**第10章　物联网环境下基于追溯的销售渠道结构**…………(151)

10.1　物联网环境下销售渠道结构特征分析 …………(151)

10.2　物联网环境下的销售渠道成员结构分析 …………(154)

10.3　物联网环境下渠道结构引起的决策变化 …………(159)


## 第3部分　应用篇


**第11章　物联网环境下灰色市场追溯系统的结构优化设计**
………………………………………………………(169)

11.1　基于物联网技术的追溯系统问题 …………………(169)

11.2　基于物联网技术的灰色市场追溯系统结构优化设计
………………………………………………………(171)

11.3 基于物联网技术的灰色市场追溯系统结构仿真分析 …………………………………………………… (177)
第 12 章 物联网环境下供应链中柔性产能的决策研究…… (184)
12.1 具有柔性产能的供应链中的决策协调问题 ……… (184)
12.2 具有柔性产能的双层供应链建模 ………………… (185)
12.3 双层供应链中柔性产能决策的协调机制分析 …… (189)
12.4 柔性产能下供应链企业决策及利润的数值分析 … (195)
第 13 章 物联网环境下物流组织网络的结构优化研究…… (208)
13.1 多式联运组织结构关系低效问题 ………………… (208)
13.2 基于不用物流组织结构关系的多式联运网络优化建模 …………………………………………… (210)
13.3 基于物流网络多式联运组织结构优化的广东省案例分析 ………………………………………… (212)
第 14 章 物联网环境下供应链组织的结构优化研究……… (226)
14.1 基于追溯的供应链网络结构优化问题 …………… (226)
14.2 基于追溯的供应链网络结构建模 ………………… (227)
14.3 基于追溯性的供应链组织渠道策略及网络结构优化分析 ………………………………………… (237)
14.4 基于追溯的供应链组织网络结构优化的数值分析……………………………………………………… (242)
第 15 章 物联网环境下可追溯性和渠道侵入对产品质量决策协同的影响研究………………………………… (254)
15.1 物联网技术下的双渠道产品质量决策问题 ……… (254)
15.2 物联网技术下的双渠道产品质量决策建模 ……… (255)
15.3 物联网技术下产品质量决策分析 ………………… (258)
15.4 物联网技术下产品质量决策的数值分析 ………… (268)
第 16 章 物联网环境下 RFID 技术对灰色市场的影响研究 ………………………………………………………… (274)
16.1 灰色市场管理中 RFID 技术的应用问题 ………… (274)
16.2 基于 RFID 技术的灰色市场结构建模 …………… (276)

16.3 不同结构情形下 RFID 技术对灰色市场的影响分析 …………………………………………………… (280)
16.4 纳什均衡分析 ……………………………………………… (285)

# 第1部分　特　征　篇

物联网环境下的企业组织管理，将发生巨大的变革。本部分首先介绍物联网环境的技术特征，包括物联网的基本概念、基本特征及数据特征；然后介绍由物联网技术特征引起的物联网环境下企业组织结构与模式的特征，及其引起的组织管理变革；最后介绍物联网环境下组织流程的特征、典型流程及运作特征。

第1章
Chapter 1

# 物联网的基本特征

## 1.1 物联网与组织变革

如果将企业组织架构视为执行、职能、决策三层系统，那么，通过传感和通信技术将“物”与互联网相连成为物联网，从纵向打通上述三层系统，从横向扩展上述三层系统的业务范围和地域空间[1]，实现了企业组织从日常运作（Operation）到战略经营（Business）的大规模、多领域问题[2]的一体化管理[3]。

对于企业组织而言，“物”借助物联网系统提供的计算服务和深度分析功能，主动参与网络中的活动，成为类似于人的智能成员[3]。“物”既有实物的，也有虚拟的，前者主要指企业的实物资源[4]，既包括机床、车辆、仪器、通信器材、办公设备等各种装备，也包括处于生命周期各个阶段的物资与商品[3]，如原材料、半成品、成品、已售商品等；后者主要指物联网系统提供的计算服务、深度分析及其他软件功能[4]。

物联网的传感设施将“物”的信息在企业组织的人、“物”成员之间传递[5]，能够获得实时、透明的“物”信息[6]，运作起来更有便捷性[7]，决策行为更有实时性[8]。

但物联网提供的便捷性和实时性是把双刃剑，它给企业经营带来便利的同时，也促进了顾客（政府、企业和个人）行为的便捷化，顾客的购物过程可以透明化，顾客可以及时地、精准地体验不同企业服务过程的细节，更便于在不同企业之间做出抉择[6]，因此，顾客需求的发生具有实时性，需求的偏好具有突变性[8-9]。

同时，“物”的加入，使得传统企业在互联网环境下人-人之间的交互，转变为物联网环境下人-人、人-物、物-物之间的交互（图 1-1）。

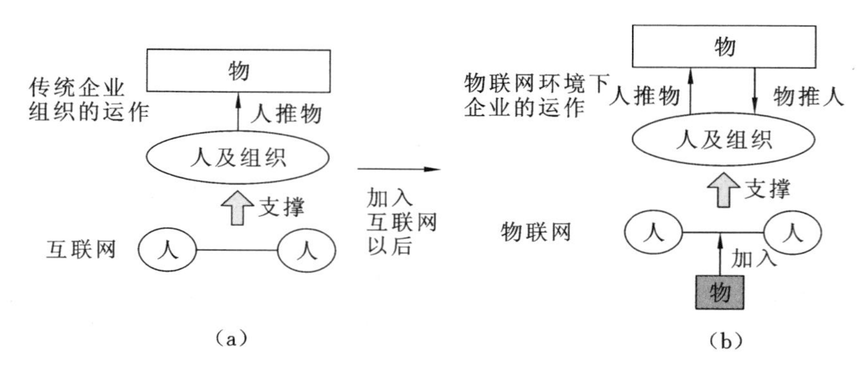


图 1-1　传统环境和物联网环境下企业组织内外交互

图 1-1(a) 表示了传统企业运作的特点，即“物”是被动的，人对物（如物流、信息流）进行处理、控制是单向关系。图 1-1(b) 显示了“物”加入互联网后，人对物进行处理、控制是双向关系，即人在操控物的同时，物对人也有推动作用，即物联网环境中的互操作特性[6]。

“物”的加入及其引起的多元交互（即不同领域、要素之间的交互），引起了企业组织管理的复杂性，“物”成为组织中的成员之后，组织结构的性质会发生变化[9]，传统环境下的组织结构设计主要是部门结构设计[10]、岗位与人员匹配问题[11]，物联网环境下就要考虑“物”与组织的匹配问题。

“物”是智能的，主要体现在：“物”借助物联网系统的计算服务和深度分析功能而具备了识别、传感、网络化和参与组织活动的能力[12]。智能“物”成为组织成员，会造成更加复杂的多元交互行为。

企业各类流程的性质会发生变化，在业务流上，“物”参与人的工作；在物流上，“物”实时定位并提供场景信息。“物”不仅是流程中被处理的对象，还可以作为流程中可以使用的资源[12]，这种情形的流程设计与优化，非传统管理学方法所能解决。

人的行为更趋复杂，“物”不仅便利了人的工作行为，也不断向人施加工作压力，给予巨大的心理负荷[13]。而在这种智能、快捷的环境下，群体行为的形成与演化规律，必然与传统环境下的不同。

在企业的外部行为上，在物联网的智能互联环境下，企业组织之间可以实现在广阔的地域范围和业务范围内的实时性合作与竞争[14-15]，其场景、条件、性质显然将脱离传统竞争理论的范畴。

所有这些变化，必将驱动企业组织管理实践在物联网环境下的变革，以及企业组织管理新的理论与方法的开发。下面从分析物联网环境的基本特征出发，详细分析物联网的特征带给企业组织的影响和变化。

## 1.2　物联网的简介

### 1.2.1　物联网起源

物联网的概念最早是由Perter T. Lewis提出，他认为物联网是将人、流程和技术与可连接设备集成在一起来实现远程监控、操作。比尔·盖茨在其著作《未来之路》中就提出了物物相连的概念，并通过描述他正在建造的智慧住宅展示了物联网应用的一个场景，但由于当时技术的限制，这本书并没有引起很大的反响。1998年，麻省理工学院提出了当时被称作EPC系统的物联网构想，利用RFID标签和互联网技术来实现物品信息的传递，该系统旨在为每件单品建立全球开放的标识标准，从而实现全球范围内对单件产品的跟踪与追溯。1999年，在RFID技术的基础上，Auto-ID公司提出了物联网的概念。尽管物联网的思想与技术在20世纪90年代就出现了，但直到21世纪才真正受到广泛的关注。2005年，国际电信联盟(ITU)在《ITU互联网报告2005：物联网》中指出：下一代信息浪潮已经来临，无所不在的"物联网"会将世界万物连接到互联网中，使人们的生活便利程度达到一个全新的维度[16]。2007年全球爆发金融危机，各国都需要新的经济增长点，IBM提出了"智慧地球"的概念，设想将物联网等高新技术应用到各行各业中，实现人类社会与物理系统的整合，这一概念提出后受到了各国政府的追捧。美国时任总统奥巴马认为发展物联网是重振美国经济的重要手段，美国政府将发展物联网提升至国家战略。时任总理温家宝在2008年和2009年的政府工作报告中都提出着力突破物联网关键技术、大力发展物联网相关产业，标志着发展物联网技术是一项具有国家战略意义的重要决策[17]。至此，全球各国政府都开始大力发展物联网相关技术，物联网开始在各个领域得到应用，整个信息社会进入了物联网的时代。小范围网络的激增以及与这些网络相连接的设备的普及，逐渐形成了设备到设备（Device to Device，D2D）的无缝连接。这种小范围网络包括无线传感网络、WiFi、蓝牙、RFID网络和ZigBee。人们设想着，这些设备将被连接到一起去创造、收集、共享信息。共享、收集和创造信息的过程将涉及设备之间以及存在或者不存在人为干涉的一系列通信。这些设备有着多种类型，并嵌入了智能和通信能力。这些设备包括传感器、智能手机、汽车、家电、健康医疗配件、RFID标签等。

在物联网中，每个物体都蕴含着关于现在和过去物理特征、起源、所有权和情境感知信息（比如存放于冰箱中的牛奶纸箱的温度）的丰富数据。物联网的核心概念是世界上每一件“东西”都可以连接到互联网。例如，家中的每个电源插座都有一个IP地址，可以在连接的设备和电源上收集数据[18]。在生产和供应链管理中的许多业务应用程序都可以使用智能物品，例如带标记的卡车、叉车、托盘、纸箱和在制品箱。因此，相互连接的对象通过生成适合在业务流程中使用的数据流来产生价值。与过去相比，由于基础设施和系统的技术限制，这些信息无法直接访问，而物联网使得完全独立地创造一系列新产品成为可能，尤其是在制造业，生产将变得更加智能化[19]。

### 1.2.2 物联网技术演化

物联网的发展可以分为三个阶段[20]，如图1-2所示。

（1）第一代物联网

第一代物联网是由麻省理工学院Auto-ID实验室提出的产品

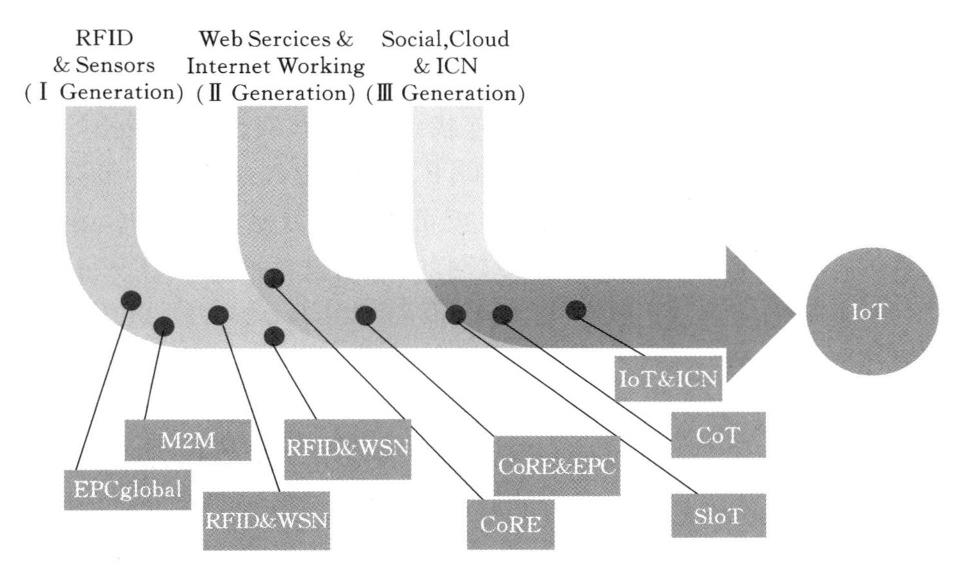


图1-2　物联网发展阶段

电子代码(Electronic Product Code，EPC)系统，该系统旨在创建一套全球开放的标准来支持电子产品代码和RFID标签在全球范围内的广泛使用，为每件单品创造一个唯一的全球标识符来实现对该单品全球范围内的跟踪与追溯，该标识符由储存在直接连接到对象的RFID标签中的EPC代码表示。通过将RFID标签贴在相应的产品上，利用无线波技术发射或接收信号，从而实现对单品的追溯和跟踪。因此第一代物联网在当时被视为一种全球互联网信息架构，可以促进全球供应链网络中商品和服务的交换，能有效提高供应链管理水平、降低物流成本。第一代物联网主要涉及三个技术领域，第一个是标记对象(Tagged Thing)技术，通过适当的命名和体系结构来为每个对象进行独一无二的标识，以达到检索对象的相关信息。第二个是机器对机器(M2M)通信技术，可使机器设备之间在无须人为参与的情形下，直接透过网络沟通而自行完成任务。第三个技术领域则是集成无线传感器网络(WSN)和无线射频识别(RFID)，可以将来自RFID标签的数据与通过WSN连接的传感器生成的数据无缝组合。第一代物联网的典型案例就是电商仓库库存管理，通过给货物打上RFID标签来进行库存管理。

(2) 第二代物联网

第二代物联网的特点是减少以标记为中心的解决方案，让简单的对象能够像其他主机一样直接连接到互联网，实现物和网络的全连接，通过利用IP协议和基于HTTP的服务支持将无线传感器节点集成到物联网，这样传感器节点就可以成为万维网的设备。在物联网中，物联网设备被认为是万维网的资源。设备被建模为Web服务，Web服务由一个通用资源标识符(URI)唯一标识，比如Internet中的Web页面。因此，互联网连接的跟踪器属于第二代物联网的设备范畴。第二代物联网涉及的技术领域有以下三个：第一个是网际互联(Internet Working)，设备采用TCP/IP协议实现Internet中的无缝集成。第二个是物的网络(Web of Things)，允许指定的设备参与到Web通信中。第三个则是社交网络服务(Social Network Services)，允许人们利用社交网络服务将其智能设备产生的数据与他们认识和信任的人共享，比如手机、智能家居等。智能家居就是一个典型的第二代物联网系统，通过将各种智能设备连接到网络中，使主人能远程监控家里的各种场景。

(3) 第三代物联网

第三代物联网是社交时代、云计算背景下的未来互联网。首先，未来互联网将利用云计算技术，以人为中心，以内容为中心，以服务为中心。随着互联网世界的迅速发展，互联网服务的方式正在发生改变，使无处不在、方便快捷、按需接入互联网服务成为可能。同时，新一代的社交对象正在为物联网催生新的颠覆性范式。最后，未来的物联网主要将内容和服务置于网络运作的核心。第三代物联网涉及的技术领域有以下五个：第一个是社交物联网(Social Internet of Things)，利用物联网的各类传感器来使生活中的普通物体能够参与到对应的对象社区中，创建相应的兴趣小组，并以这些物品为媒介来进行社交；第二个技术领域是语义学(Semantic)，用来描述物联网对象的功能以促进系统的互操作性；第三个技术领域是未来网络(Future Internet)，将信息中心网络功能植入物联网的世界以引入内容；第四个技术领域则是云计算相关技术，利用云计算技术的存储、通信和处理能力来增强对象的各项功能;第五个技术领域则是进化的 RFID-IOT 集成,促进 RFID 集成到物联网应用中。智慧城市的建设就是利用了第三代物联网的相关技术。

各代物联网对应的技术领域如表 1-1 所示。

**表 1-1　各代物联网对应的技术领域**

| 物联网阶段 | 技术领域 | 主要目标 |
| --- | --- | --- |
| 第一代物联网 | 标记对象 | 通过适当的命名和体系结构来为每个对象进行独一无二的标识,以达到检索对象的相关信息 |
| | 机器对机器(M2M) | 机器设备之间在无须人为参与的情形下,直接通过网络沟通而自行完成任务的一个模式或系统 |
| | 集成无线传感器网络(WSN)和无线射频识别(RFID) | 可以将来自 RFID 标签的数据与通过 WSN 连接的传感器生成的数据无缝组合 |
| 第二代物联网 | 网际互联(Internet Working) | 实现受限设备采用 TCP/IP 协议实现 Internet 中的无缝集成 |
| | 物的网络 (Web of Things) | 允许指定的设备参与到 Web 通信中 |
| | 社交网络服务(Social Network Services) | 允许人们利用社交网络服务将他们的智能设备产生的数据进行共享 |
| 第三代物联网 | 社交物联网(Social Internet of Things) | 利用物联网的各类传感器来使生活中的普通物体能够参与到对应的对象社区中,创建兴趣小组,并以这些物品为媒介来进行社交 |
| | 语义学(Semantic) | 描述物联网对象的功能以促进系统的互操作性 |
| | 未来网络(Future Internet) | 将信息中心网络功能植入物联网的世界以引入内容 |
| | 云计算相关技术 | 利用云计算技术的存储、通信和处理能力来增强对象的各项功能 |
| | 进化的 RFID-IOT 集成 | 促进 RFID 集成到物联网应用中 |

### 1.2.3 物联网系统架构

物联网系统通过射频识别(RFID)、红外感应器、全球定位系统、激光扫描器、气体感应器等信息传感设备，按照一定的通信协议，将人、过程(人、数据和事物一起工作的方式)、数据(丰富的信息)与事物(无生命的对象和设备)结合在一起，进行信息交换和互通，以实现智能化识别、定位、跟踪、监控和管理的一种网络系统[21]。因此，物联网系统的核心是万物互联，物联网系统的四个支柱是人员、过程、数据与事物。下面介绍物联网系统架构的每一层级，来了解物联网系统是如何实现实时情景计算和动态按需服务等功能的。

(1) 终端用户层

终端用户层包含大量物联网设备(如传感器节点、衣服和车辆等)，这一层是为终端用户提供服务的。这些物联网设备通过安装一些跨平台的软件(如 MetaOS)来提供跨平台的动态服务，用户们因此能够在不同的平台进行操作，并通过异质性、轻量级终端从边缘服务器层级获取需要的潜在操作系统。

(2) 边缘服务器层

边缘服务器层在网络边缘为终端用户提供分布式计算、控制和存储的功能。这一层级中的设备被称为边缘服务器。在不同物联网场景下，边缘服务器对应不同的设备或者基础设施。比如：在车辆运载网络场景下，它们是道路地点单元；对轻量级可穿戴设备而言，它们是智能手机；对通信设备来说，它们是高性能路由器或者基站；在智能家居场景下，它们是高性能的计算机。

(3) 核心网络层

核心网络层是用来连接边缘服务器的互联网的核心。物联网设备的数量与日俱增，产生了大量数据，用户需求也在不断提高。因此，核心网络的限制性网络带宽，就成了物联网云应用方面的最大阻碍。

（4）云层

云层由一群服务器组成，拥有大量的计算和存储资源，能够实现复杂的数据处理和大规模数据 / 服务存储。这一层级可以是商业云平台，比如亚马逊 EC2 或者谷歌云。这一层级能够与边缘服务器层级相互协作，实现物联网应用中一些对延迟不敏感但对资源敏感的服务需求。其实，云层类似于一个 App 商城，能够为边缘服务器层提供充分的服务 /App 资源，进而满足终端用户的需求。

（5）管理和接口层

管理和接口层为控制整个物联网平台提供管理工具，为物联网服务开发者建立和发布新的服务 /App 提供接口。虽然对物联网设备来说，轻量级操作系统具有很多优势，但服务 /App 可能根据自身的需求开发不同的操作系统。

# 1.3　物联网特性

物联网系统通过把感应器嵌入和装备到电网、铁路、桥梁、隧道、公路、建筑、供水系统、大坝、油气管道等各种物体中，将物联网与现有的互联网整合，最终实现人类社会与物理系统的整合[22]，那么，物联网系统到底会表现为哪些特性呢？我们总结为以下九个方面。

## 1.3.1　感知性

感知性是对数字化人工制品所处环境的变化进行感知并做出回应的情境感知能力。传感器感知到的信息可以是内部信息（如机器故障、产品缺陷、周期时间、机械状态等）或外部信息（如下游和上游容量、需求波动、成本等），传感技术可以实时监控这些变量并反馈到系统。

目前，在我国仓储业应用最多的物联网感知技术是 RFID 技术，即射频识别技术。这是目前最具发展前景的一种非接触式自动识别技术，可通过射频信号自动识别目标对象并获取相关数据。相关管理系统能通过 RFID 来感知计算场景中与交互任务相关的情景,让计算终端和日常物体具有和谐交互的能力[23]。RFID 技术能脱离人工干预,自动完成目标对象信息的输入和处理,同时具有操作便捷、数据存储量大、安全性好、读取速度快、对环境的适应能力很强等特点。由于 RFID 标签的唯一性、便携性和对用户的透明性,RFID 技术现已广泛应用于工业、物流和交通运输等领域,已成为当今科学界研究的热点技术之一。

### 1.3.2 追溯性

追溯性是指能实时地对物联网中的物体进行识别和定位的性状。物联网系统具备各类智能功能(如检测、传感技术、跟踪沟通等),可以实时追踪物体的状态,能对异常状态及时预警并采取紧急措施。

在食品行业,越来越多的企业使用智能包装,一个智能包装配备一个标签,可以使得企业通过系统实时查询到商品的位置和温度等状态信息,可以更高效地进行食品管理。例如在冷冻食品分销链中,智能包装袋可以结合生物传感器来进行检测、记录和传输有关生化反应的信息,能够有效地检测出商品的质量与安全性。因此,物联网的可追溯性可以帮助供应链更高效地进行库存管理,避免出现安全问题。

### 1.3.3 实时性

实时性是指物联网能在任何时间、任何地点,对任何设备提供服务,即能够随时随地处理实时信息。物联网中的基础设施是开放、可扩展、安全和标准化的,能对识别码进行访问,从而帮助决策者随时随地访问各类传感器所收集到的各类信息,传感器也能及时响应决策者的各类操作。

以供应链为例。在质控环节,针对有些具有生产环境要求的重点物资,需要生产商在厂房安装传感器,实时采集厂房的湿度、温度等,利用物资质量在线监测平台,将关键生产环节进行视频实时监控。在物流环节，建设物流平台，对供应商／第三方／企业物流资源进行统一管理，应用物联网技术实时跟踪运输状态，实现配送信息全景展示。制订配送计划时，实时根据仓库储备量，结合大数据、人工智能技术实现配送计划智能推荐。在途运输监控时，应用资产实物 ID、北斗车载和在途监控等设备，实现重点物资的在途监控、运输风险报警、到货时间预估，保障物资准时、安全送达。

### 1.3.4　可编程

可编程是指数字化人工制品能够接受新的指令集并修改自身的行为。

随着硬件的进步以及更强大、成本更低的集成式芯片的逐渐普及，我们可以将完整、成熟的虚拟机和动态语言嵌入到任何地点。物联网技术重在通过编程方式为物联网设备创建远程的大规模复杂拓扑结构。Bill Wasik 认为：一旦设备连接到公有云或私有云，传感器数据开始流入，人们关注的重心将从传感器数据的收集和分析转向具体应用，亦即具备了用于操作现实世界中复杂系统的编程能力。这些能力使得我们可以对周围（甚至整个地球上任何地方）的物体下达命令并进行控制，而这一切均只需要一个舒适的编程环境或者一个应用就够了。硬件的发展可以推动可编程世界继续向前。目前市面上出现的低成本芯片已经达到或超越了 20 世纪 90 年代末诞生的 Java 2 Platform 和 Micro Edition，可编程的设备正在快速融入日常生活的物件中。

目前很多智能家居设备都具备可编程的能力，用户可以为这些设备设定各种特定的命令来操控它们。比如：可编程的摄像头带有一个嵌入式的系统，用户可以利用这类摄像头进行更多的自定义操作。如在外出游玩时，可利用这个摄像头组成一个 WiFi 热点后将摄像头放在驾乘汽车上，这样用户就可以用手机查看汽车拍摄的实时视频画面了。

### 1.3.5　智能性

智能性指的是在 AI、大数据、云计算等技术的帮助下，使得各类设备具有类似人的思维能力。就是利用大数据等技术来对物联网收集到的信息进行挖掘，然后利用卷积神经网络、模糊逻辑和遗传算法等AI算法来学习，使得物联网设备能够像人类一样自我分析，不断提升自我。

在交通领域，智能交通信号灯运行模式单一，遇紧急情况需要人工干预和调节。基于IOT、大数据、云计算和人工智能等新兴技术的信号灯，实现人、车、灯等的互联，使交通系统在区域范围具备感知、分析、预测和控制等能力，不仅可以保障城市交通安全，还可以提升交通运行效率和管理水平。大数据的收集与挖掘技术等数据采集与分析系统能够实时、自动、准确地捕捉视频画面中所有移动物体，按大型车辆、小客车、非机动车、行人等多种类别进行交通参数（流量、速度、饱和度等）的采集。通过采集、汇总多个渠道的交通数据，建立统一的数据中心，对其进行深度挖掘分析，在大量历史数据中提取稳定的区域交通运行规律，即可准确预测未来交通情况，辅助制定最佳配时和路网管理方案。智慧交通综合管控平台运用先进的卷积神经网络、模糊逻辑和遗传算法，根据采集到的实时交通信息自行配置全路网的最优配时方案，并通过对历史数据的深度挖掘重点标记显著拥堵区域，通过反馈信息自我学习，不断完善配时方案[24]。目前人工智能与技术已经上升到国家战略层面，结合物联网技术如何让设备更加智能已经成为当今研究的热点之一。

### 1.3.6 交互性

交互性是指各类物联网组件在某些场景下能与人进行交互从而达到某种目的的能力。

各类物联网终端往往只具备单一的功能，但是同一局域网内的终端往往可以相互协作组合而产生新的能力。比如门铃和门锁接入互联网和照相机，在这个组合的帮助下，主人不需要到门前就知道门外的人是谁，与之进行交谈，并为其开门或者报警。在仓储方面，国内已经出现了一种基于辅助语音的拣选系统，该系统可将货物订单通过计算机处理后形成语音提示信息，通过无线网络和相应的语音设备，向拣货员发出语音拣货指令，帮助拣货员快速完成拣选作业。

### 1.3.7　集成性

集成性就是物联网可以将各类传感器收集来的各种信息进行整合，由中心控制系统对信息进行实时的处理和反馈，达到更有效地对生产和生活进行管理的目的。

物联网可以帮助企业实现一体化管理工作[25]。物联网通过传感器收集数据并将其与企业工人、管理人员、软件系统和供应链进行通信，从而为制造企业提高效率。将项目各个环节连接在一起，可以为企业提供一种新的测量工具，为许多新的发现和应用打开大门。这种可能性代表了一种实现的机会，计算机可以测量整个“环境”，以合理的成本提供大量详细的信息。这从根本上改变了企业使用数据的方式，因为数据环境的增量演化允许在产品和流程之间交换和使用数据，其主要的好处是对现有模块进行简单重构的同时，生成可由决策者（管理人员）用于了解和控制该产品和流程的数据流。

### 1.3.8　创新性

创新性就是通过更好的方式满足新要求、不确定需求或现有需求的解决方案来开发新价值。在资源有限、市场饱和的情况下，传统的知识创新已经不能发挥更大的作用，而物联网及相关信息通信技术则通过开拓新的竞争和消费渠道来创造新的不断升级的产品和服务。

通过物联网技术增强监控和处理能力，将企业赖以生存的复杂的技术系统分解并转换为结构化的二进制信息，这样企业不仅可以优化生产系统和服务，还可以优化决策过程。通过物联网的应用，企业通过与新技术联网，可延长并改进旧技术产品的使用寿命。因此，物联网场景展现出一种技术战略的创新。

智能快递柜就是物联网技术帮助企业优化业务流程的例子。以往的送快递模式是配送员将快递放到小区物业，这种方式影响了小区整洁，同时用户需要自己花时间寻找对应的快递件，降低了用户的体验。基于物联网技术的快递柜，使小区变整洁的同时，每个居民还能定位到自己快递所属的快递柜，能够自主选择合适的时间取件，同时还可以避免丢件。

## 1.4 物联网数据特征

物联网的上述特性，主要是围绕着信息的实时采集和实时处理而出现的，这些信息包括人和“物”的信息，人的信息包括：a. 身份，即该人是哪个企业哪个部门的员工或用户。b. 地点和时间，即在某个时刻该人所处的位置。c. 行为表现，即该人外显的行为状态，如员工的工作效率、用户的购买行为。“物”的信息包括：a. 身份，即该“物”为何类物。b. 地点和时间，即在某个时刻该物所处的位置。c. 进度，即处于哪个阶段。对于业务流而言，就是某项业务处于正在完成的哪个阶段；对于物流而言，就是该物处于物流的哪个环节。d. 其他属性，即该物受管理者关注的其他属性的状态，如生鲜食品的质量状态。

那么，这些信息有哪些特点呢？根据 Cisco 提供的统计数据，到 2020 年，超过 500 亿件的物联网设备连入网络。设备的爆炸式增长，将产生庞大的数据量，这些数据具有以下特征[26]：

（1）海量性

由于传感器能够每时每刻生成数据，因此物联网数据的规模将非常庞大。在未来，若地球上的每个人、每件物品都能互联互通，其产生的数据量将难以计量。

（2）异质性

物联网设备包罗万象，未来将有更多的实体接入网络，从汽车、机器人、冰箱、移动电话到鞋子、植物、手表等，采集的数据包括数字等结构化数据，也包括文字、音频等非结构化数据。

（3）动态性

随着时间、地点与外部环境的变化，感知的结果也将实时更新。此外，受网络通信影响，实体之间的联系可能存在延迟或中断，因此收集的数据一直处于动态变化中。

（4）重复性

海量的数据也会产生巨大的重复。例如，通过RFID采集数据，相同的标签可以在相同的位置被多次读取（多个RFID传感器位于同一位置，或者标签在同一位置被多次读取），而高采样率会产生大量的冗余数据。

（5）不一致性

不一致性在物联网数据中也很普遍。例如，当多个传感器监测同一环境并报告传感结果时，由于传感过程的精确性和准确性，以及传输过程中存在的数据包丢失等问题，数据的不一致性成为传感数据的固有特征。

（6）高速读写性

在物联网中，数据能够以不同的速度生成。例如，对于道路网络中启用GPS的移动车辆，GPS信号采样频率可以是每几秒、每几分钟甚至每半小时一次。但是也有一些传感器能够以每秒100万个传感元件的速度进行扫描。

（7）模糊性

处理大量物联网数据时模糊性是不可避免的，同一场景下可能布置多个物联网设备，进而产生了多样的数据。根据设备用户不同的需求，这些由物联网设备产生的数据被用不同的方式进行解释。

## 参考文献

[1] MIORANDI D，SICARI S，DE PELLEGRINI F，et al. Internet of things：vision，applications and research challenges[J]. Ad Hoc Networking，2012，10(7)：1497-1516.

[2] SPIESS P，KARNOUSKOS S，GUINARD D，et al. SOA-based internet of the internet of things in enterprise

services[M]. Procedings of IEEE Int. Conf. Web Service, Los Angeles, 2009.

[3] HALLER S, KARNOUSKOS S, SCHROTH C. The internet of things in an enterprise context: future internet[M]. Berlin Heidelberg: Springer, 2008.

[4] ATZORI L, IERA A, MORABITO G. The internet of things: a survey[J]. Computer Networks, 2010, 54(15): 2787-2805.

[5] WU Y, SHENG Q Z, ZEADALLY S. RFID: opportunities and challenges in next-generation wireless technologies[N]. Chilamkurti, Ed. New York: Springer, 2013.

[6] WEBER R H. Internet of things—governance quo vadis? [J] Computer Law & Security Review the International Journal of Technology & Practice, 2013, 29(4): 341-347.

[7] ATZORI L, LERA A, MORABITO G. The internet of things: a survey[J]. Computer Networks the International Journal of Computer & Telecommunications Networking, 2010, 54(15): 2787-2805.

[8] WEINBERG B D, MILNE G R, ANDONOVA Y G, et al. Internet of things: convenience vs. privacy and secrecy[J]. Business Horizons, 2015, 58(6): 615-624.

[9] LEE I, LEE K. The internet of things: applications, investments, and challenges for enterprises[J]. Business Horizons, 2015, 58(4): 431-440.

[10] KORKMAZ I, GÖKÇEN H, ÇETINYOKUŞ T. An analytic hierarchy process and two-sided matching based decision support system for military personnel assignment[J]. Information Sciences, 2008, 178(14): 2915-2927.

[11] SINGH R, GREENHAUS J H. The relation between career decision-making strategies and person-job fit: a study of job changers[J]. Journal of Vocational Behavior, 2004, 64(1):

198-221.

[12] WHITMORE A, AGARWAL A, XU L D. The internet of things—a survey of topics and trends[J]. Information Systems Frontiers, 2015, 17(2):261-274.

[13] RASCHE P, MERTENS A, SCHLICK C, et al. The effect of tactile feedback on mental workload during the interaction with a smartphone[J]. Lecture Notes in Computer Science, 2015, 9180(7): 198-208.

[14] DING Y, JIN Y, REN L, et al. An intelligent self-organization scheme for the internet of things[J]. IEEE Computational Intelligence Magazine, 2013, 8(3):41-53.

[15] RONG K, HU G. Understanding business ecosystem using a 6C framework in internet-of-things-based sectors[J]. International Journal of Production Economics, 2015, 159(1):41-55.

[16] International Telecommunication Union(UIT). ITU internet reports 2005: the internet of things[EB/OL]. https://www.itu.int/osg/spu/publications/internetofthings. 2005-11-17.

[17] 温家宝. 2010年政府工作报告[EB/OL]. http://www.gov.cn/2010lh/content_1555767.htm. 2010-03-15.

[18] CERF V G, CERF V G, KAHN R E, et al. The past and future history of the internet[J]. Communications of the Acm, 1997, 40(2):102-108.

[19] BRAY D A, VITZTHUM S, KONSYNSKI B. SSRN as an initial revolution in academic knowledge aggregation and dissemination [EB/OL]. https://ssrn.com/abstract = 1081478. 2008-01-07.

[20] ATZORI L, IERA A, MORABITO G. Understanding the internet of things: definition, potentials, and sociatal role of a fast evolving paradigm[J]. Ad Hoc Networks, 2017,56,122-140.

[21] 中国大数据产业观察. 物联网是什么:物联网是互联网的应用拓展[EB/OL]. http://www.cbdio.com/BigData/2016-03/10/

content_4681544.

[22] 武明虎，张宇. 试论物联网引入带来的机遇与挑战[J]. 信息技术，2010(5):97-99.

[23] 王新国. 物联网技术在仓储物流领域应用分析与展望[J]. 电子技术与软件工程，2013(22):52-53.

[24] 刘海峰，黄建华. 智能交通物联网技术与产业化[J]. 工程研究：跨学科视野中的工程，2014(6):30.

[25] FATORACHIAN H，KAZEMI H. A critical investigation of industry 4.0 in manufacturing: theoretical operationalisation framework[J]. Production Planning & Control，2018，29(8): 633-644.

[26] QIN Y，SHENG Q Z，FALKNER N J G，et al. When things matter: a survey on data-centric internet of things[J]. Journal of Network and Computer Applications，2016，64:137-153.

第2章
Chapter 2

# 物联网环境下的企业组织

## 2.1 物联网环境下企业组织结构的特征

对物联网的基本性态及其给企业带来的基本特征进行分析后可知,物联网的定位、跟踪性能以及给物流企业带来的实时、透明、移动特征,实际上扩展了企业组织的地理空间,移动的人和物带着实时、透明的信息,将固定在某个区域地点的传统企业从空间上延展了出去;同时,人“物”之间的互操作造成了企业组织运作的复杂性。

那么,物联网环境下企业组织将具有哪些特征?我们以物流企业为例,对组织结构的特性[1] 进行分析。

在传统的互联网时代,用复杂网络来表示组织结构,已被人们普遍接受[2-3]。具体来看,企业组织结构的内涵是由企业内部各组成要素之间的关系形成的[4],主要包括:从属关系,如部门之间的从属关系、岗位与部门之间的从属关系;业务关系,如处在某个流程(流程分为商务流和物流)上的部门之间的业务分工关系;信息关系,伴随业务关系形成的信息流上的部门、岗位之间的传递、扩散关系;社会关系,即人与人之间的社会关系。

从属关系描述的是部门结构,业务、信息关系描述的是任务结构,社会关系描述的则是行为结构,其中还包括行为之间的交互。因此组织结构是多元化的网络结构或多领域多维网络[5],这是企业在传统环境下的组织结构。

物联网环境下,“物”也是企业的主体成员,人“物”之间的互操作，使得传统组织结构中多了一维含有“物”的结构，这使得网络化的组织结构中多元特征更加突出[6]。

而从网络结构的形态来看，互联网环境下企业组织结构呈现网络化、扁平化趋势[7]，物联网环境下人和物的移动性，致使组织结构在空间上延展，加速并加剧了这种去中心化的趋势[8]。众所周知，当今的企业组织，都是建立在计算机信息系统之上的，物联网系统扩展了信息系统的空间，企业基于扩展的空间可以更方便地与其他企业沟通，发现更多的商业机会[9]，这使得企业组织结构的网络化和扁平化更加突出[10]。

然而，网络化和扁平化只是企业组织结构在形态上所具有的外显特征，不是企业组织结构变革的目的，其最终目的是企业组织在物联网系统提供的各种计算服务功能的支持下[11]，能敏捷地响应外界的攻击[12]，能适应市场实时性的变化[13]。因此，敏捷性(Agility)、适应性(Adaptability)是企业组织的功能特征[14]。这是对于个体企业组织而言的。

而对于集群企业组织(以图 2-1 为例)，基于空间扩展的物联网信息系统，物流企业集群位于中段、终端的执行层，可以聚集大范围、大规模的相关企业[10]，实现企业集群运作。基于物联网系统的计算能力[11]，企业集群可以建立一个集中的管理中心或平台企业，通过管理信息流程(物联网环境下应该称为信息网络)来管控企业集群的运作[15-16]。

而物联网内“物”的透明性[17]，势必形成企业集群运作所需的某些公共的、共享的成分，它既包括相关的“物”的信息，也包括服务部门、某项服务软件或系统(Service App)，可以将它们统称为公共资源池[18]。管理平台依托物联网系统调集公共资源池为整个网络组织服务。

因此，物联网环境下集群企业组织结构的形态，呈现为纵横交错的、多元的混合结构[10]，从纵向看，组织结构含有三层，即管理平台 — 由大规模众多企业形成的企业集群 — 公共资源池；从横向看，中层的大规模企业集群呈网络化和扁平化趋势(图 2-1)。

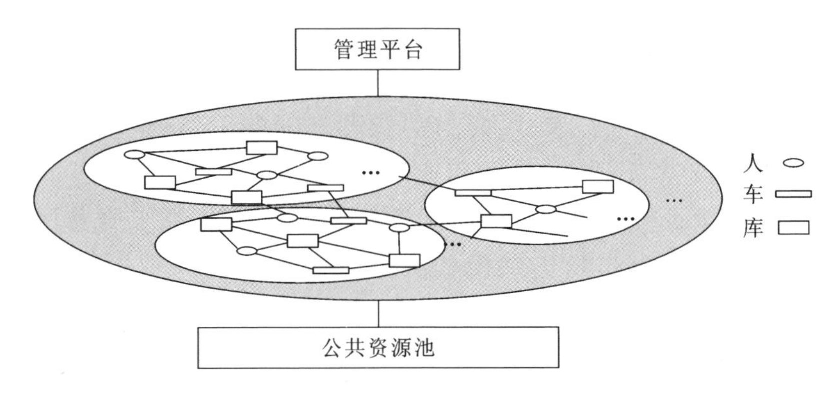


图 2-1　物联网环境下物流企业集群组织结构

如图 2-1 所示的结构，从横向上看，企业组织在理论上就能随环境实现多种变形。此时，人"物"混合组织不再是静态的，当外部市场上顾客行为和竞争者行为发生变化，集群组织中不同的成分可以随时形成新的组合和新的结构，管理平台和资源池提供的强大计算服务功能，可以相互配合，满足新组合的需求，适应外部的变化。这就是集群组织在物联网环境下的可重构性(Reconfigurable)[19]。

物联网系统可以承受企业组织在可重构下规模的"无限"扩大，这就是可扩展性(Scalability)[8]。

因此，物联网环境下企业组织结构的特性归纳如表 2-1 所示。

表 2-1　物联网环境下企业组织结构的特性

| 分类 | 形态特性 | 功能特性 |
| --- | --- | --- |
| 群体企业 | 横向扁平化，纵向三层次 | 可重构、可扩展 |
| 个体企业 | 网络化、扁平化 | 敏捷性、适应性 |

物联网引发企业组织结构的特征和模式最终会发生变化。下面分析组织模式的变化及其表现出的三个特征。

## 2.2　物联网环境下的组织模式

物联网环境下组织管理的本质是重组客户、供应商、销售商以及企业内部组织的关系，重构生产体系中信息流、产品流、资金流的运行模式，重建新的产业价值链、生态系统和竞争格局，生产方式与竞争要素的转型促进市场结构不断向开放、多维、复杂的网络化与生态化转变，供给与需求、厂商与消费者之间的关系被重新定义，传统产业边界被重新划分，多重产业链与价值链相互交织，进而促进产业组织的全面变革。下面我们从组织商业模式与组织服务模式的改变来阐述物联网带给组织模式的变革。

### 2.2.1　组织商业模式

（1）直接型

直接型商业模式中，产品应用物联网的程度较浅且用途单一，不需要大型网络平台的支撑。例如，在城市生活垃圾处理系统中应用 RFID 标签，基于 RFID 技术的垃圾回收、分类处理解决方案以及由此衍生出新的商业服务模式，物联网的应用程度比较低。在这种模式中，标签将被直接粘贴在垃圾箱外侧，RFID 读写器安装在回收车的升降抓手上，回收车抓手抓起垃圾箱时，读取标签信息。回收车可检测出垃圾箱所属居民是否付费，对未付费客户不予处理，同时将未付费信息发送到居民手机。该系统被采用后，垃圾回收效率大大提高，但是整个垃圾回收过程中只在有限的环节应用了物联网系统，物联网在这一过程中也仅仅发挥出自动收集、信息识别的功能，而整合、分析、预测等能力几乎没有。

可以看到，这种物联网应用程度较低的新型商业模式没有大型网络平台的支撑就可以顺利运行，且物联网组件被直接嵌入到新式产品或服务中，这种简单直接的物联网应用模式就可以称为直接型商业模式。

（2）平台型

平台型商业模式[20] 能够触及、披露企业产能情况、资产情况、运营情况等方方面面的信息，物联网和大数据紧密关联。物联网下的商业平台体现出信息更为透明、咨询更为及时、合作更为融洽、关系更为和谐等特征。例如，制造企业借助物联网平台[21]，能够实时了解设备的开工情况，并根据机器的使用情况收取租赁费用，从而推动机器租赁业务的发展；没有物联网，就无法得知机器开工时长，也就无法精准定价。此外，企业还能开发线上平台，帮助企业在设备闲置期间将其出租，实现新型商业模式的运作。

平台化的生态，带来的另外一个价值是提高供应链的信息传递速率，如果是传统企业间的接口模式，企业与供应商通过接口实现信息互通。如果一个企业有 5 级以上供应商，不同层级供应商之间都在不同平台上调用接口，不仅会增加数据传输量，还会增加延迟。而在一个平台上，传输的数据量少了，一个平台内的接口的相对速率就会变快。信息一旦集成在平台上，就会创造出一些新的价值。之前设备参数数据都在设备使用企业手中，发挥不了其应有的作用。但信息在平台上集成之后，设备供应商能够拿到设备参数数据，他们对这些数据最熟悉，这些数据在他们手中能够发挥出最大的利用价值，如既可以提高服务水平（比如售后），也可以提高设备商对新产品功能的设计水平。

（3）生态型

目前，这种商业模式在行业甚至是处于前沿水平的互联网行业中都不太常见，该模式包括中央生态子系统、智能产品子系统、应用程序子系统。其中，中央生态子系统的结构模型由设备和应用两部分组成，这两部分通过泛在网络连接，解决方案集成商在系统中扮演着中心角色。

具体来说，中央生态子系统以解决方案集成商为核心，为物流服务提供商（LSP）或用户提供物联网解决方案。物流服务提供商来制定物联网服务的具体需求和业务流程，将问题提交给问题解决方案集成商（SI）之后，解决方案集成商就会为用户或物流服务提供商提供一个端到端的解决方案。解决方案顺利进入具体实施阶段之后，物流服务提供商可以通过与金融中介机构（如银行、租赁公司、风险投资基金、私募基金等）建立业务关系，实现预先融资，得到财务支持，加快物联网服务建设。

而智能产品子生态系统则是围绕实物产品展开，系统中核心的产品制造商由解决方案集成商指定，并为解决方案集成商提供一个物理产品，该产品将配备嵌入式系统和网关，例如物联网服务生产容器、托盘、工具或车辆。

而应用程序子系统部分的核心角色是物联网平台运行商，其主要责任是在平台中存储和巩固数据信息。基于这些任务，物联网平台运行商须首先提供应用程序(例如简单的数据分析)，这样平台运行商就成了应用程序和物联网服务提供商之间的门户。

这些各形各色的异质性物联网服务商、提供商最终构成庞大的生态圈，从而形成整合型的产业链条与生态型的商业模式。

### 2.2.2 组织服务模式

(1) 个性化服务

物联网促进商业服务个性化[22]，这主要体现在：中小型高科技行业和轻工行业通过物联网设备的广泛应用而获取的大量细粒度的动态数据流，可以动态循环、实时精准地重塑顾客服务生命周期框架，从而更为深入地理解顾客需求和偏好、提升顾客使用体验，实现最大规模的个性化服务定制。例如，为智能产品及设备的智慧场景应用和服务提供支持的物联网平台，使得企业彻底改变了以往单一环节串联的组织结构，从原材料的采购到产品的研发设计、生产制造、市场营销、售后服务等环节构成业务层并联结构，从人力资源管理到财务、行政、IT、后勤等环节构成组织层并联结构。随着从串联到并联的转变，企业中的每个人都将直接面对用户，直接向用户负责。这样在组织架构和运作层面，物联网促使企业从一个输出产品的“黑箱”，转变成一个能够满足用户个性需求的服务提供平台。此外，还有物联网软件服务提供商，通过一系列物联网平台软件产品为顾客提供建立在不同用户的深层或本质需求背景之上的个性化服务。这些物联网平台软件(如智能家居 App 等)通过科技创新、场景创新、管理创新、产品创新等途径，改变顾客的消费习惯，利用场景推送等主要手段向客户进行贴合其个人需求的内容输出。并在后期持续以物联网为入口，为消费者提供个性化全网物联服务及内容运营服务，通过大数据为个人用户提供更加智慧的生活方式，通过“场景互联网”帮助企业用户实现场景服务式消费，为企业提供精准高效的解决方案。

因此，可以说物联网从组织结构和运作方式两个层面促进了企业个性化的服务模式。

(2) 顾客自服务

物联网创造顾客自服务模式。具有识别、交互、监督以及一定自主操作意识的物联网技术可以尽可能地提高服务设备的便利性、智能性和用户友好度，从而减少企业员工的投入，使顾客可以利用智能技术设备实现自助服务。例如，自助扫码缴费机通过物联网技术与摄像头车牌识别技术的结合，实现智慧停车场24小时无人化全自动缴费停车功能，车辆在入场时摄像头会自动识别车牌号，然后将车牌号数据传输到云端开始计费，用户在离场前通过自助扫码缴费离场，全程无人化，更加便捷地实现智能停车云管理。其中，物联网自助扫码缴费机流量卡发挥着至关重要的作用。自助扫码缴费机流量卡支持微信、支付宝、银联二维码扫码付款；扫码后直接进入支付界面，停车费自动加载，不需要手动输入金额。自助扫码缴费机流量卡的设计极具人性化，内置语言提示功能，可提示缴费信息，提高人性化管理水平。加入自助扫码缴费机流量卡，轻松实现无人化缴费。

(3) 反馈型服务

物联网促进了反馈型服务模式，其本质是帮助企业与用户实现一种无缝的交互，在提升用户体验的同时，帮助企业提高竞争力。在物联网环境下，由于具有完备的感应识别技术和数据采集能力，智能服务设备可以最为直观地观测到顾客对服务的直接反馈。智能设备可以在服务发生过程中客观地记录顾客的反应，这与以往的顾客问卷调查、采访、留言簿、投诉等渠道有所不同。并且，与经过主观处理后的顾客反馈意见相比，这种方式获取的顾客反馈意见更为及时和准确，这有助于提升顾客的用户体验。用户体验是最终的竞争优势，可以帮助企业促进销售、提高品牌整体价值和公众认知度。无论是直接还是间接，客户体验都是衡量一个企业是否成功的重要指标。用户体验和企业成功之间的整体联系并没有改变，但是用户体验的定义已经发生了变化。随着越来越多的人通过智能手机、计算机与品牌商互动，企业必须认识到提供数字用户体验的重要性。事实上，用户通过数字界面与企业互动的情况也越来越普遍。因此，物联网可以促进反馈型服务模式产生质的飞跃。

（4）B2B 服务

物联网可以催生 B2B（企业对企业）服务模式[23]。物联网提供的海量实时信息流使得传统制造企业向制造服务企业转变，提供产品和提供服务开始紧密相连，针对产品的辅助性服务急剧增多，从而促使制造企业和服务企业间的深度融合。例如，空调制造企业不再只是简单地制造空调，还需要提供基于智慧家居服务平台的远程操作服务系统。因为随着技术的不断进步，产品性能的差异越来越小，产品之间的互补性、替代性不断提高，产品差异化战略带来的竞争优势已越来越难以维持，因此，制造业的产业价值链的增值环节开始向服务环节转移。而在物联网环境下，制造企业则需要为用户提供一种智能化服务。这样就催生了设备制造企业和平台应用企业的深度融合，实现企业对企业的直接服务。比如，智能家居是制造企业与平台企业结合的产物，不仅具有传统的居住功能，还能提供舒适安全、高效节能、高度个性化的生活空间，将一批原来被动、静止的家居设备转变为具有“智慧”的工具，提供全方位的信息交换功能，帮助家庭与外部保持信息交流通畅，优化了人们的生活方式，增强了家庭生活的安全性，为家庭节约了能源费用，极大地提升了用户体验。

## 2.3 物联网环境的组织管理

在物联网环境下，企业组织结构具有大规模（组织规模随着物联网系统无限延展）、多元混合（多元关系共生）、动态（组织规模、内部关系不断变化，即可重构、可扩展）的特征[24]，因此组织管理不再是传统的集中化、规模化、标准化，员工与机器、员工与企业之间的边界变得模糊，组织无边界、跨界将成为组织的新常态。

以物流行业为例[25]，物流企业组织体系和物联网系统的关系如图 2-2 所示。其中，物流组织体系位于物联网系统的应用层，含有平台企业、中段企业和终端企业三个部分，平台企业依托信息系统对其他企业进行调度管理，中段由多家干线物流企业组成，终端是紧挨着顾客的一端，由大量的社会化加盟企业组成。

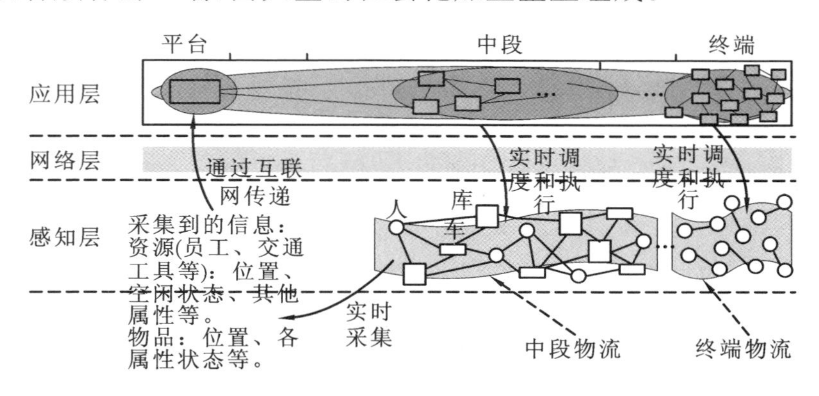


图 2-2　物联网环境下的物流组织体系

以我国电商物流企业为例，目前主要存在直营模式和第三方物流模式。由于顾客分布在祖国各地、最终交货地点在某个地点及货物运输的专业性要求（如大型家电、专用家具）等原因，无论是直营还是第三方模式，“最后一公里”的问题都不能靠一家或少数几家快递公司解决，而是要靠大量的社会化物流代理加盟[25]，因此无论哪种物流模式，最终都是以一个平台企业为中心而形成的社会化企业集群。

物联网系统的传感层、传输层，对运作过程中企业各环节各成员的信息进行实时采集，实现对物流从业人员和“物”实现从制造、运输到销售全过程的实时定位和跟踪[26]。对于平台企业、中段企业和终端企业之间以及对于参与某项任务的员工之间而言，信息是透明的[17]，即较少存在传统环境下信息不对称的问题，企业对信息分析可以实现实时性[9]，这就使得企业的集群运作、网络运作具备了条件。组织从过去的串联关系走向串联与并联交织在一起的网状关系，从过去封闭的产业价值链过渡到现在的网络价值链。

具体而言，物联网环境下的组织管理将体现出边界模糊化、管理智能化与价值网络化三大特征。

### 2.3.1 边界模糊化

物联网的应用使得人机关系发生了深刻而重大的变化，开放式虚拟工作载体以及人机交互系统的大范围使用，将使人的行为与角色发生革命性变革：雇佣关系和工作方式不再有清晰的界限，传统的时间和空间障碍被打破，人力资源可以超越企业边界或者空间的界限进行自由流动，承担不同的角色，雇佣关系呈现多样化与模糊化，各种替代的就业方式将不断出现，智能机器的出现也使得雇佣关系不再是企业和员工间关系的全部，企业可以从工作内容出发，有效配置劳动关系。

同时，企业组织内部不断优化业务流程和组织架构，传统垂直串联型的组织结构无法满足用户全面接触的需求，这种变化促使企业组织打破传统边界，从传统金字塔式的垂直结构向错综复杂的水平的网状结构转变[27]。物联网的应用使得企业能够及时响应、识别、整合并分析多种途径汇集的信息数据，有效节约企业内部组织协调的成本，提高预测的准确性，为企业实现网络化发展创造有利条件。此外，由于企业提高了生产效率，改变了边际效益递减规律的前提，单个企业内部的规模经济效应逐步弱化，进而转化为全球化生产网络的外部规模经济，替代性竞争和潜在进入竞争增大，产业集中度不断降低，规模起点不断下降；企业间存在的关系网络减少了企业进入与退出市场的沉没成本，使得市场进入壁垒逐步下降；企业处于全新的商业生态之中，在外部打破传统边界，企业与企业之间的竞合关系发生本质变化。这一系列变化使企业由追求独立竞争转向合作共生，组织无领导、企业无边界、供应链无中心等新型管理模式应运而生[25]。

### 2.3.2 管理智能化

物联网技术萌芽、发展直至成为企业安身立命的核心基础的过程，在本质上是基于技术与管理对生产效率持续改善与创新的结果。企业信息化高度发展需要在企业“遗留系统”基础上进一步开发，使其更好面对物联网产生的海量数据，满足数据搜集、挖掘、分析、利用的要求；而企业智能化高度发展主要指原有生产设备、服务设备向智能设备的升级换代。不断提高的信息数据集成与分析水平，能够实时与明晰地展现管理过程，极大地提高了人们对复杂组织的管理能力，管理过程将持续优化与改进。在一般管理体系的理论框架下，通过优化管理职能、简化管理流程、细化管理标准、强化管理机制，不断提升管理智能化水平[28]。

通过综合运用新的科学、方法和工具，科学管理体系向智能化管理方向演化。进入物联网时代，随着大数据、云计算、5G等新兴技术的不断发展，企业生产经营过程成为信息加工传递的过程，所有管理活动都是基于信息的管理，突破了以往管理对象信息有限的限制，进入无限信息或者信息全面分析的时代。以智能制造为代表的智能化管理手段加速发展，除了供应链管理领域自动化技术和信息系统正在广泛应用外，全新的数字制造技术与工业设计流程均在加速推广，人工智能在生产制造过程中全面应用，新的生产制造系统将具备独立决策、维护更新、学习分析以及管理组织的能力[28]。

### 2.3.3　价值网络化

价值网络化[29]逻辑强调了各利益相关方价值实现关键点上的融合，即顾客、制造商、供应商、金融辅助机构等在价值实现过程中呈现出“你中有我、我中有你”的网络态势。例如，传统制造商通过顺利将产品销售给顾客并盈利来实现价值。但在物联网环境下，制造商通过智能产品和智能服务了解顾客价值视点，从而辅助自身的价值实现。具体来说，制造商除了和供应商紧密合作外，可能还需要金融辅助机构提供的大数据支持服务来获得更充足的产品信息和顾客信息。这种信息、流程的高度关联促进了各个主体价值视点的高度互联，从而形成物联网环境下的价值网络逻辑。物联网最本质的能力是互通互联，这是实现价值网络的关键。传统供应链内的合作通常是小范围的合作，其价值实现过程势必会局限在一个单一的链条上。由于存在成本、信息、技术等各方面的壁垒，大范围内的合作难以实现。但物联网的互通互联能力使得大规模、大范围的合作成为可能，物联网技术的存在使得供应网上的高难度协调合作成为可能。供应链会转变为供应网，原有的价值链过程也会随着实际业务合作网的出现变为价值网过程。

## 参考文献

[1] DAFT R L. Organization theory and design[M]. ohio: Thornson SOUTH- WESTERN, 2004.

[2] BOCCALETTI S, LATORA V, MORENO Y, et al. Complex network: structure and dynamics[J]. Physics Reports, 2006, 424: 175-308.

[3] DURUGBO C,HUTABARAT W,TIWARI A. Modelling collaboration using complex networks[J]. Information Sciences, 2011, 181(15): 3143-3161.

[4] LOUNSBURY M, BECKMAN C M. Celebrating organization theory[J]. Journal of Management Studies, 2015, 52(2): 288-308.

[5] ZAPPA P, LOMI A. The analysis of multilevel networks in organizations: models and empirical tests[J]. Organizational Research Methods, 2015,18(3):542-569.

[6] GUO B, ZHANG D, WANG Z, et al. Opportunistic IoT: exploring the harmonious interaction between human and the internet of things[J]. Journal of Network and Computer Applications, 2013,36(6):1531-1539.

[7] NOHRIA N, ECCLES R G. Networks and organizations: structure, form and action[J]. IEEE Transactions on Systems Man & Cybernetics Part C: Applications & Reviews, 1992, 28(2):173-193.

[8] MIORANDI D, SICARI S, De pellegrini F, et al. Internet of things: vision, applications and research challenges[J]. Ad Hoc

Networking, 2012, 10(7): 1497-1516.

[9] HALLER S, KARNOUSKOS S, SCHROTH C. The internet of things in an enterprise context: future internet[M]. Berlin/Heidelberg: Springer, 2008.

[10] KORKMAZ I, GÖKÇEN H, ÇETINYOKUŞ T. An analytic hierarchy process and two-sided matching based decision support system for military personnel assignment[J]. Information Sciences, 2008, 178(14): 2915-2927.

[11] KAHNEMAN D, TVERSKY A. Prospect theory: an analysis of decision under risk[J]. Econometrica,1979,47(2):263-292.

[12] WEINBERG B D, MILNE G R, ANDONOVA Y G, et al. Internet of things: convenience vs. privacy and secrecy[J]. Business Horizons, 2015, 58(6): 615-624.

[13] XU L D, HE W, LI S. Internet of things in industries: a survey[J]. IEEE Transactions on Industrial Informatics, 2014, 10(4):2233-2243.

[14] ATZORI L, LERA A, MORABITO G. The internet of things: a survey[J]. Computer Networks the International Journal of Computer &Telecommunications Networking, 2010,54(15): 2787-2805.

[15] LIU J, GUAN Z, XIE X. B2C e-commerce logistic channel structure in China. [J]Proceedings of the Fourteen Wuhan International Conference on E-Business, 2015.

[16] 田歆，汪寿阳. 第四方物流与物流模式演化研究[J]. 管理评论，2009，21(9)：55-61.

[17] WEBER R H. Internet of things—governance quo vadis? [J]. Computer Law & Security Review the International Journal of Technology & Practice, 2013, 29(4): 341-347.

[18] SHIN D. A socio-technical framework for Internet-of-Things design: a human-centered design for the internet of things[J]. Telematics and Informatics, 2014(31):519-531.

[19] BI Z M. Revisit system architecture for sustainable manufacturing[J]. Sustainability, 2011, 3(9):1323-1340.

[20] 赵冠南，曹冰. 我国物联网商业模式初探[J]. 装备制造与教育，2013(3):27-29.

[21] EUCHNER J. The internet of things[J]. Research Technology Management, 2018, 61.

[22] RYMASZEWSKA A, HELO P, GUNASEKARAN A. IoT powered servitization of manufacturing—an exploratory case study[J]. International Journal of Production Economics, 2017: S0925527317300531.

[23] LU Y, PAPAGIANNIDIS S, ALAMANOS E. Internet of things: a systematic review of the business literature from the user and organisational perspectives[J]. Technological Forecasting and Social Change, 2018:S0040162518301136.

[24] 胡斌,刘作仪. 物联网环境下企业组织管理特征、问题与方法[J]. 中国管理科学,2018,26(8):127-137.

[25] HARRINGTON T S, SRAI J S, KUMAR M, et al. Identifying design criteria for urban system last-mile solutions—a multi-stakeholder perspective[J]. Production Planning & Control, 2016,27(6): 456-476.

[26] KRISTOFF S. Sensors and data acquisition. http://suite101. Com/article/ introduction-to-data-acquisition-a64903,2010.

[27] 高山行,刘嘉慧. 人工智能对企业管理理论的冲击及应对[J]. 科学学研究,2018,36(11): 2004-2010.

[28] 富金鑫,李北伟. 新工业革命背景下技术经济范式与管理理论体系协同演进研究[J]. 中国软科学,2018(5):171-178.

[29] LAUDIEN S M, BIRGIT D. The influence of the industrial internet of things on business model design: a qualitative-empirical analysis[J]. International Journal of Innovation Management, 2016, 20(8):493-520.

第
3
章
Chapter 3

# 物联网环境下的组织流程与运作

## 3.1 物联网环境下组织流程的特点

企业组织的流程包括商务流和物流[1]，其中，商务流主要包括业务流和信息流[2]。

以图 3-1 为例，顾客的行为(如电商顾客的下单行为)启动了信息流，平台企业通过控制信息流来指挥和管理中段、终端企业集群组织的运作。

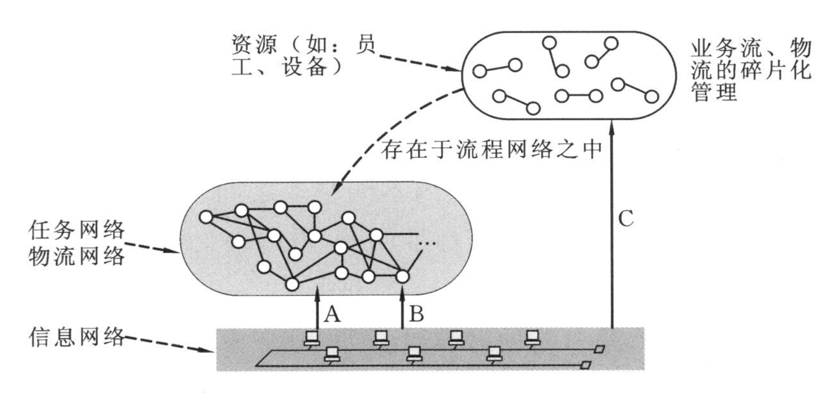


**图 3-1 流程网络及资源碎片化**

注：A. 影响资源调度；B. 发现资源的状态(如空闲)；C. 促使物流碎片化。

由于组织结构的网络化，信息流必然也呈现出网络化的趋势[3-4]，即信息流网络化特性。不同于组织结构网络表示组织结构，信息流网络讲究流动过程及其运作管理。而由于物流企业中人、物地理空间的延展，人、物信息的实时性、透明性[5]，从企业组织全局来看，信息的发生、流动是多点并发的，人、物之间的互操作，还会产生新的信息。因此，与传统环境下信息流在空间上传播、在人与人之间分享不同，物联网环境下物流企业的信息流除了传播与分享（即复制），还有信息随时随地地产生。

显然，物联网环境下的网络化信息流，呈现出动态的网络化、并行化特征，传统的信息系统及其管理方法，不适合物联网环境下信息流网络的流动管理，而应该寻求分布式、并行式的管理方法，以保障信息流网络的畅通。

其他的流程如业务流、物流也存在上述情形。业务流在物流企业行政部门中流转，通常表现为任务流，而在企业组织中流转的任务是有多种类型的，它们同时在网络化的企业组织中流转，因此形成了并行化特征更加突出的任务网络（Task Network）[6]。由于网络化企业组织中人和物的互操作、人和物不断产生新的信息，这就倒逼企业组织产生新的任务。因此，任务网络中任务源的空间位置是不确定的。

与信息的性质不同，任务是被完成的对象，存在任务的运作管理问题，物联网环境下任务的相关属性也具有实时性、透明性，这方便了对大规模任务网络进行并行化、实时的运作管理。

对企业集群内业务流程进行运作管理，这涉及企业之间的合作方式，传统环境下各企业都按照自己的理念管理业务流程，不利于合作双方的业务衔接，因此集群内不同企业之间的任务流动，标准化工作是瓶颈[7-8]。解决了工作标准问题，再解决企业之间基于信息系统的业务流程上的协同即组织间管理问题[9]。

物流与业务流具有共同的特征。物流在企业生产、销售等执行部门流转，包括从原材料到产品、售后商品等各生命期阶段的物资[10]。以食品物流为例，现今食品供应链的地域更分散、上下游企业队伍更庞大、运作管理业务更复杂，从这些过程和特点可见，物流也呈现出网络化特性即物流网络[11-13]。借助物联网的实时定位与跟踪功能[14]，可以实现对食品从生产加工到储存、消费各环节全生命周期的管理[15]。“物”信息的实时、透明，可以实现对组织结构中处在物流周围的空闲资源的实时调度，在这样的网络化流动和调度中，人、运输工具等资源以是否空闲而呈现出碎片化特性[16-18]，因而调度具有局部性特征(图 3-1)。

从上述分析可知，物联网环境下的流程管理是粒度更精细的管理(Finer Granularity of Management)，传统环境下无法控制的对象、过程，在物联网环境下可以实现控制[10]。

综上所述，物联网环境下企业组织流程的性能归纳如表 3-1 所示。

**表 3-1　物联网环境下企业组织流程的性能**

| 分类 | 个性 | 共性 |
| --- | --- | --- |
| 物流 | 实时定位与跟踪、资源的碎片化 | 网络化、并行化，分布式并行管理 |
| 业务流 | 实时产生、及时运作 | |
| 信息流 | 实时、透明、多点并发 | |

企业组织的流程表现出上述性能后，必然会引起业务流程在物联网环境下的创新。下面分析物联网环境下业务流程的创新及形成的典型模式。

## 3.2　物联网环境下业务流程创新

企业业务流程涉及产品、原材料、设备、人员、时间、地点与生产方式等，而流程创新就是围绕这些要素或环节实施新的或显著改进的生产或交付方法，包括技术、设备或软件等方面的重大变化[19]。而物联网在集成、创新方面的特性会改变所有异质主体间的时间关联、空间关联和逻辑关联，从而为流程创新创造了新的契机和可能。

以制造业为例。为使物联网的制造设备更加智能，这种智能化的生产设备将广泛配备传感器，成为智能化的生产工具，具有感知、分析、决策、控制等功能，是先进的制造技术、信息技术的集成与深度融合。在智能生产过程中，传感器、智能诊断和管理系统通过网络互联，生产设备成为物联网的智能终端，使得由单一、分散的程序控制上升到综合智能控制，从而使制造工艺能够根据制造环境和制造过程进行改进，流程与运作实时优化，达到提升产品质量和生产效率的目的。

物联网环境下的流程创新就是通过管理数据以及提取相关信息，将物联网数据与传统的信息和流程相关联。具体来讲，物联网下的流程创新一般以业务流程优化为导向，从现实世界中收集、生成真实精准的信息[20]，并将这些信息应用于相关生产技术和业务流程管理中，从而改善原有流程。在这种模式下，物联网不仅可以提高业务流程的效率，降低仓储、包装、运输等物流运作流程的成本，也可以提高全供应链的信息交换效率。

但是利用物联网进行流程创新的一个主要挑战源于流程的系统性质，即生产系统一部分的变化将影响其他子系统和流程，尤其是物联网这种突破性创新技术，几乎会带来全局性的改变。物联网环境下任何流程创新的实施都需要面临意外的技术挑战。例如，操作人员新的职责和技能要求及其在生产线上引发的重大变化，而新的技术挑战又使物联网技术实施的难度加大，这些都会带来新的商业模式，从而引发跨越性极高的系统性改变。所以，物联网环境下的流程创新应该从战略高度出发，对整体系统进行重新设计。

以城市餐饮垃圾回收系统为例。这个回收系统由五个层级组成，分别为“市级”“区级”“街道级”“社区级”与“网格级”，此五级管理体制下每个层级的管理者都配备了物联网设备。所以，在物联网流程改造及创新的过程中，就需要层层设计并兼顾层次间的系统联系，以达到系统性的和谐。

具体来说，“网格级”以社区里的每个大型餐饮聚集区为网格点，建立系统收集端，端点链接系统，由系统收集网格点的信息，在网格点收取餐饮食物残渣时，由系统自动识别并进行归类。端点接受不同种类的垃圾并存储对应的品类信息，汇总到“街道级”进行整合，“街道级”的垃圾回收车在回收和运输过程，根据汇总的信息进行路线优化，这是“街道级”的垃圾处理系统和垃圾运输服务提供商的合作过程，需要根据垃圾回收车的位置与剩余空间，规划最优垃圾回收路径。上述过程中，流程创新主要是在“街道级”，需要街道层级的系统根据物联网提供实时精准的垃圾点、垃圾车信息以进行垃圾运输路线的实时优化。到目前为止，这似乎只是一个层级的流程优化创新，但实际上这个“点”状的流程创新还会牵扯到更广泛层级的系统改动。具体来说，垃圾回收车按照创新后的流程，集中到城市回收厂进行垃圾的清洁处理，由于垃圾回收路线的创新优化，垃圾处理厂的工作量涌入发生变化，垃圾处理厂的工作流程也会随之发生变化，这时就需要对接整个城市的垃圾处理厂的“市级”“区级”处理系统以适应新的流程。

总结来说，从上述例子中可以看出，物联网环境下的流程创新是伴随流程数据收集、存储、交互和利用等过程的改变而产生的，同时某个节点流程的创新会由于物联网集成性特征而面对系统性的影响，所谓“牵一发而动全身”，正是物联网流程创新特征的写照。

## 3.3　物联网环境下组织流程的典型模式

### 3.3.1　手动接近触发模式

手动接近触发模式是物联网业务流程触发模式中最基础的，比如图书馆的自助借书和清点、建筑物和体育设施的访问控制、基本的支付程序，甚至宠物标签等。其原理是借助某个物体传递它们的识别号码（如条形码、二维码），即当一些智能产品手动（通常有意识地）移动到靠近传感器的位置时，这些传感器能够以非常快速和便捷的方式传递其识别的号码并显示出附带信息。一旦智能产品足够接近热点，就会立即触发系统（例如支付程序）[21]。

越来越多的企业尤其是服务型企业，在其业务流程创新中包括这种流程模式。例如，大型商场或超市的扫码买单，不仅使员工的工作更加便利，也使得客户能够完成一些自助服务，从而降低劳动力成本。消费者往往也有较强的使用意愿，这可以帮助他们节省时间，最终提高他们的感知便利性。在仓储装卸、入库等环节，加入手动接近触发模式，可使业务流程重新整合，可以协助员工盘点库存，实时更新货架信息，大大提高员工的工作效率。

### 3.3.2 邻近距离触发模式

邻近距离触发模式是在上述手动接近触发模式的基础上，增加一个单一但重要的功能：当两件东西的物理距离低于阈值时，它自动触发一个交易。例如，当消费者带着忘记付款的商品走出商店时，商品和商店门之间的距离小于既定值后，会触发支付或提醒程序。从资产管理到库存管理，生产和供应链管理中的许多业务流程都包括这种典型的模式：当一件智能的物体，例如智能标记过的卡车、叉车、货盘、纸箱、正在加工的箱子或消费品，与其他智能的物体距离发生变化时，就会触发一项事务（例如更新库存记录、启动补货任务或发出警报），使用这种驱动模式的物联网系统利用物理环境的强大特性来构建新的、更好的业务流程[21]。

邻近距离触发模式可用于配合工人完成当前任务所需的工作指令、装配计划和其他信息。装配步骤甚至可以被自动记录下来，这可以消除车间中几乎所有的手工信息处理。这种业务模式提供了大量的新数据，这些数据可以用来不断地改进流程，使得消费者可以直接从邻近距离触发模式中获益，享受物联网带来的便利性。汽车、飞机和计算机组装领域的一些制造商，正在开发通过增强现实触发模式将物联网信息与车间的物理世界连接起来的系统。例如，智能汽车能够随着汽车钥匙持有者的接近而自行开启。因此，邻近距离触发模式的实现提高了业务流程的速度、准确性和便捷性，可使公司降低劳动力成本、流程失败成本和欺诈成本。

### 3.3.3 传感器自动触发模式

手动接近触发模式和邻近距离触发模式，都是通过手动或自动感知来传递物品的识别号码来创造价值。传感器自动触发模式，则是通过智能产品本身来收集其传感器上所有的数据来扩展识别信息。传感器数据包括温度、加速度、定位、方向、振动、亮度、湿度、噪声、气味、视觉、化学成分和寿命信号等。该模式允许智能产品不断感知其相关运作的状况和环境，并根据预编程规则启动相应的操作。例如，在农业物联网应用中，该模式可以不断地检查农作物的温度、亮度和湿度(土壤和空气)，以调整供水方式为最佳，可以快速提高流程质量，从而提高效率(更好的输入 / 输出关系)，形成更有效(更好的输出) 的工作方式，随着时间的推移，供水将更接近理论上的最佳值，并节约相关资源，提供环保功能，消除不必要的水资源浪费[21]。

传感器自动触发模式应用广泛，从整个供应链的状态监测到私人住宅的联网烟雾探测器，从易腐商品的管理到食品的生产，从人工建筑的监测到森林火灾或地震的预警系统，从提高电网效率的智能仪表到医院和家庭病人生命信号的监测。当物联网能够以合理的成本全方位地测量和感知流程的各环节时，企业业务流程会自动选择最优的模式，避免不必要的开支，从而优化流程结构。

### 3.3.4　产品防伪安全模式

产品防伪安全模式是另外一种业务驱动模式，与产品安全性息息相关，如原产地证明、防伪、产品谱系和访问控制等。以往只有涉及高价值和高风险的产品才会安装具备安全技术的小型芯片，如 ATM 卡或汽车钥匙。在物联网技术的支持下，通过不断地从物联网收集和更新数据，使产品拥有记录其每一项活动的二维码(或电子页面)，借此对产品生产过程及使用情况进行追溯，从而简单清晰地判断产品的真假和使用者的合法性，防止假货或非法售卖等情况发生。而且，由于网络互通互联及物联网技术的广泛使用，这种防伪安全模式的成本非常低，可以应用于每一件商品[21]。

在业务流程中，产品防伪安全模式的加入，使得智能设备能够通过计算机自动检测产品的有效性，而无须人工干预，避免了生产过程中发生出错率高、信息缺失，或发现问题产品时无法查询到具体的负责人等问题，可以满足各级用户获取生产及流通环节信息的需求。同时，它还可以有效遏制造假的现象，从根本上保证消费者的利益。

## 3.4 物联网环境下的组织运作：以供应链组织为例

### 3.4.1 运输环节

运输是供应链运作的基本环节。随着物联网的兴起以及现代化信息水平的提升，运输业实现向“智慧物流”转型升级已经势不可挡，物联网技术能够提高运输效率，实现信息化和智能化。物联网在运输环节主要应用于交通基础设施优化和运输状态实时监测等方面。

在交通基础设施优化方面，物联网技术可以极大地支持公路基础设施的优化，例如道路网络、停车和交通控制系统、高速公路收费等，这些都是“智慧城市”的基本要素，即以“高度集成的智能技术、高度发达的智能产业和便捷服务为主要特征”的城市组织形式，物联网通过先进的信息技术、通信技术、控制技术、传感技术的有效集成，能够在现有路况下对人、路、车进行有效监控，实现道路利用率最大化[22]，实现交互性的智能交通和物流生态系统，包括交通控制监测系统、路线规划系统、货运状态监测系统，为货运司机提供数据的收集、共享平台。

在运输状态实时监测方面，主要基于GIS、RFID技术、传感技术等多种技术，实现货物、车辆追踪和信息采集、监管等功能。对运输状态的实时监测和对运输车辆的动态管理主要包括运输信息获取、运输信息传输和存储、运输信息处理和应用等环节。其中，运输信息获取是通过磁场、超声等传感器检测运输车辆的速度、位置等信息；运输信息传输和存储主要是通过物联网和传统电子通信技术的集成，以实现运输信息的低成本远程传输，并建立海量的车辆信息数据库，将相关信息存储至云端；运输信息处理和应用主要基于已有信息进行行车路径规划和预测控制等，实现智能运输。在此方面最大的应用就是车联网平台，比如国内的Drive Partner车载信息服务平台。该平台建立主中心、分中心和子中心的运营体系，全天候

24 小时为运输机构提供包括车辆定位与跟踪、导航、车队管理、天气信息、安全防盗等多项服务。

### 3.4.2　仓储环节

在物流管理中，仓储是一个基本环节。为了对货物实现感知、定位、识别、计量、分拣、监控等，主要采用传感器、RFID、条码、激光、红外、蓝牙、语音及视频监控等物联网技术。在以仓储为核心的物流中心信息系统建设中，采用企业内部局域网直接相连的网络技术，并留有与无线网、互联网扩展的接口，而在不方便布线的地方，一般采用无线局域网技术。现代仓储系统内部不仅物品复杂、性能各异，而且作业流程复杂，既有分拣也有组合，既有存储又有移动[23]。在仓储管理中，物联网技术的应用场景主要是将 RFID 标签贴在存放货物的托盘或者包装箱上，自动识别货物的序列号、种类、数量、生产时间等一系列相关信息，并将读取的数据传送至后台数据库，从而达到提高物资出入库效率、对库存量进行预警、对仓储环境实时监控、提高在库盘点的效率和准确率等效果[24]。相关数据显示，相对于传统的物流管理，物流信息技术的使用能降低大约 50% 的劳动成本，提高 30% ～ 40% 的生产效率，对于数据处理的准确率也能提升至 99% 以上。仓储环节对物联网的应用主要体现在以下几个方面[25]。

在入库流程环节，货物在场外时，根据相关要求，生成对应的入库单或调拨单，并将数据传输回仓库物资管理系统。货物入库时，利用条码 /RFID 读取设备扫描物资标识，可以自动获得所扫描物资的相关信息，例如存货名称、存货编码、规格等信息，其中还包括该物资是否需要批次管理、是否需要货位管理等。如果需要批次或者货位管理，必须输入该物资批次后系统才能对其进行运算。除此之外，该功能还可以给出货位建议，即当扫描一个物资时，系统自动到仓库管理系统中去查询当前仓库中是否有相同物资、相同批次的货位，有则提示操作人员，供其选择是否就近摆放。货物入场后，物资箱到达库门激励器激活区域，激活标签将主动向读写器发送信号，由远距离读写器读取标签数据，自动记录并上传时间、地点、物资等相关详细信息。

在出库流程环节，操作人员通过手持终端采集数据后，将数据传输回仓库管理系统，生成对应的出库单。可以根据用户的配置进行出货的建议性拣货动作，即：当操作者需要提一个物资时，系统会读取物资在当前仓库中所有的货位以及批次，根据配置原则（先进先出、后进先出）给出一个建议拣货货位。如果该存货的储量不满足发货计划，将提供多个提示信息。

在货位管理环节，当操作人员调整货位内的存货时，用手持设备扫描货位上的货位标签；在扫描需要移动的存货时，先输入数量，然后扫描需要移入的货位，系统会自动判断移动的数量是否合规，如果可以则生成货位调整单，并且修改库存存货的存量货位对应关系。手持设备能够通过扫描货位标签，获得该货位内所有存货的数量、所属批次，如果是根据订单放置，还可以查询到该货位存货的订单。系统能够在收发存货的时候，及时给出存货建议货位，并在计算机上以图形化模拟、标识出货位在当前仓库的位置。例如在收货的时候，系统自动给出同样存货、相同批次的货位提示。这样一来，仓库的操作人员就可以根据系统提示，就近集中放置存货。同样，出货的时候，系统给出拣货提示，根据批次进来的顺序给出出货信息。这样方便了整个货架的管理，在一定时间的货架整理后，所有的物资会按照其特性集中到一起。

在库存盘点流程环节，操作人员持手持设备扫描物资信息，将其实际的扫描结果与系统内数据信息自动比对，盘点后生成一张盘点信息表。或在库房一定位置安装多台RFID阅读器/天线，在固定周期内对库存进行盘点[26-27]。

在预警、报警环节，运用物联网技术可以实现到期自动预警：登记时录入有效期时间与系统当前时间比对，当进入设定的预警时间时（如提前30天预警），软件会显示具体某箱物资快要到期的信息。还有安全库存量预警、非法出入自动预警、非正常指令流出、通过读写器自动触发报警器等。例如，防盗报警功能开启后，系统记录当前物品所在库房位置信息，当物资被移动到另一个读写器识读区域后，软件界面通过改变物品颜色与发声方式报警提示，管理员再通过监控视频查看仓库情况[27]。

## 3.5　物联网环境下组织流程的典型应用

### 3.5.1　物联网在工业领域中的应用

物联网在工业领域主要应用在生产过程控制、产品全生命周期监测和安全生产控制等方面。

在生产过程控制方面，运用物联网技术建立远程在线监测及故障诊断系统，实现对生产过程的智能监控、智能诊断、智能决策，帮助企业提高生产线过程检测、实时参数采集、生产设备监控等方面的能力[22]。该系统通过远程监控生产车间的运行情况，根据视频监控、人员标签卡、环境监测传感器、电压传感器、机械转速传感器等设备提供的实时信息，在控制车间的电脑终端上，只要一点鼠标就可以看见车间任何地方机器的运行情况，一旦出现问题，可以马上进行专家会诊，改善机组的运行状况。运用这种方式，生产企业可以减少非计划停机次数，降低故障率，缩短停机检修时间，延长检修周期，及时掌握车间运行情况的大量第一手、准确、详细、实时的信息。

在产品全生命周期监测方面，工业系统必定包括许多大型装备，而对于大型装备的故障诊断、预测及健康管理，是产品全生命周期管理的重要内容。如果这些大型装备产品坏了，就需要诊断清楚问题所在，对症下药进行修理，“亚健康”了就得对其进行故障预测，进而提出健康管理策略，进行预防性维修维护。比如用在某装备的关键核心部件出现了一个微小裂纹，当前并不影响使用，但当裂纹成长到一个程度，也许就会带来意想不到的灾难和不可预估的损失。通过装备物联网实时监测而获取的设备运行状态大数据，研究产品的退化和故障建模方法与技术，预测产品的故障率、运行状态和剩余寿命等指标所反映的产品“健康”水平，并以此为依据研究产品的最优维修决策模型，寻找保障系统安全可靠经济的最优维修方案，对产品进行合理有效的维护维修和健康管理[29]。另外，对于每一件销售出去的产品，不管用户是在国外还是国内、山里或者城里，生产厂家都可以随时关注其运行状态，一旦出现问题，厂家可以给出一些建议并通过物联网传达到用户，用户甚至还可以进行自维护。例如机器可能会润滑不足，生产厂家可以提前在一些容易缺少润滑的地方加装伺服系统。通过远程大数据分析，需要润滑的时候就可以自动工作，达到智能维护的目的。

在安全生产控制方面，物联网主要应用于煤矿、油井等具有一定危险性的生产行业[22]，主要通过将感应器嵌入到矿山设备、油气管道中，实现对重大危险源的压力、温度、泄露等参数进行实时感应，并构建以工业以太网为基础的综合数字化信息传输平台，利用网络技术和工业总线技术将感应器中的数据传到远程调度控制中心，以此帮助远程人员感知危险环境中工作人员、设备机器、周边环境等方面的安全状态信息，并对煤矿和油井井下调度电话系统、广播通信系统、人员定位系统进行整合，通过统一的应急救援软件平台进行管理，实现矿井、油井通信的全网覆盖，将原本分散、独立、单一的网络监管平台提升为系统、开放、多元的综合网络监管平台，实现对危险的实时感知、准确辨识、快捷响应和有效控制。

### 3.5.2 物联网在农业领域的应用

物联网在农业领域主要应用于食品溯源、生产养殖环境监测及精细化管理等方面。

在食品溯源方面，使用物联网技术可以对食品安全的供应链进行全程控制，随时确定产品和原料的来源，有效降低食品安全风险。在某一环节出现问题时可以追溯到源头，进行治理和补救[22]。例如借助 RFID、集成电路卡等物联网技术，建立猪肉质量安全追溯综合管理平台，对猪肉从养殖到屠宰再到销售等一系列环节进行信息采集、记录和交换，养殖场、屠宰场、猪肉经营户、政府行业监控人员、检疫人员和消费者能通过该平台共享各个环节的可靠信息，从而实现肉类来源可追溯、去向可查证、责任可追究的长效机制，提升食品安全保障能力。

在生产养殖环境监测及精细化管理方面，我国部分农业信息化发达地区已经初步以物联网感知技术为基础[22]、以下一代通信信息技术为纽带、以云计算技术为载体，对禽舍、农业大棚等进行实时数据的采集，对生产养殖环境进行远程监测，根据监测情况对环境发出调控指令，进行保温控制、通风、灌溉等操作保障整个生产养殖系统的健康运行，从而实现整个生产养殖环境的智能化信息服务，这样既可以降低监管人力物力、节约成本，又可以在生产养殖中实现科学决策和高效管理。

### 3.5.3　物联网在医疗领域中的应用

物联网在医疗领域主要应用于病患信息管理、医疗设备及药物管理、远程会诊及移动医疗等方面[22]。

在病患信息管理方面，病人的家族病史、既往病史、治疗记录和药物过敏等电子健康档案，可以为医生确定治疗方案提供帮助。利用RFID腕带，存储住院患者的相关信息，确保每个患者信息的唯一性和准确性，医生和护士可以对病患生命体征进行实时监测，杜绝用错药、打错针现象，自动提醒护士进行发药、巡查等工作。

在医疗设备及药物管理方面，将生产商和供应商的信息、设备的维修保养信息、医疗设备不良记录跟踪信息等存入医疗设备的RFID标签中，在检查设备时可以通过手持机将相关信息录入手持机，回到办公室后将手持机内的信息上传到中央处理器内进行数据存储；对于药物管理同样如此，将药品名称、品种、产地、批次等信息都存于RFID标签中，当出现问题时可以追溯全过程，并且可以把信息传送到公共数据库中，患者或医院可以将标签的内容和数据库中的记录进行对比，从而有效地识别假冒药品。

在远程会诊及移动医疗方面，运用物联网技术构建社区居民健康与养老智能远程监护平台，通过智能设备实时采集人体的生理参数，智能设备自动使用蓝牙与专用手机相连，手机把采集到的数据通过通信网络传至远程的监护平台，用户或者用户的亲属可随时查看健康状况；用户的责任医生可随时查看到用户数据，以便及时给予指导和建议；遇到健康数据异常或突发情况，系统会向用户及用户亲属及时发出警报。与此同时，各级民政和卫生部门管理者也可实时了解辖区内居民的健康情况统计数据，作为政府政策和法律制订的主要依据。

## 参考文献


[1] HAMMER M. Reengineering work: don't automate-obliterate[J]. Harvard Business Review,1990 (7-8):104-112.

[2] WEINBERG B D, MILNE G R, ANDONOVA Y G, et al. Internet of things: convenience vs. privacy and secrecy[J], Business Horizons, 2015, 58(6): 615-624.

[3] DURUGBO C. Modelling information for collaborative networks[J]. Production Planning & Control, 2015,26(1): 34-52.

[4] DURUGBO C,HUTABARAT W,TIWARI A. Modelling collaboration using complex networks[J]. Information Sciences, 2011, 181(15): 3143-3161.

[5] WEBER R H. Internet of things—governance Quo vadis? [J] Computer Law & Security Review the International Journal of Technology & Practice, 2013, 29(4): 341-347.

[6] CARLEY K M, DIESNER J, REMINGA J, et al. Toward an interoperable dynamic network analysis toolkit[J]. Decision Support Systems, 2007, 43(4): 1324-1347.

[7] ATZORI L, IERA A, MORABITO G. The internet of things: a survey[J]. Computer Networks, 2010, 54(15): 2787-2805.

[8] VENKATESH V, BALA H. Adoption and impacts of inter-organizational business process standards: role of partnering synergy[J]. Information Systems Research, 2012, 23(4):1131-1157.

[9] 庄伟卿，刘震宇. 负网络外部性情形下组织际信息系统动

态协调机制研究[J]. 系统科学与数学，2015(4)：472-488.

[10] HALLER S, KARNOUSKOS S, SCHROTH C. The internet of things in an enterprise context: future internet[M]. Berlin / Heidelberg: Springer, 2008.

[11] KALUZA P, KÖLZSCH A, GASTNER M T, et al. The complex network of global cargo ship movements[J]. Journal of the Royal Society Interface, 2010, 7(48): 1093-1103.

[12] CARTER C R, ELLRAM L M, TATE W. The use of social network analysis in logistics research[J]. Journal of Business Logistics, 2007, 28(1): 137-168.

[13] LAM J S L, YAP W Y. Dynamics of liner shipping network and port connectivity in supply chain systems: analysis on east asia[J]. Journal of Transport Geography, 2011, 19(6): 1272-1281.

[14] WHITMORE A, AGARWAL A, XU L D. The internet of things—a survey of topics and trends[J]. Information Systems Frontiers, 2015, 17(2):261-274.

[15] HARRINGTON T S, SRAI J S, KUMAR M, et al. Identifying design criteria for urban system last-mile solutions—a multi-stakeholder perspective[J]. Production Planning & Control, 2016,27(6): 456-476.

[16] GRANDL R, ANANTHANARAYANAN G, KANDULA S, et al. Multi-resource packing for cluster schedulers[J]. ACM SIGCOMM Computer Communication Review, 2014, 44(4):455-466.

[17] GULATI A, HOLLER A, JI M, et al. Vmware distributed resource management: design, implementation, and lessons learned[J]. Vmware Technical Journal, 2012, 1(1): 45-64.

[18] NATHANI A, CHAUDHARY S, SOMANI G. Policy based resource allocation in IaaS cloud[J]. Future Generation Computer Systems, 2012, 28(1):94-103.

[19] PAPERT M, PFLAUM A. Development of an ecosystem model for the realization of internet of things (IoT) services in supply chain management[J]. Electronic Markets, 2017, 27(2):175-189.

[20]VERMESAN O, FRIESS P, GUILLEMIN P, et al. Internet of things strategic research roadmap[J]. Internet of Things:Global Technological and Societal Trends, 2011, 1(2011): 9-52.

[21] FLEISCH E. What is the internet of things? an economic perspective[J]. Economics, Management, and Financial Markets, 2010, 5(2): 125-157.

[22] 工业和信息化部电子科学技术情报研究所，洪京一. 中国物联网发展报告[M]. 北京:电子工业出版社，2015.

[23] 王新国. 物联网技术在仓储物流领域应用分析与展望[J]. 电子技术与软件工程，2013(22):60-61.

[24] 谢勇，王红卫. 基于物联网的自动入库管理系统及其应用研究[J]. 物流技术，2007，26(4):71-80.

[25] 摩方. 物联技术应用:物联网技术在仓储物流托盘中的应用研究[EB/OL] www.sohu.com/a/284584209_100085523. 2018-12-26.

[26] 智物客. 智慧仓储篇 —— 仓储业务分析 [EB/OL] CSDN. 2017-06https://blog.csdn.net/illusion116/article/details/73557439.

[27] 李明，陈宁宁，王海韵，等. 智慧仓储技术分析与展望[J]. 物流技术，2017(9):165-167,192.

第
4
章
Chapter 4

# 物联网环境下企业组织的外部环境特征及其运行条件

## 4.1 企业组织外部环境的特征

物联网环境下企业组织所处的外部环境，可以进行 PEST 分析。

P 代表政府管理和行业管理环境。在传统商务环境中，我国各级地方政府对辖区内的商务经济组织既有监管又有政策支持，容易造成地方保护、各自为政的局面；而在物联网环境下，企业依托于物联网系统的网络化和扁平化组织结构，具有跨地域性[1]，其业务流由众多的企业合作完成，具有多领域性、跨产业性(图 4-1)。

因此，物联网环境下的政府管理和行业管理，应该具有跨地域、跨行业的一体化特性。

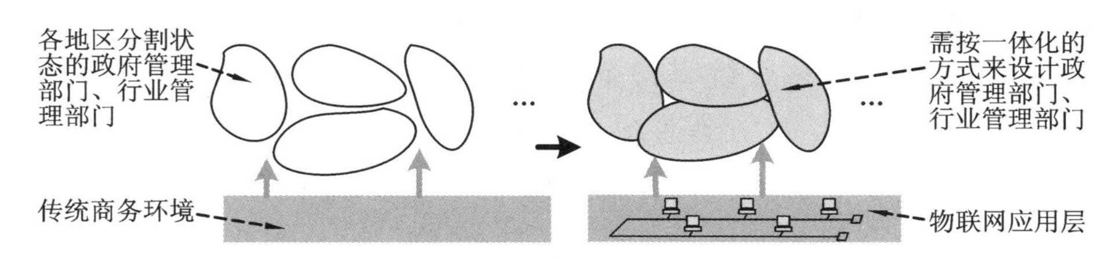


**图 4-1 不同环境下各地政府管理部门、行业管理部门比较**

E 代表市场环境，可以从竞争者和消费者两个方面进行分析。物联网系统的网络化特征，扩展了企业所处市场的空间，在这个大范围甚至无边界的空间中，由于物联网连接增加，接入控制更加困难，隐私问题也更加突出，因此便利了竞争者的攻击行为[2]。而“物”

信息实时性、透明性也便利了消费者的需求行为及其变更。

这些就形成了物联网环境下市场范围的无边界性、交易的随时随地性、竞争者攻击的及时性、消费者行为及其变更的及时性等特征。

物联网环境下，企业和竞争者、企业和消费者双方之间的信息不对称特征不明显甚至消失[3]，这就要求提出新的企业竞争理论、消费者行为理论来研究它们。

S代表社会环境，是笼罩在企业组织及物联网系统之外的宏观环境，对处于其中的人的行为规范、行为习惯以及组织文化都有导向和约束作用[4]。传统社会的主要成员是人，人与人之间的交互形成了社会环境。而物联网环境下，智能“物”也成为社会环境的主体成员，人与人、人与智能“物”之间的交互，形成了半人工智能的社会环境[5]。在这样的社会环境中，“物”是被人和组织管理的，这一点虽然与传统的环境没什么区别，但是“物”与“物”之间也具有社会关系，也存在亲近程度和情绪等问题，同时，人的行为、组织文化等都要受智能“物”的导向和约束。

因此，物联网环境下的社会环境具有人、物混杂的半人工智能特性，智慧城市、智能楼宇、智能家居、智能制造等都普遍具有这种特性。

T代表技术环境，包括硬件和软件两个方面。从硬件来看，物联网环境为企业组织提供了互联网络，企业组织结构就是依附于互联网络而建的。物联网系统支持企业组织建立的管理中心，其实就是物联网系统中的信息管理系统，它对企业组织的运作进行调度和管理[6-7]。从软件来讲，物联网系统为企业提供计算与分析服务功能[8]，并作为资源池的重要成员，对人和“物”随时随地产生的大数据进行分析，为企业组织运作中的各个环节服务。

因此，分布式网络系统、集中式信息管理系统、大数据分析、大规模并行计算，是物联网环境下企业组织的技术环境特征（表4-1）。

**表 4-1　物联网环境下企业组织所处环境的特性**

| | 特性 |
|---|---|
| P | 跨地域、跨行业的一体化特性 |
| E | 市场范围的无边界性、交易的随时随地性、竞争者攻击的及时性、消费者行为及其变更的及时性 |
| S | 半人工智能性 |
| T | 分布式网络系统、集中式信息管理系统、大数据分析、大规模并行计算 |

## 4.2　企业组织运行所需具备的条件

### 4.2.1　技术条件

为了保障企业组织在物联网环境下运行并应对其所处的外部环境，下列技术条件是物联网环境下企业组织需具备和解决的。

(1) 研发无线传感器

人们生活中的许多领域，特别是农业、建筑工程、林业、交通运输甚至军事应用等，都无一例外地需要对各种物理或者化学指标(如温度、湿度、气压、噪声等)进行精确感知。在过去的几十年里，人们一直利用有线网络，费时且费人力，随着嵌入式系统、微型机电系统(MEMS)、无线通信技术等的迅猛发展，人们逐渐将注意力转移到设计开发造价更低、能耗更少、功能更为完善、体积更小的无线传感器以及更加合理的软件技术上面。

(2) 有效利用存储能力

每个传感器都自身集成电源，但是受传感器价格、体积的限制，通常电池很小。传感器价格低廉、构造微小、电池容量有限，这些都限制了传感器在信息采集工作时的数据存储能力和程序计算能力。为了使传感器在数据处理和收集、发送和接收其他传感器的数据等多项工作中正常、平稳地运行，需要利用有限的存储能力来协调完成用户所需的操作。

（3）降低相应延迟

IoT 的架构需要支撑数据分析，在网络边缘提供服务，并能够为局部信息物理系统提供对延迟敏感的控制功能，这不仅对商业物联网应用来说非常重要，对用于在毫秒反应时间内实现嵌入式人工智能应用的可触互联网版本来说也非常重要。

（4）情境感知服务支持

大多数物联网应用都是为了提供局部服务而实施，而这种服务靠的是基于情境感知的数据分析（比如取决于位置和临近的应用）。因此，通过充分利用终端设备和边缘服务器的局部计算和存储资源，会更加有利于支持基于情境的服务。

（5）提升中心化资源管理

各种物联网设备和应用的全部资源，包括操作系统、服务项目和数据，都在边缘服务器和云服务器里保存和维护，并以一种中心化的方式进行管理。随着互联设备数量和种类的增多，中心化管理能够使得设备中的软件和安全证书得到及时更新，遇到软件故障时，也能够恢复整个软件系统。

（6）跨平台、按需服务供应

轻量级物联网设备通常会嵌入一个轻量级操作系统（如 TinyOS 或 FreeRTOS）和固定的软件或者程序，来提供供应商设计的某种特定的功能或者服务。利用透明计算，能够将物联网设备的硬件和软件完全分离，将对负荷有需求的服务与其来自边缘服务器的潜在按需操作系统完全分离。

（7）加强的功能可扩展性

可扩展性是目前物联网平台一项重大挑战，在这一平台上，轻量级物联网设备很难将其功能通过增加硬件模块在该平台上扩展。比如，通过简单地附加一个温度传感器很难整合一台物联网设备上的一项温度探测服务。但是，增强功能的可扩展性能够保障物联网设备从边缘服务器下载合适的驱动和服务，从而实现充分的“即插即用”性能。

### 4.2.2　物联网高效能源解决方案

除了解决上述基本技术问题，还要解决高效能源应用与管理问题。高效的能源解决及能源获取、运作方案是成功实施物联网应用的保障。例如，在智慧城市中物联网应用逐渐增多，只有实现了设备的低能耗，物联网推广应用才具有可持续性。物联网环境下智慧城市的高效能源解决方案包括很多方面，大致可分为物联网设备端的高效能源解决方案与用户端的高效能源解决方案[9]。

（1）设备端的高效能源解决方案

① 轻量级协议

物联网设备协议的设计就是为了保证某一场景下的某一物联网应用能够良好运转，而轻量级协议能够通过降低日常的管理费用，来提升管理效率[10]。基于物联网的智慧城市建设在通信方面需要会用到许多不同的协议，比如信息排队遥测传输（MQTT）、限制性的应用协议（CoAP）、可扩展信息传送和存在协议（XMPP）、高级信息排队协议（AMQP）、6lowPAN 以及通用插入和播放（UPnP）物联网，其中，MQTT 和 CoAP 是最常用的协议。MQTT 是一种轻量级协议，是为了从物联网设备上收集数据并将这些数据传输到服务器，CoAP 是为限制性的设备以及用于 Web 通信网络设计的。

② 低能耗收发器

由于智慧城市建设中的物联网设备是依靠有限的电池来运转，因此，一种低能耗的设计结构或者运作框架对注重能源管理的物联网智慧城市来说尤为重要。通常，现有的物联网设备应用协议与高效能源的目标并不一致。具体来说，物联网设备的无线责任循环对能源效率来说非常重要，学者们也在设法降低物联网设备的无线责任循环，进而实现高效实用能源的目的。

③ 认知管理框架

物联网设备从性质上来看是多样的，但这些设备提供的相关服务是不可靠的。因此，需要利用智能和认知方法，构建一种在基于物联网的智慧城市应用内全面使用的认知管理框架。这一框架包括推理和学习，用于提升物联网设备的决策能力。有学者提出一个情境感知的认知管理框架，这一框架能够根据实际的情景，制定出关于物联网设备的决策（时间、原因、如何联络）[11]。

（2）用户端的高效能源解决方案

用户端的高效能源解决方案则涉及最优化安排。最优化安排指的是将住宅内的能源消费降到最低，并将用户的用电量降到最低，从而达到资源使用的最优化。这一最优化过程的重点在于需求管理，需求管理指的是通过改变系统的用电负荷结构来降低费用。改变负荷结构指的是将用户的用电负荷从较高水平转变为较低水平，从而节省出一部分电量，以供其他消费者使用。

## 参考文献

［1］XU X，HE W，YIN P，et al. Business network information ecological chain：a new tool for building ecological business environment in IoT era[J]. Internet Research，2016，26(2)：446-459.

［2］SICARI S，RIZZARDI A，GRIECO L A，et al. Security，privacy and trust in internet of things：the road ahead[J]. Computer Networks，2015，76：146-164.

［3］FLEISCH E. What is the internet of things? an economic perspective[J]. Economics，Management，and Financial Markets，2010，5(2)：125-157.

［4］FRONCEK P. The effects of network structure on the emergence of norms in adaptive populations[J]. Journal of Artificial Societies and Social Simulation，2015，18(4)：14.

［5］ATZORI L，IERA A，MORABITO G，et al. The social internet of things—when social networks meet the internet of things：concept，architecture and network characterization[J]. Computer Networks，2012，56(16)：3594-3608.

［6］ATZORI L，IERA A，MORABITO G. SIoT：giving a

social structure to the internet of things[J]. IEEE Communications Letters，2011，15(11)：1193-1195.

[7] GUBBI J，BUYYA R，MARUSIC S，et al. Internet of things：a vision，architectural elements，and future directions[J]. Future Generation Computer Systems，2013，29(7)：1645-1660.

[8] YAO Y，YEN B，YIP A. Examining the effects of the internet of things on e-commerce：alibaba case study[R]. proceedings of international conference for electronic commerce，2015.

[9] CHEN Y K. Challenges and opportunities of internet of things[R]. proceedings of the 17th asia and south pacific design automation conference，2012.

[10] ALA A，GUIZANI M，MOHAMMADI M，et al. Internet of things：a survey on enabling technologies，protocols，and applications[J]. IEEE Communications Surveys & Tutorials，2015，17(4)：2347-2376.

[11] VLACHEAS P，GIAFFREDA R，STAVROULAKI V，et al. Enabling smart cities through a cognitive management framework for the internet of things[J]. IEEE Communications Magazine，2013，51(6)：102-111.

第5章 Chapter 5

# 物联网引起的问题

## 5.1 数据安全与隐私

在物联网中，每个智能物体都可以连接到全球互联网，并且能够与其他智能物体通信，从而导致了新的安全和隐私问题，如传感器感知和交换数据的机密性、真实性和完整性问题。所以必须确保人和物的隐私安全，防止未经授权的识别和跟踪[1]。在这种情况下，越是自主和智能的传感设备，就越容易出现诸如泄露身份和隐私等问题。

### 5.1.1 消费者数据安全

物联网将通过在全球信息空间处理大量传感设备的数据，真实世界的信息地图将表示在数十亿传感设备中。用户的信息也由数百或数千个传感设备中不断变化的数据组成，这时用户信息的安全就显得尤为重要[1]。为了防止外界未经授权使用传感设备的私人信息，必须在动态契约、安全和隐私管理等领域进行大量的物联网研究。

普通消费者作为物联网的用户，是无法控制智能设备收集的信息的；而物联网设备可能会未经消费者许可传输敏感数据。例如，智能电器会向企业服务器发送个人信息，而这些在企业存储和分享的用户资料则会以消费者无法控制的方式被使用[2]。如今，物联网设备正在从最为隐私的生活空间里收集数据。在大多数客户没有意识到的情况下，企业可以通过物联网从许多渠道获取客户信息。例如，通过调查交易记录和观察客户使用行为，企业可以获得包括顾客意愿的相关详细信息。其他包括年龄、职业、体重、财务状态等敏感信息也可以通过个人设备获取，比如一些可穿戴运动设备（FitBit、Nike Fuelband）、智能手机应用程序等。如果没有适当的防护措施，智能设备收集的所有数据就会被整合，或被黑客窃取，进而坏人谋利[3]。物联网服务提供商会通过掌握用户信息来实施更加精准的营销策略。有报道指出，消费者每天在网上花费的时间越多，个人数据泄露的风险就越大，遭受大量个性化营销信息的概率也会大幅增加。

### 5.1.2　企业数据安全

随着信息化的不断加强，信息安全问题也被日益重视，信息安全问题主要涉及五个方面的要素：认证（认证身份）、授权（对合法使用者授予使用权限）、保密（确保信息不被窃取）、完整性（确保信息完整，未被修改）、不可否认（确保可查）。物联网的安全领域是现在比较热门的研究领域之一。

虽然目前的物联网核心网络具有相对完整的安全措施，但是当面临海量、集群方式存在的物联网节点的数据传输需求时，很容易导致核心网络拥塞，产生拒绝服务。同时，由于在物联网传输层存在不同架构的网络需要相互联通的问题，因此，物联网传输层将面临异构网络跨网认证等安全问题，可能受到DoS攻击、中间人攻击、异步攻击、合谋攻击等。此外，物联网带来了更多的大型数据，这些数据中的大多数永远不会再被创建，对于海量的数据，简单的灾难恢复策略变得不再简单[4]。特别是在处理传感器产生的海量数据时，大部分数据库管理软件不能做到快速处理这些数据。因此，与传统数据相比，物联网产生的海量数据在数据保护和备份问题上，提出了更高的要求。

企业作为物联网的用户，其目的是捕捉企业运行数据，并在了解如何处理数据之后立即使用大量数据。由于设计这些设备的工程师并不是网络安全专家，导致IoT信息泄露的原因众多。在很多情况下，企业不知道其 IoT 设备被攻击，因为他们在工作时间正常运行，攻击者非常聪明地在休息时间渗透网络并窃取数据。工业数据泄露事故可能会造成严重甚至危及生命的后果[5]。特别当工业系统的数据或设备被黑客攻击时，造成的影响比信息系统受攻击大得多。简单的数字组合、账号相同、键盘邻近键或常见姓名构成的密码、终端设备的出厂配置密码都是弱密码，很容易被破译。如果攻击者通过抓包等方式获取应用层服务器和终端设备间传输的数据，密码被破解后问题将很严重。例如，2016 年当地时间 10 月 21 日的美国 DDoS 攻击事件中，黑客利用物联网设备终端弱密码的特点，攻击了最主要的 DNS 服务商 Dyn，导致用户无法访问 Twitter、Netflix、Spotify、AirBnb、CNN、华尔街日报等数百家网站，大半个美国断网。对于工业系统，不能只谈论数据、数字和金钱，这是一个轻微中断就可能导致重大灾难的物理系统。

对工业系统的攻击或未经授权更改命令的行为，可能会导致有害物质溢出或者爆炸，甚至工作人员的死亡。因此，物联网产生的数据与传统数据相比，对数据保护具有极高的需求。

这又会引起隐私问题。隐私问题同安全问题存在明显的不同：安全问题可以由第三方进行客观的评价；而对于隐私问题，不同用户可能有各不相同的看法。随着信息化进程的不断推进，物联网信息共享越来越广泛，对物联网共享过程进行安全隐私保护也就成了迫切需求[6]。由于人力、物力以及财力的限制，物联网隐私保护还存在很多问题。安全隐私保护的平台需要进一步细化，从而进一步满足客户的需求。

## 5.2　信用与道德问题

物联网的应用过程营造了一个智能的环境，在这个环境中信息可以被实时感知，客户也可以获得更好的服务体验。但是当物联网公司歪曲、阻碍或者以其他方式操纵信息流时，可能会发生各种形式的不良行为[7]。

物联网跟踪、监控和收集客户的详细信息，以便更好地为客户服务，且由于定制化的服务存在巨大的利润空间，因此存在信息滥用的可能性，在客户不同意的情况下，至关重要的信息可能会被物联网公司随意使用。物联网公司能够从各种来源收集和整合信息，他们可能将这些信息出售给第三方公司或者其他公司，使这些公司可以在客户不知情或未经许可的情况下使用这些信息，进行牟利。这些信息可能包括行为追踪，例如监视客户使用、购买及浏览网页等类似的信息。除了从数据商处购买信息外，物联网公司还拥有关于客户行为的独特数据储备，这为精心定位和基于细节信息定制促销活动提供了基础。可以看出，强有力的数据获取和储备能力使得物联网公司在合作中占据优势地位，消费者的地位被严重削弱。

物联网系统可能被用来记录客户的支出，甚至监控他们的智能冰箱和智能垃圾桶，以寻找线索，了解客户的喜好。虽然这是以更好地为客户服务的名义进行监控的，但是关于使用行为的信息可能会让顾客感到不舒服。问题的核心在于追求一个完美的物联网系统时，企业希望了解到的关于顾客的信息多于客户所期望的。令人讨厌的广告推送是这种行为的典型方式，垃圾邮件就是不受欢迎的入侵广告，互联网导致了许多不同形式的交流和侵入，包括弹出式广告和未经请求的电子邮件等，物联网的应用带来的新的垃圾邮件形式只会激增，与之相关的邮件接收者的困扰程度也会增加。

关于物联网公司与消费者进行合作的不良行为，可以按类型分为基于交易的不良行为和基于关系的不良行为。

### 5.2.1　基于交易的不良行为

这种不良行为就是公司在不考虑顾客关系和长期发展的情况下，尽可能多地获取利润。这种做法不仅包括故意向一些客户提供劣质的产品和服务、限制和误导客户的选择，还包括给客户提供具有“隐藏”成本和条件的产品和服务、限制可用的替代方案，甚至包括忽略客户的需求，这些都使得物联网公司能够在每笔交易中利润最大化。

（1）误导消费者

当物联网公司提出新的物联网订阅计划时，客户很容易混淆或被误导，从而做出不利于自身的决定。物联网公司还可以通过复杂而难懂的使用或销售的规则和条例，误导客户做出错误的购买决定。物联网技术复杂，信息容易混淆，企业对客户隐瞒相关信息，客户将处于极大的劣势，难以做出合理的决策。例如物联网公司制定复杂的定价或收费方案，使得顾客难以对物联网服务提供商之间的价格和收费进行比较。此时比较弱势的群体（如年轻人、老年人、穷人和对技术不了解的人）特别容易受到这种不良行为的影响[8]。在当今消费者对商品或服务的选择比较丰富的市场中，企业将做出明智决定的压力推给消费者变得越来越常见。物联网带来了无限的定制可能性和选择差异化，这很容易使消费者感到困惑，比如频繁的价格和费率变化，导致顾客没有足够的时间来适应新的收费[9]。

（2）罚款

故意从罚款中获利是物联网公司不良行为的另一个例子，服务提供商通常可以从被隐藏在“小字”里的罚款中获得可观的收入[10]。保险业是此类不良行为的发源地。例如某些保险公司要求投保人佩戴可追踪设备，以监测他们日常锻炼和运动的水平，这为他们的保险政策提供直接依据。如果不使用这些设备，投保人将会受到一些惩罚。学者也注意到一种情况，当顾客没有按时付款时，会被要求缴纳高比例的罚款[8]。在物联网背景下，将这些故意针对顾客的金融剥削和不公平的罚款作为收入来源是很容易发生的。比如断开某些物联网设备可能会受到惩罚，或者当采用“适应性定价策略”的顾客错过付款会导致经济后果。这些做法可能包括混淆使用率，当顾客的金融账户达不到最低购买量或余额时的罚款，当顾客消费超过信用额度、透支或超过还款期限时的高额罚款等。

### 5.2.2 基于关系的不良行为

这种不良行为涉及企业—客户关系。由于物联网本身就是一个网络，这个维度可能比其他维度更为普遍。比如，物联网系统的崩溃，往往发生在公司区别对待客户或忽略其他客户的情况下，因为企业认为利润比他们与客户的关系更重要。企业承诺提供互惠互利的产品，但之后却违背了承诺。

（1）客户偏爱和歧视

应用物联网之后，企业通过收集数据会对客户十分了解，从而根据客户的购买行为特征和经济状况，形成客户群细分和定制方案。高优先级的客户将获得额外和更好的服务，而低优先级的客户则不会。此时，那些没有被优先对待的客户观察到其他顾客得到更好的待遇时，会感到被歧视。优质服务包括优先服务或由更敬业、更出色的员工提供服务[3]。这可能会对物联网网络产生不利影响。优先待遇会让客户感受到不公平，不仅是弱势的客户群体，也包括一些潜在的客户。当他们意识到所享受的待遇与他们预期的权利相违背时，可能会停止使用这些产品或服务[9]。此外，价格歧视还发生在企业感知到消费者的喜爱时，故意提高售价。例如，可口可乐公司开发了一种智能自动售货机，当天气炎热时，自动售货机就会提高价格[10]。随着物联网站稳脚跟，这种智能机器将普及。亚马逊的一位顾客发现，他以 26.24 美元购买的一张 DVD 在他删除电脑上的 Cookie 后价格下降，这表明该公司跟踪了他的行为，并由于他对该产品的兴趣而提高了价格[9]。

（2）转换障碍和沉没成本

物联网提供商为了留住客户，可能会让客户很难更换服务提供商，或者要付出昂贵代价才能更换。有学者指出，这是将客户捕获使其进入俘虏关系：如果要逃离则需支付高昂的转换成本，并使得之前的投资成为沉没成本[11]。也有学者不认为转换成本和沉没成本是黑暗的一面，因为在一段关系中，随着双方的相互了解和对这段关系的投资，转换成本和沉没成本自然而然就会出现[3]。他们指出转换成本的黑暗行为以客户“锁定”和“价格欺诈”的形式存在，指的是消费者在同一个供应商处购买升级、维修服务和零部件比在其他供应商处购买要支付更高的价格。随着物联网的广泛应用，转换障碍是一个不利的方面，特别是供应商正推动越来越多的物体互相连接，从而使得转换变得更难以操作。物联网预测模型可以帮助企业从这种行为中获利，使企业获得技术优势，从而转为黑暗面。物联网公司可能会创造独特的物联网生态系统，并且故意用复杂的合同约束顾客，使其无法使用其他操作系统，以此收取费用。

# 5.3 技术问题

## 5.3.1 技术标准的制定

随着国际国内物联网技术研究的深入和产业应用的推广，物联网领域暴露出了技术规范不一、产业衔接困难、利益分配失衡等问题。中国《物联网“十二五”发展规划》指出：要加速完成标准体系框架的建设，积极推进共性和关键技术标准的研制，大力开展重点行业应用标准的研制，建立高效的标准协调机制，积极推动自主技术标准的国际化。由此可以看到建立我国自主的物联网技术规范标准迫在眉睫。

发展自身的物联网标准，不必刻意与国外的标准对接。我国目前在知识产权方面每年向国际机构或组织缴纳的费用将近5000亿元，这是相当大的一笔费用。比如现在的商品大多会有一个ENUCC码，这是我国在改革开放之初引入的。ENUCC码是由两个码结合的，EN是欧洲标准的条码，UCC是美国标准的条码。欧洲推行自己的EN码，美国也推行自己的UCC码[12]。为了商品国际化，我们用的时候只能两个合并。由于这个码是有知识产权的，因此我国企业只有给国外相关机构交费，生产的产品才有资格拥有这个条码。第一次申请缴费是3000元，数量众多的中国企业的缴费就形成一笔庞大费用，就是因为我国推行不了自己的标准[13]。

在发展物联网的过程中推行自己的标准，一方面可以减少我国所承担的经济损失。各国在制定标准时都会考虑自身利益，而我国的特点是企业和机构的数量加起来比世界上大多数国家的人口还要多。在制定标准时一定要考虑到我国大企业少、中小企业多的国情，否则在有偿使用标准上将会付出非常大的经济代价。另一方面，也有利于自身的国家安全[13]。目前我国的产品都有条码，每个条码中含有企业信息和产品信息，这些就为国外了解我国的经济形势和行业情况提供了便利。比如，随着物联网的发展，产品使用 RFID，商品的位置信息也是确定的，那么，企业的生产经营情况在标准持有者面前将暴露无遗。所以如果不采用自主的标准，RFID 应用得越广泛，对国家经济安全影响也就越大。

因此，为推动我国物联网产业的发展，亟须重视技术标准的制定。

### 5.3.2　功耗问题

物联网从一个小众市场不断发展成为一个几乎将民众生活各个方面都连接在一起的庞大网络，面对如此广泛的应用，功耗是至关重要的。在物联网领域中，许多联网器件都配备有采集数据节点的微控制器、传感器、无线设备和制动器。通常情况下，这些节点将由电池供电运行，或者通过能量采集来获得电能。但在工业装置中，这些节点往往处于人们很难接近的区域。这意味着，它们必须能够在单个纽扣电池供电的情况下实现长达数年的装置运行和数据传输。电池的安装、养护和维修不仅难度很大，也会带来高昂的开销，而在某些车间或厂房内，这些操作甚至具有危险性。如果可以使器件在使用时间内无须更换电池，则可以大幅促进物联网的普及。

目前可以考虑通过以下途径解决功耗问题：

（1）太阳能

无论是室内或是户外，即使是只从光源中采集很少的能量，其影响也是巨大的。

（2）温差

通过工厂中某一物件的内外环境温差，也能够实现能量的采集，例如温度高于外部空气的高温液体管道。

（3）振动

在工业装置中，车间内机器所产生的振动也能被用于能量采集。

物联网技术的工业应用一般持续很长的时间，通过能量采集来延长电池使用寿命，这样一块电池可以持续供电 20 ～ 30 年，直到所有的节点都需要更换。在某些情况下，由于能量采集技术的使用，这些节点甚至可以实现无电池运行，从而使得节点可以更长时间不间断运行，大大增加物联网的稳定性。

### 5.3.3　干扰问题

随着物联网的广泛使用，个人可以利用物联网高效管理自身生活，智能化处理紧急事件，然而当个人传感设备遭到恶意干扰时，就极容易给个人带来损失。比如个人随身穿戴的智能手表，可以用来监控人的身体状况，再将得到的信息传递给对应设备，如果传输过程受到干扰，对应设备得到的信息就可能是错误的，那么个人依此做出决定就会受到损失。若国家的重要机构使用物联网，其重要信息也有被篡改和丢失的风险。比如，银行等重要金融机构涉及个人和国家大量的重要信息，通常这些机构配备了物联网设备，一方面有利于进行监控，另一方面也可能成为不法分子窃取信息的途径。

2017 年，两名来自阿里巴巴集团安全部创新技术研究团队的安全技术研究者发布了创新项目“超声波如何干扰物联网设备(IoT)”，提出只需一段 27 千赫兹(kHz) 左右频率的超声波，就能改变这类物联网设备的正常运行。以平衡车和虚拟现实设备为例，若对超声波的参数进行细致调节，不仅可操控平衡车的行动轨迹和改变 VR、AR 等虚拟现实设备的动态画面，极端情况甚至会给这些设备的用户带来人身伤害。研究者也依此向相关设备生产厂商提出警示和给予设防建议：一方面，厂商研发产品时可对设备增加缓冲层，如增加一些覆盖材料，减少超声波干扰；另一方面，在设备上加装降噪装置，通过主动发射反向声音，对进行干扰的超声波予以抵消，实现主动防止干扰。

### 5.3.4 设备管理问题

随着虚拟化技术和云计算的高速发展，连接数据中心的大规模服务器网络也发生了巨大的变化。互联网大发展后，互联网数据中心、运营商数据中心、政府/企业内部等大小数据中心中的服务器本身就产生了大量的网络数据流量。有学者预测，到2020年底，物联网设备的数量将超过260亿台。制造业、医疗保健等行业的这种爆炸式增长对可扩展的交互式物联网设备管理技术产生了更大需求。

随着通过物联网连接设备的爆炸式增长，传统的网络架构将无法同时管理多台设备及其倾泻到网络中的数据量。设备管理策略对于工业物联网部署变得越来越重要，如何对数量庞大的物联网设备进行管理成了一个重要的课题。在设备管理中，物联网设备的安全是最基础的要求，包括网关等设备的安全、固件更新升级、数据的处理能力以及满足业务的实时性要求（融合边缘计算、云计算、人工智能等技术）等。关于物联网设备日常运营管理的一切功能都需要考虑到。

### 5.3.5 连接与计算问题

物联网的核心是让设备连接网络，形成交互、数据收集和数据处理的能力。而现阶段物联网的主要运算能力都是由云计算提供的，这也带来了一些连接方面的问题，包括响应时间不够快、过于依赖云端、带宽水平不够等。许多数据流由边缘设备生成，通过“远处”的云计算处理和分析，不可能做出实时决策。例如使用可穿戴式摄像头的视觉服务，响应时间需要在25～50毫秒之间，使用云计算会造成严重的延迟；再比如工业系统检测、控制、执行的实时性高，部分场景实时性要求在10毫秒以内，如果数据分析和控制逻辑全部在云端实现，则难以满足业务要求；还有那些会生成庞大数据流的多媒体应用，如视频或是基于云平台的网络游戏，依赖云计算也会对玩家造成类似于等待时间过长的问题，无法满足用户的需求。

比如家用的洗衣机、冰箱都是智能化控制的，而且依托于云计算。家里虽没有停电但断网了，那怎么办?无法进行云端传输，物联网设备就会失去作用。相关报告预计，到 2025 年，物联网市场价值将突破万亿美元，全球范围内将会有 18 亿个移动物联网连接，以目前的带宽水平将难以支持设备到云端之间的数据传输。

针对以上问题，不用将数据传至云端，在边缘侧即可对实时数据进行处理的边缘计算就开始出现在解决方案中。边缘计算可以解决这类场景下网络环境的限制，并且避免数据上传云端带来的泄露风险，更适合物联网体系。对运用于民生、市政甚至工农业的物联网体系来说，效率和速度意味着一切。尤其是精密的生产型物联网，决不能容忍民用终端的延迟。而云计算传输到云端再把结果返回到终端的思路，远远不如边缘计算实时返回的速度快。要知道，再短的时间乘以整个终端的数量，都是令人震惊的产业效率。另外，人工智能技术的发展升级，在很大程度上也促进了边缘计算效率的提升。大数据应用中常常面对的一个痛点，就是没有采集到合适的数据，而边缘计算可以为核心服务器的大数据算法提供最准确、最及时的数据来源，让人工智能应用产出最大的价值。

## 5.4　物联网能源管理的问题

物联网为智慧城市提供了很多精致、无所不在的应用。物联网应用对能源的需求不断上涨，但物联网设备无论是在数量上还是在需求上都在持续上涨。有学者研究发现，物联网设备的增加和网络的扩大，会产生更加庞大的数据以及传输的需求。如果不提高能源利用的效率，那么到 2025 年，通信行业将会消耗全球 20% 的电力，并造成多达 5.5% 的碳排放[14]。因此，智慧城市解决方案必须有能力对能源加以高效利用，并应对相应的挑战。要想在智慧城市中实现复杂的能源系统，能源管理是一个关键环节。

能源管理在智慧城市建设中面临不小的挑战。随着能源需求的不断上升，烟雾大量排放，全球气候变暖和空气污染加重，严重威胁着人类生存。消费需求的持续上涨让全世界都对能源管理有着迫切需求，需要人们解决严峻的能源消费问题。因此，对物联网设备来说，能源管理十分必要。只有实现了高效的能源管理，才能更好地以一种可持续的方式实现智慧城市理想。

## 参考文献

［1］VERMESAN O，FRIESS P，GUILLEMIN P，et al. Internet of things strategic research roadmap[J]. Internet of Things—Global Technological and Societal Trends，2011，1(2011)：9-52.

［2］DE C D，NGUYEN B，SIMKIN L. The integrity challenge of the internet-of-Things (IoT)：on understanding its dark side[J]. Journal of Marketing Management，2016，33(1-2)：1-14.

［3］FROW P，PAYNE A，WILKINSON I F，et al. Customer management and CRM：addressing the dark side[J]. Journal of Services Marketing，2011，25(2)：79-89.

［4］物联网环境下信息安全问题与对策[EB/OL]. CSDN 2019-04 https://blog.csdn.net/weixin_43540463/article/details/89361339.

［5］PISHDAR M，GHASEMZADEH F，ANTUCHEVICIENE J，et al. Internet of things and its challenges in supply chain management：a rough strength-relation analysis method[J]. Economics and Management，2018.

［6］刘文昌，吕红霞，李晓楠. 我国物联网产业环境分析[J]. 辽宁工业大学学报：社会科学版，2013(6)：13-15.

［7］DE C D，NGUYEN B，SIMKIN L. The integrity challenge of the Internet-of-Things (IoT)：on understanding its dark side[J]. Journal of Marketing Management，2016，33(1-2)：145-158.

［8］MCGOVERN G，MOON Y. Companies and the customers who hate them[J]. Harvard Business Review，2007，

85(6)：78-84，141.

[9] XIA L，MONROE K B，COX J L. The price is unfair! a conceptual framework of price fairness perceptions[J]. Journal of Marketing，2004，68(4)：1-15.

[10] YU X，NGUYEN B，CHEN Y. Internet of things capability and alliance：entrepreneurial orientation，market orientation and product and process innovation[J]. Internet Research，2016，26(2)：402-434.

[11] GUMMESSON E. Making relationship marketing operational [J]. International Journal of Service Industry Management，1994，5(5)：5-20.

[12]PALATTELLA M R，DOHLER M，GRIECO A，et al. Internet of things in the 5G era：enablers，architecture，and business models[J]. IEEE Journal on Selected Areas in Communications，2016，34(3)：510-527.

[13] 曾炼冰，杨子杨. 建立有自主知识产权的物联网标准——中国物联网标准联合工作组秘书长王立建访谈[J]. 中国科技投资，2011 (4)：19-20.

[14] VIDAL J. “Tsunami of Data” could consume one fifth of global electricity by 2025[J]. Climate Home News，2017(11)：91.

# 第2部分 建 模 篇

对于组织结构而言，在物联网环境的诸多特征中，大规模集中运作的平台特性、可追溯性，对组织结构具有直接的影响。本部分首先介绍物联网环境下平台组织结构的特征，并从供应链系统视角分析物联网环境的可追溯性，然后分别介绍物联网环境下基于平台的制造组织结构和物流组织结构、基于追溯的供应链组织结构和销售渠道结构。

第6章
Chapter 6

# 物联网环境下的平台及可追溯特征

## 6.1 物联网环境下的平台结构特征

### 6.1.1 物联网环境下的平台基础技术

物联网环境下的平台基础技术主要包括SOA架构技术、Web Service技术、EAI技术和中间件技术[1]。

SOA是一个组件模型，它通过接口和协议将应用程序的不同功能单元(服务)联系起来[1]。接口定义采用中立的方式，独立于硬件平台、操作系统和编程语言。这种中立的接口特性称为服务之间的松耦合。一个应用程序的业务逻辑或某些单独的功能被模块化并作为服务，关键是其松耦合特性。

SOA应用广泛，其主要优点是：第一，SOA可通过互联网服务器发布；第二，SOA与平台无关；第三，SOA具有低耦合性特点；第四，SOA可按模块分阶段实施。

Web Service就是通过Web描述、发布、定位和调用的模块化应用，它是一种构建应用程序的普通模型，并且兼容所有操作系统[1]。Web Service可以执行任何功能。一旦Web Service被部署，其他的应用程序或者Web Service就能够发现并调用这个服务。

Web Service作为面向服务的软件开发的最佳实践(产品)，具有以下特征：① 标准，目前绝大部分的Web Service产品都支持其标准；② 松耦合，服务请求者到服务提供者的绑定与服务之间是松耦合的；③ 互操作，国际组织WS-I为Web Service互操作制定了标准及测试包；④ 基于中间件，Web Service的大部分产品都基于某个中间件产品，因此可以把遗留应用中的功能组件包装成服务。从本质上说，SOA是一种架构模式，而 Web Service 是利用一组标准实现的服务，Web Service 是实现 SOA 的方式之一。

企业应用集成(EAI)是将各种异构应用集成的一种方法和技术[1]。EAI通过建立底层结构来联系横贯整个企业的异构系统、应用、数据源等，满足共享和交换数据的需求。EAI将进程、软件、标准和硬件联合企业，在两个或者更多的企业系统之间实现无缝集成，使它们形成一个整体。

EAI包括的内容复杂，涉及结构、硬件、软件及流程等企业系统的各个层面，主要包括业务过程集成、应用集成、数据集成、平台集成及实现数据集成的标准。

中间件技术是软件构件化的一种表现形式[1]。通过对典型的应用模式进行抽象，可以基于标准的中间件进行二次开发。中间件是在操作系统之上建立的一套完整的服务，并为应用提供高层的抽象机制，它具有以下关键特性：① 屏蔽软硬件平台的异构性；② 使得所构造的分布式系统具有可伸缩性；③ 为最终用户提供一定程度的分布式透明性；④ 改善应用系统的服务质量；⑤ 提高系统的可用性；⑥ 提高系统的可靠性；⑦ 增强系统的性能；⑧ 增强系统的可维护性；⑨ 增强用户的友好性。中间件技术使得用户可以通过一种简洁、方便的工具平台，使企业的计算系统开发、部署与管理变得轻松和便捷。

### 6.1.2　物联网环境下信息平台结构分析

将物联网技术运用到信息化建设中，构建基于物联网的信息平台，将有效提高企业信息资源整合能力，实现信息在整个供应链中的高效传递与共享；优化企业相关业务流程，实现业务流程的智能化、可视化的管理。对各信息系统及相关信息系统中的信息资源，按一定的规范标准实现多源异构数据的接入、存储、处理、交换、共享等功能，从而达到企业经营各环节信息的高效共享，为企业和用户提供应用服务。

相较于传统低效的职能化管理模式，物联网平台运营企业可以通过现有信息技术手段对企业进行扁平化战略改造，建立快捷、灵活、高效并富有弹性的扁平化组织，形成以团队为组织单位、以业务流程为导向的运营模式，并加强组织单元间的沟通协同，使组织对环境能做出快速反应和决策，以保持企业的竞争力。物联网信息平台根据业务内容和业务量来确定运营组织的结构框架，具体可分为以下几类[2]：

（1）中心层

中心层由运营规划、知识管理、人力资源、财务管理等组成，它是企业组织与决策制定的核心。运营团队由总经理和各部门的负责人组成。部门的职能既具有独立性又需要跨部门协调，同时运营团队还有战略规划和决策支持等功能。

（2）业务层

业务层在中心层的决策支持基础上，确定核心工作内容，并确保工作团队的执行力，核心工作团队对外反映组织的核心能力，它与后期保障团队一起支援其他工作团队，同时服务公司客户层。

（3）客户层

可将客户群体分为 VIP 客户、普通客户和准客户，是公司服务的对象，这些客户经常被看成组织的有机组成部分，因此将这一外部服务群体作为客户层。客户资源是组织的重要部分，企业与客户保持互动，将有效激发其交易热情，从而使公司利益得到保障。

（4）物联网系统环境

连接扁平化组织各个单元的是两条纽带：一条是由有形的物联网网络及物联网应用信息系统组成的硬纽带，它是确保物联网信息准确、高效流转的环境基础；另一条是由达成共识的愿景、使命、具体目标构成的无形的软纽带，这是企业运营物联网平台的保证。

### 6.1.3　物联网环境下信息平台特征分析

为满足不同层次的企业流程操作以及业务信息的服务需求，结合物联网自身结构特点，下面从感知层硬件、网络层硬件和应用层硬件进行特征分析，为基于物联网的信息平台运营服务奠定基础[3]。

（1）感知层硬件

感知层硬件是物联网对物体属性信息进行直接感触的载体，也是整个物联网网络的末梢节点，主要实现物联网泛在化的末端智能感知。感知层硬件主要包括 RFID 标签、读写器、传感器、传感网络、GPS、摄像头、M2M 终端等。该层需要实现无线网络覆盖的泛在化，以及无线传感器网络、RFID 标识与其他感知手段的泛在化。制定国际标准、降低硬件成本是物联网发展过程中感知层硬件大规模使用所面临的首要问题。此外，硬件的安全可靠性也必须得到保证，如 RFID 标签和读写器应满足以下安全要求：对环境的适应性要求；克服漏读和误读；防止对标签的盗读、复制甚至篡改，以及对标签和读写器间信号的干扰等。

（2）网络层硬件

网络层硬件是对感知信息进行汇集、处理、存储、调用、传输的工具和媒介，主要包括无线通信网络、移动通信网络、互联网、各行业专网、中间件、名称解析服务器等。多种通信网络的融合能充分发挥已建设的网络基础设施的应用价值，也为物联网的发展提供了一个高水平的网络通信基础设施条件。物联网中增加了末端感知网络与感知节点标识，因此在传输物联网数据和提供物联网服务时，必须增加相应硬件设备用于感知层信息的编码名称解析和信息资源寻址。另外，网络层还需要专有的服务器用于信息存储，以备信息查询和发布应用等。物联网环境下，信息平台对网络层硬件在运营维护、互通壁垒、互联与互通、效率与竞争等方面提出了新的挑战。

（3）应用层硬件

应用层硬件包括对网络层传输的信息进行筛选、计算、分析、处理的支撑平台和显示终端以及相应的控制设备，如各种支撑平台、公共中间件、应用服务器、手机、PC、PDA 等。应用层硬件是物联网智能性的集中体现，海量数据的存储、计算，对于物联网应用服务的普适化是一个很大的挑战。解决终端设备的安全问题和确保控制设备的精准性，是应用层实现其功能的关键。因此，未来应用层硬件需要通过拓宽服务领域和增加应用模式来推进信息的社会化共享。

### 6.1.4　物联网环境下信息平台运营模式

基于物联网的信息平台具有跨行业、多部门、牵涉范围广等特点，它的建设和运营是一个复杂的社会系统工程。一般，公共服务平台的主要形态有两种：封闭式平台系统与公共信息门户。基于物联网的信息平台不局限服务对象和服务区域，具有较高的开放性，属于门户类公共服务平台。这类公共信息平台的规划建设，根据投资主体、运营机制和运作方式的不同，可以分成三种运营模式：政府主导模式、企业主导模式、委托第三方模式[3]。

（1）政府主导模式

政府主导模式，即公共服务信息平台的规划、建设和运营维护都由国家直接负责。政府主导的力量很强，具有易于获取政府资源、易于与政府部门之间实现协作等优势。但也存在很多弊端，如容易造成与市场结合的紧密度不够、需要国家长期投入等，最突出的问题是不利于平台的市场化运作。

政府主导模式的最大特点是获取政府资源，而政府资源的获得很大程度上取决于区域性的政策环境，有利的政策环境不仅是平台运营的财力保障，更能很好地整合运营所需相关政府资源，极大地支持平台的启动与运转。因而政府主导模式适用于具有良好的政策性引导机制的时期和地区。但是从长远来看，政府主导模式既不利于调动运行主体积极性，也不利于基于物联网的信息平台在充分市场化竞争下的生存和发展。

（2）企业主导模式

企业主导模式，即信息平台的投资建设及运营完全由企业自己负责。这种模式的优势在于：企业自主运营可以实现市场化运作，便于建立现代企业制度；平台的运营管理比较灵活，可以依据应用需求及时调整和改善平台的服务水平。但企业行为有一定的局限性，运营初期企业压力较大，整体规划性不强，难以实现预期规模。

相较于其他运营模式，企业主导模式下各方面限制较少，利益关系也较为简单，物联网环境下的信息平台易于组织管理、运营方式灵活，并能够建立良好的服务体系，满足市场需求，保持行业竞争力，保障平台的快速发展。但企业主导模式对运营企业的资金、技术和其他资源的要求较高，因而适用于拥有雄厚实力、能给物联网信息平台提供充足的资金和技术保障、具有精良的运营团队、具备丰富的现代化管理经验的企业。

(3) 委托第三方模式

委托第三方模式，即由政府或企业出资，自行建设并将运营管理全部或部分外包给能提供运营服务的第三方企业。该模式可以减少投资方运营初期的投资，资金压力较小，但是存在业务组织体系复杂，利益关系对立统一等问题。

委托第三方模式在前期阶段，合作双方可以各取所长，形成利益共同体。运营企业可以通过投资方的资金优势提升自身行业经验的价值，获得更多的利润；投资方则可以通过第三方企业的参与缓解资金压力，弥补自身运营管理经验的不足，降低投资风险。但从长远来看，投资方把运营管理委托给第三方，实质上是将物联网平台创造的利润与第三方共享，降低了投资方的利润。此外，投资方与运营方存在利益的此消彼长，双方在掌握关键要素、占据合作的主动权以及对利益的分配上都需要进行协调，而长期的合作会使投资方对运营企业产生依赖性。综上，委托第三方模式适用于前期资金不够充足、技术实力和资源优势不够明显、需要借助其他企业在相关方面提供帮助的企业。

### 6.1.5 物联网信息平台的典型类型及应用场景

物联网信息平台根据应用场景和服务对象的不同可以分为以下几个类型：① 行业平台，主要具有垂直领域的特定功能，例如工业设备绩效和资产管理、监控病人的医疗服务、物流运输平台等；② 业务运营平台，主要是专用的业务功能平台，最常见的功能是提供支持和维护或者管理服务等；③ 智慧城市管理平台，优化城市运营及公民服务，这些服务主要有交通、环境安全、垃圾清运、垃圾处理等；④ 单纯的软件平台或数据平台，主要功能是将收集到的数据传输给业务系统或者人员，执行分析和工作流程集成。

(1) 场景一：菜鸟网络物流平台

菜鸟网络利用先进的物联网技术，建立开放、透明、共享的数据应用平台，为电子商务、物流仓储、第三方物流服务商、供应链服务商等各类企业提供优质服务，支持物流行业向高附加值领域发展和升级。并通过打造智能物流骨干网，对生产流通的数据进行整合运作，实现信息的高速流转，而生产资料、货物则尽量减少流动，以提升效率。作为物流平台，菜鸟网络并不直接配送货物，而是利用平台数据系统将各地的“落地配”物流公司组织起来，最终促使建立社会化资源高效协同机制，提升社会化物流服务品质。菜鸟平台的大数据和算法将深入赋能到物流的“毛细血管”，为每一辆快递车和每一位快递员提供路径优化服务。

(2) 场景二：智能路灯物联网平台

智慧城市建设中的路灯智能管理，是利用智能终端感知、传输、数据处理、人工智能应用等物联网技术，构建智慧路灯服务，实现物联网平台对环境、物体、设备、位置的实时感知、全面监测及智能化管理。路灯具有遵循城市道路和街道分布的特点，如血管和神经一样覆盖城市躯体，并具备“供电、通网、管控”三位一体的特点，是城市物联网的天然载体。政府或第三方企业利用物联网技术，结合体现城市文化底蕴的路灯造型设计，为路灯构建能源供应、能源节约、数据采集、信息传输、数据处理及功能交互的一体化管控系统，将路灯打造成基于大数据、云计算和人工智能算法的城市智慧服务平台，让路灯智能化，力促智慧城市的运行。

(3) 场景三：集团企业的制造资源整合与协作

集团企业通常涉及分布在不同地理位置的多个下属企业，这些企业的资源同质或互补，同时也呈现优势资源和非优势资源并存的局面。对于拥有优势资源的企业而言，其非优势资源可能会影响其整体资源利用的效率，从而导致整个集团企业“大而不强”。借助云制造平台，以服务的形式引入其他企业的资源和能力，可以让企业充分发挥优势资源的效率，从而提高整个集团的竞争力[3]。

（4）场景四：应对不确定性需求的柔性产能

面对不确定的市场需求，产能投资一直都是企业需应对的一项挑战。工业物联网的应用，不仅可以让生产过程透明化，还可以支持产品生产线或设备根据需求的变化快速调整，从而赋予制造企业产能柔性。需求的变化会导致零售商订货量的调整，而制造商的柔性产能可以有效地缓冲这种调整带来的冲击。

## 6.2　物联网环境下可追溯网络特征

### 6.2.1　物联网环境下的可追溯技术

物联网追溯功能的主要载体是各种类型的追溯技术，追溯技术并非在物联网概念及其技术发展之后才出现的。随着计算机、互联网等信息技术的发展，20世纪20年代，条形码技术诞生于威斯汀豪斯（美国发明家、实业家）的实验室里，并被最早应用于邮政分拣过程中。而后随着物联网概念的提出和相关技术的发展，射频识别等物联网追溯技术相继出现。

总结来说，目前在产品供应链中捕获产品供应商情况以及产品质量状况最常见的可追踪技术包括纸笔记录、条形码、射频识别（RFID）和无线传感器网络（WSNs）等，其中，字母数字组合码、条形码和RFID是可追溯技术的基本技术[4]。下面将这一系列技术分为传统追溯技术和物联网追溯技术两个大类进行介绍。

（1）传统追溯技术

原始简单的可追溯技术应该是纸笔记录。现代社会仍然会经常使用到它，但它需要大量的手工工作，不仅浪费纸张资源，而且费时费力并可能导致追溯记录错误。字母数字代码由简单的纸笔记录发展而来，这种技术以包含不同数字和字母组合的标签为载体，通过差别化的字母数字组合记录产品信息[5-6]。相对于纸笔原始记录，这种方法简单、经济且更为高效。然而，由于它们无法自动扫描，且具有严格的视线要求，使得效率提升和成本压缩的空间不够充足。

而另外一种众所周知且应用广泛的传统追溯技术是条形码技术。20 世纪 30 年代，条形码技术给制造业和服务业带来了革命性的影响，为产品信息的流转和追溯提供了跨时代性的支持。条形码简单轻便，且种类多样。例如：一维条码称为线性条码，二维条码称为快速响应（QR）码[5]，二维响应码可以储存水平、垂直两个维度的信息，信息存储空间得到了极大的提升，这样通过简单的条码图像就可以存储大量信息。同时，条形码可以系统性完成扫描、分拣、记录等操作流程，在节省人力、物力的同时，为大规模、大范围、低误差的信息记录和追溯提供了可能。总结来说，条形码的主要优点是简单、经济，实现成本低。然而，该技术使用开放标准，如 EAN、UCC 和 GSi 等[5]，没有形成统一的技术标准，因此通用性会有所降低。

（2）物联网追溯技术

物联网技术的出现推动了追溯技术的发展，相比于传统的追溯技术，物联网追溯技术具备了“自动感知”和“实时反馈”两大动态感知能力。基于这两种能力，新兴的追溯技术囊括了“智能包装”“射频识别”和“无线传感网络”等多项内容。

智能包装是一种“可以自动进行智能检测的包装系统”，该系统不但可以支持产品在生产、运输、贮藏和销售等方面的管理决策，还可以延长产品的寿命，确保产品的安全性，提高产品质量和信息水平。智能包装由可以评估产品质量情况的传感器以及向顾客传递产品质量信息的指标组成（如时间温度指标、气体泄漏指标等）。这类追溯技术的优点在于，具有自动感知能力，便宜、质量小、可靠性高，易于集成，但缺陷是无法记录产品的来源信息。

而 RFID 技术和 WSN 技术被认为是物联网追溯技术的核心[7]。RFID 技术本质上是一个物流信息追溯系统，因为它是依托无线通信技术发展起来的一项新兴技术。这种技术最初是为识别近距离产品而开发的，具有大约 2 毫米至 2 米的读取范围。RFID 系统由标签(应答器)和读写器(收发器或询问器)两个主要组件组成,其中,标签可以附加到产品或其包装物上以存储数据,标签与连接到计算机系统的阅读器交互,阅读器使用无线电波从RFID标签读取数据,然后由阅读器将数据转换成数字形式,再将数据添加到计算机系统上的信息系统中。这样,RFID标签就可以和射频阅读器进行信息通信和交互协调。

RFID标签根据能量来源及利用情况可以分为主动、被动和半被动三种类型[8]。无源和半无源射频识别通过从读取器发送的无线电波中获取能量来传输数据,而半被动射频识别和主动射频识别都通过电池获取能量。但是半无源RFID的电池只用于芯片的电路运行,由读取器发出的信号激活,否则处于休眠状态,而有源RFID电池为微芯片供电并用于传输数据[8]。因为这些特点,半被动和主动RFID可以支持传感器,通常用于生鲜食品的追溯。

RFID智能追溯系统相比于智能包装,具有自动记录产品供应来源情况的功能,可以提供产品的来源信息。同时,还具备如操作独立、实时数据捕获、易于监控、抗腐蚀等非核心优点。然而,RFID最大的缺陷是,其本身不具备自动感知能力,只具备自动识别能力,无法实时地感知产品的状态,进行及时的监视和反馈。同时,因为没有可以实时沟通的网络通信,RFID也不具备协同交互功能。此外,价格高昂、难以回收也是其难以大规模使用的原因之一[9]。

基于RFID无法感知的缺陷,业界提出了解决实时感应,实时交互沟通、传输数据的新型技术方案——无线传感技术。无线传感技术的本质是一种由多个传感器节点组成的网络。网络中的各种传感器可用于检测和监察食品的环境状态,如温度、湿度和振动等,并可以不断地与基站(中心节点)进行实时通信交互,而基站再将从传感器处收集的数据传送到中央站,这样就形成了一个收集并传输产品客观物理环境状态的传感数据网络。这种无线传感器网络(WSN)已广泛应用于食品冷链物流、农业、环境监测、重工业等领域[9]。WSN能够以合理的成本和良好的性能实时提供食品供应来源和易腐食品的信息,因此在冷链物流领域具有广阔的应用前景。

传感器具有有限的处理能力和内存，但其优势之一是能够通过多跳网络和不同类型的网络拓扑相互交换数据[8]。这确保了传感器之间的通信，以防传感器无法与基站联系，从而确保了工作过程中的低误码率。这是 WSN 技术和 RFID 技术的主要区别，即 WSN 设备具备 RFID 设备没有的交互协作和实时通信能力。当然，WSN 也有着固有的短板，即不具备自动识别产品状态的功能。

### 6.2.2　物联网环境下可追溯网络结构及特征

(1) 基于追溯技术的可追溯网络定义

随着市场需求个性化、多样化的不断深入，企业面临的需求不确定性越来越大。但是在食品加工、生鲜运输乃至电子产品领域，由于其产品易腐易损等特性，经常发生供应中断等风险，这就加剧了整个供应网络的不确定性，由此带来的责任及损失都会大幅增加。

目前，应对供应不确定性的主要手段，就是对整个供应链组织建立可追溯系统。可追溯性和可追溯系统的定义可以很宽泛，也可以很严格。但在所有情况下，它们指的都是确保具有沿着供应链（从生产层、加工层或分销层开始，直到到达消费者）“移动”的产品能够被追溯历史、追踪痕迹的能力[9]。而在物联网背景下，可追溯性尤其是指利用射频识别技术、无线传感网络技术等物联网核心技术实现对产品来源、历史、质量状态等信息的跟踪记录。例如生鲜产品领域，面对食品污染等问题时，核心企业利用物联网集成追溯技术对其整个供应网络进行准确实时的腐败源头和污染路径识别的过程，就是对供应网络赋予追溯能力的过程。

物联网追溯技术将供应商作为追溯对象，以识别、预防供应网络中的意外事件，并且提供责任划分依据。这种由供应网络和相应的追溯支持技术、管理制度、操作流程等形成的具有追溯能力的供应商监测支持网络，叫作供应链组织可追溯网络。

例如：在水果行业，有许多综合果园拥有数千公顷的土地，水果产量非常庞大。大量新鲜水果被送到加工商处进行进一步的包装和储存，直到它们被送到出货点。随着市场需求的不断增长，水果行业要保持消费者期望的品质标准，就需要更为完善高效的管理技术作支撑。数量庞大的产品更容易因贮存、运输、包装等方面的操作不当而发生品质问题，因此，需要在整个供应链中获得持续的跟踪信息，以便了解在任何节点产品的质量状态，并实时记录这些状态。这个派生的信息就可以被称为“可追溯性信息”[10]。水果行业捕获可追溯性信息的方式基本就是利用条形码，当然目前物联网技术的发展更为其增添了新型高效的可追溯方法，即RFID技术和WSN技术。而这种具备了产品追溯能力的水果供应链网络就是可追溯网络的一个具体体现。

（2）基于追溯技术的可追溯网络结构及特征分析

为了分析可追溯性技术在供应链中的应用（特别是在冷链中的应用），我们需要绘制一个可视化思维导图，来更深层次地理解物联网可追溯网络的结构分类及特征。

从组成形式上看，物联网追溯技术种类各异，但是根据其组成内容和功能可以知道其关键的特征点是感知能力和实时能力。因此可以按照“感知能力”和“实时能力”对物联网可追溯网络进行结构的划分[11]。

首先可以将供应网络追溯技术分为静态可追溯性和动态可追溯性两大类[12]。这个分类标准是根据技术收集数据的特点和实时交互能力进行划分的。实时动态被定义为“实时提供不断更新的数据信息”，因此可以确定，纸笔记录、字母数字组合码、条形码和智能包装均属于静态可追溯技术，而RFID技术和WSNs技术就是动态追溯技术。

由于并非所有的静态技术都具有感知能力，因此在现有技术中加入了无感知能力和感知能力两大类。

同样，并非所有的动态跟踪技术都能提供持续的实时通信，因此定义了一个被称为“网关”的类别。网关背后的原理是：当产品在供应链中移动时，追溯系统动态标记并记录数据，且在通过一个网关时将其上传，该网关可以是供应过程中的产品切换点或其他一些关键控制点[11]。因此，网关类技术并不是通过通信不断地提供实时数据，而是在整个供应过程中实时收集数据，但只在预定的某些供应商节点上传数据，所以网关越多，收集的实时信息就越多。但是，真正的实时型技术，可以同时提供实时通信和整个物联网的实时数据收集，并通过路由器将收集到的数据发送到中央计算机系统。

根据技术的分类，基于对冷链应用程序进行的试点研究，我们可以将可追溯网络进行结构划分，划分结果具体如图 6-1 所示。

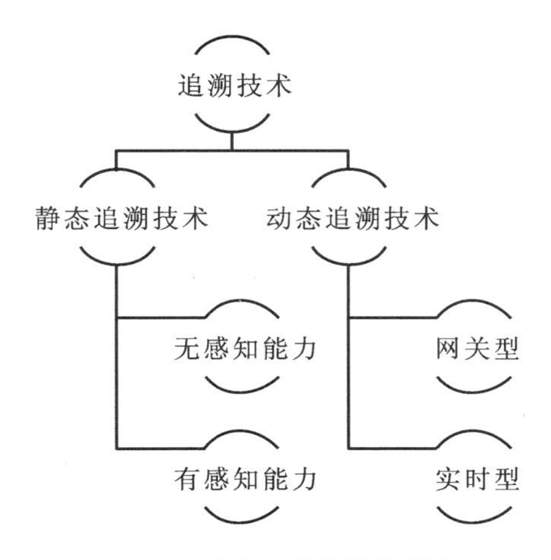


**图 6-1　追溯网络的结构划分**

此外，还需要重点说明的是，网关型追溯技术实际上是鉴于 RFID 技术和 WSN 技术的一种互补性而对两种技术进行集成的可追溯技术。下面具体以这种集成技术为例进行说明。

RFID 和 WSN 这两种技术的结合，可以扩展应用范围，为现有的应用提供附加值。该集成框架的几个设想已经成功实现，并在相关文献中得到了报道。例如基于 RFID 技术的无源无线可位移传感器的开发[13]、柔性 RFID 标签上电容式湿度传感器的发展等[13]，以及不同类型的 WSN-RFID 集成架构，即 RFID 标签与传感器的集成、阅读器与传感器节点的集成等[12]。其中，第一种的集成方式最简单，这种体系结构为 RFID 标签增加了传感功能，从而为它们提供了获取传感器数据并将数据传输到 RFID 读取站的能力[14]。第二种的架构可靠性比较低，阅读器虽然增加了感知能力，但传感器的传感范围和功率资源有限，致使这种结构成本很高但效用有限。第三种设想 RFID 标签和传感器共存于同一网络中[15-16]，且集成了传感器的 RFID 标签和阅读器在可处理传感器数据的智能站下独立运行，这种结构成本将更高，而且各个节点间的合作协议很复杂，比较难以实现[17]。

### 6.2.3 可追溯网络流程设计及使用情景

（1）网关型可追溯网络系统流程设计

下面选择网关方式进行简单的系统设计举例。

由于供应商向顾客输送产品的过程中涉及多种物流风险（例如生鲜食材受包装温度湿度影响而变质、精密仪器受震动而产生损坏、货物延迟等），需要在供应商网络中应用 RFID 与传感器网络相集成的追溯技术，以监控运输过程中所运送的产品。具体来说，要建立一种 RFID-WSN 集成系统，将带有传感器的 RFID 标签整合到批量货物运送载具上，使得在途货物沿着物流路线运输时，RFID 标签可以实时地感知、记录产品的质量安全状态。但是这些信息并不是实时地向智能中央处理站发送的信息，而是在产品经由监测点时由监测点发送、并读取 RFID 标签上记录的数据信息（图 6-2）。

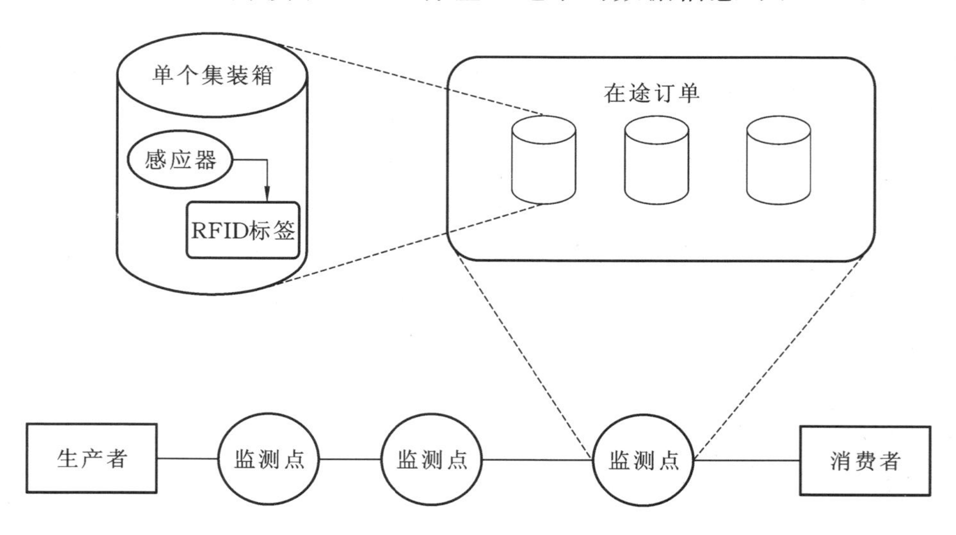


**图 6-2** RFID-WSN **集成系统**

在该系统设计中，启用 RFID 的监测点的作用是读取存储在 RFID 标签上的常规数据（即温度、振动、湿度或其他产品参数），并检查部署在监视产品的传感器。在这个模型中，核心供应商将为运输的产品配备具备传感能力的RFID标签，并在检查点使用RFID阅读器收集数据。在供应商的需求链中实现这种多检查点系统的好处是：当传感器网络检测到运输产品的状态达到损坏阈值时，确保供应商的响应更加灵活和敏捷。具体来说，当RFID-WSN系统监测的运输条件与要求的条件发生偏离时，产品被认为是变质的，这时各级供应商就可以根据产品状态进行及时处理并在后续据此进行责任划分。

（2）可追溯网络应用情景举例

① 场景一：网关型可追溯网络应用

鲜鱼是生鲜食品行业的典型产品之一。在产品配送过程中，如果承装鲜鱼的集装箱及其内部保温材料出现破损，就会导致鲜鱼腐败变质。假如，现在有一批鲜鱼从广州运往北京，在北京的买家接到货物后声称产品已经变质，已经超过了温度极限。这时候，需要验证在运送过程中温度一直在既定的范围，那么就不需要在整个供应网络中进行实时通信，只需要在关键的监测点进行信息的实时上传通信即可。这意味着供应网络应该使用主动或半被动RFID系统，该系统具有适应网关结构的带温度传感的RFID标签。且这个网关系统中的监测点必须包括鱼被送到北京的买家手中时的节点。通过这种方式，买卖双方可以看到产品从头到尾的温度历史，以厘清责任划分。

② 场景二：静态可追溯网络应用

在商店购买新鲜的鱼时，消费者认为它没有被污染，确定这条鱼是健康且生命状态良好。由于鱼是一种易腐烂品，需要温度感应。在这种情况下，整个供应网络中鱼的历史信息并不重要，只要让顾客知道目前这条在商店的鱼的生活状态就可以了。所以，使用具有温度等指标感应能力的智能包装就可以让消费者获得足够的产品信息。

③ 场景三：实时型可追溯网络应用

新鲜的螃蟹从养殖场经由蟹农、包装商、物流商、转运节点最终运往城市的餐馆里。在螃蟹从蟹农手中被送出后，就必须立刻进行冷藏包装，贮存条件稍有破坏，螃蟹会立刻腐败变质。但是螃蟹的包装不同于其他生鲜类食品，除了使用带冷藏条件的集装箱，它们还必须被绳子包扎并严密地放在冰袋包装里，且冰袋包装非常容易破损，一旦出现破损就需要立刻处理、重新包装，以保证品质。这就需要供应网络的实时通信，而不能只是在节点处进行检查了。

## 参考文献

[1] 王喜富，苏树平，秦予阳. 物联网与现代物流[M]. 北京：电子工业出版社，2013：101-122.

[2] 燕晨屹，史方彤，王喜富. 基于物联网的物流信息平台运营模式研究[J]. 物流技术，2011，30(12)：217-219.

[3] 战德臣，赵曦滨，王顺强，等. 面向制造及管理的集团企业云制造服务平台[J]. 计算机集成制造系统，2011(3)：41-48.

[4] BOSONA T，GEBRESENBET G. Food traceability as an integral part of logistics management in food and agricultural supply chain[J]. Food Control，2013，33(1)：32-48.

[5] DANDAGE K，BADIA-MELIS R，RUIZ-GARCÍA L. Indian perspective in food traceability：a review[J]. Food Control，2017，71：217-227.

[6] AUNG M M，CHANG Y S. Traceability in a food supply chain：safety and quality perspectives[J]. Food Control，2014，39：172-184.

[7] ZOU Z，CHEN Q，UYSAL I，et al. Radio frequency identification enabled wireless sensing for intelligent food logistics[J]. Philosophical Transactions of the Royal Society A：Mathematical，Physical and Engineering Sciences，2014：372.

[8]COSTA C，ANTONUCCI F，PALLOTTINO F，et al. A review on agri-food supply chain traceability by means of RFID technology[J]. Food and Bioprocess Technology，2013，

6(2): 353-366.

[9] LU X, et al. A Universal Measure for Network Traceability[J]. Omega, 2019, 87: 191-204.

[10] ANKER K E. A quantitative analysis of trade-related issues in the global kiwifruit industry[D]. Lincoln University, 2008.

[11] ÓSKARSDÓTTIR K, ODDSSON G V. Towards a decision support framework for technologies used in cold supply chain traceability[J]. Journal of Food Engineering, 2019, 240: 153-159.

[12] CAZECA M J, MEAD J, CHEN J, et al. Passive wireless displacement sensor based on RFID technology[J]. Sensors and Actuators A: Physical, 2013, 190: 197-202.

[13] OPREA A, BÂRSAN N, WEIMAR U, et al. Capacitive humidity sensors on flexible RFID labels[J]. Sensors and Actuators B: Chemical, 2008, 132(2): 404-410.

[14] AL-TURJMAN F M, Al-FAGIH A E, HASSANEIN H S. A novel cost-effective architecture and deployment strategy for integrated RFID and WSN systems[C]//2012 International Conference on Computing, Networking and Communications (ICNC). IEEE, 2012: 835-839.

[15] GAUTAM R, SINGH A, KARTHIK K, et al. Traceability using RFID and its formulation for a kiwifruit supply chain[J]. Computers & Industrial Engineering, 2017, 103: 46-58.

[16] MEJJAOULI S, BABICEANU R F. RFID -wireless sensor networks integration: decision models and optimization of logistics systems operations[J]. Journal of Manufacturing Systems, 2015, 35: 234-245.

[17] PARREÑO-MARCHANTE A, ALVAREZ-MELCON A, TREBAR M, et al. Advanced traceability system in aquaculture supply chain[J]. Journal of Food Engineering, 2014, 122: 99-109.

第7章 Chapter 7

# 物联网环境下基于平台的制造组织结构

## 7.1 物联网环境下云平台与云制造特征分析

“工业4.0”（基于信息物理融合系统）的来临和“中国制造2025”的出台，将制造业的转型升级推向了前所未有的高度。构建柔性产能，提高企业应对市场不确定性需求的能力，是制造企业转型升级中的重要一环。以物联网、大数据等为代表的新兴信息技术在制造行业的应用，能够显著提高生产过程的快速响应能力，提高生产管理效率和水平，是制造型企业转型升级的有效工具[1]，有利于实现工业制造的信息化、智能化和柔性化。

物联网通过集成感知技术、无线通信技术和网络技术，使现实世界中的事物智能化，实现物理世界和虚拟世界事物的相互连通，从而达到“人-物”交流甚至“物-物”交流的目的。在感知技术、智能技术以及通信技术的支撑下，利用物联网技术连接各种不同的资源，可以构建出统一的制造资源管理平台即云平台。

云平台的开放性和共享性，物联网技术的实时连接与监测，可将各类制造资源（制造硬设备、计算系统、软件、模型、数据和知识等）进行虚拟化、统一化、集中化和智能化，实现制造资源和能力的实时管理和优化配置，为制造全生命周期过程（设计、加工、仿真、试验、维护、销售、采购和管理）提供可随时获取、按需使用、安全可靠、优质廉价的制造服务模式即云制造。基于云平台的云制造，主要面向制造业，把企业产品制造所需的软硬件制造资源整合成云制造服务中心，然后向需求方提供制造服务。在该模式下资源的丰富性和资源状态信息的实时性[2]，以及有效时间内基于客户需求的制造资源和能力的优化配置，为企业满足顾客需求提供了柔性。例如，在物联网环境下，企业利用RFID技术在物品和容器上安装标签，能够监测到货物销售、物品位置以及生产设备运行状态等信息，能够保证制造商提高生产计划制定的有效性，减少生产过剩或短缺的情况[3]。云制造作为新时期的制造模式，其资源的优化配置脱离了传统制造模式下资源的配置，极大提升了企业制造加工效率和收益[4]。综合来看，云制造具有以下特点[2,5-8]。

(1) 异构性和分散性

云制造所共享的制造资源种类繁多，贯穿于整个制造全生命周期，且分布在不同地理位置的企业和组织内。不同的企业和组织对制造资源拥有不同的管理标准和规范，因此云制造技术支持异构制造资源的聚合调用。

(2) 动态性

在云制造系统中，制造资源不是固定的，而是随着资源状态和时间动态变化的。根据云用户需求，云平台可以随时、动态、敏捷地增减制造资源。云制造的动态性表明制造资源需求者和制造资源提供者是一种即用即合、用完即散的关系。

(3) 实时性

为实时响应用户需求，快速、灵活地组成各类服务，云制造服务必须实时反映实际加工设备等资源的状态，因此云制造提供的服务具有更高的实时性。

(4) 主动性

在实际制造中，如果企业缺少某加工设备或自身加工设备等资源闲置，则无法按时完成订单或获得加工收益，这是一种被动的制造。在云制造模式中，用户通过平台发布需求，在知识、语义、匹配推理等技术的支撑下，云平台能够主动寻找资源提供方，实现主动智能寻租。因此在云制造中，制造活动具有主动性。

(5) 服务性

云制造中的制造云服务应用于制造全生命周期，包括论证即服务、设计即服务、生产加工即服务、实验即服务、仿真即服务、经营管理即服务、集成即服务等，这种“制造即服务”模式有利于现代企业由生产型向服务型转变。

（6）互动性

云制造提供的制造服务具有互动性，即制造资源间与制造能力间的互操作或用户和服务间的交互，包括人机交互、机人交互、机机交互及人人交互等。

（7）协同性

在很多情况下，单一的制造服务无法满足用户需求，云制造技术支持面向制造的多用户协同和大规模复杂制造任务的协同。

（8）开放性

在云制造模式下，平台面向不同行业、不同企业、不同用户、不同产品开放，具有高度开放性。通过提供制造资源或制造能力进入平台，与现有的制造模式相比，更加丰富了产品种类，降低了用户的入门标准。高度开放的平台拥有更加丰富的资源，为快速、灵活地响应用户需求和动态建立粒度不同的协同体提供了基础。

（9）容错性

虚拟化云制造资源所对应的物理制造资源，难以避免各种故障或运行错误的发生，云制造中高效的容错机制能够在用户完全不知情的情况下，快速替换将要发生或已经发生故障的资源，提高了云制造的可靠性。

## 7.2　物联网环境下制造组织结构分析

根据参与云制造的主体类型及相互之间的关系，可以将云制造服务平台分为两类：一类是面向集团企业的云制造服务平台；一类是面向中小企业的云制造服务平台。前者所构建的多为私有云平台，即平台的构建与运行者、资源提供者和使用者是集团和集团企业下属的相关厂所、研究单位和公司等，目的是实现下属公司内部或集团企业内部制造资源和能力的整合优化；后者是将社会企业的制造资源和能力进行整合，提高整个社会制造资源和能力的使用效率[9]。

### 7.2.1　物联网环境下制造组织集中化结构分析

云制造将分散在不同地理位置的制造资源通过大型服务器集中起来，形成物理上的服务中心，进而为分布在不同地理位置的用户提供制造服务[9]。制造资源的优化配置是云制造平台得以有效运营的重要环节。理想的资源结构配置可将最优的制造资源在最短的时间内匹配出来为用户提供高效的服务。因此，实现制造资源结构配置的优化是提升云制造平台服务质量的重要保障。云制造资源优化配置将用户发出的需求任务经过系统分析处理、分解和优化，然后从云制造资源池中选择最优的制造资源和能力与之匹配，最后让相应的制造商进行加工制造的过程。通过采集时间、地域、物流等信息，建立合理的制造资源优化和求解机制，提高云制造资源配置效率，从而高效、便捷地满足用户需求。

要做好制造资源和需求任务之间的有效匹配，需要做好两个方面的基本工作。第一，通过物联网等技术将制造企业的各种资源和设备接入到平台，并通过虚拟化技术将它们封装成具有不同层次的各种服务，进行统一、集中的智能化管理和调度。第二，将资源需求方的需求任务进行分解：根据产品（零部件）设计结构分解成子任务，子任务分解为下层子任务，逐次分解，直到分解为最小子任务或达到执行标准为止，例如将其分为产品级、零部件级、零件加工工艺段级、工序级等[2]。需求任务的粒度粗细不同，其任务分解粒度也不同。从任务规模分析，需求任务比较大，粒度相对较粗；需求任务较小，粒度相对细致。对于粗粒度的需求任务，子任务分解粒度过粗会使功能需求层次太高、任务实施过程过于复杂；分解粒度过细，会降低制造单元的整体性，并且增加成本。图 7-1 为一个简单的任务分解和资源整合示意图。

从前文分析中可以看出，制造资源需求方的需求任务可以分解为粒度不同的子任务，制造资源提供方的制造资源也具有不同的层次结构，两者在云平台上基于既定的设定进行匹配和组合（图 7-2）。

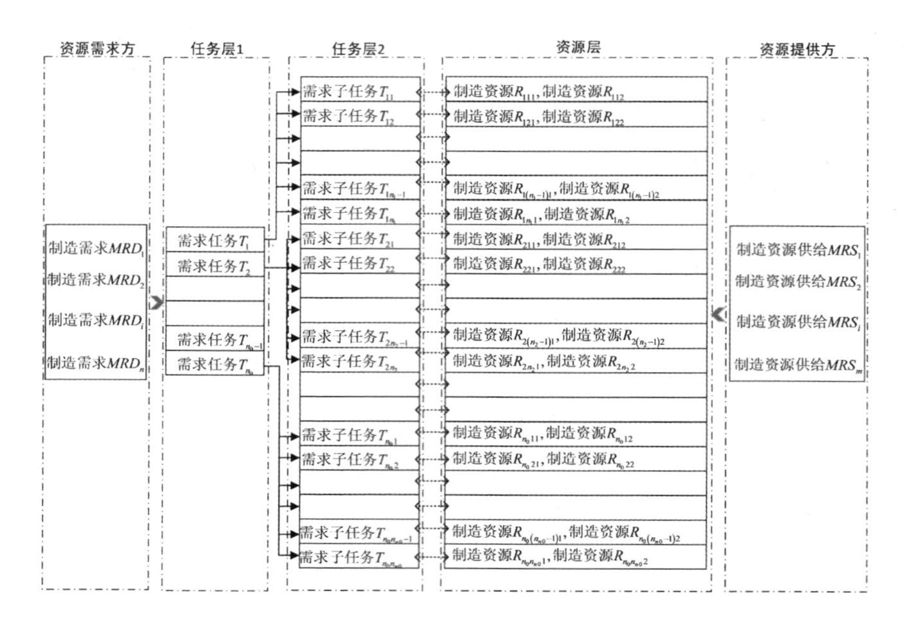


**图 7-1　多层次多粒度制造资源逻辑结构示意图**

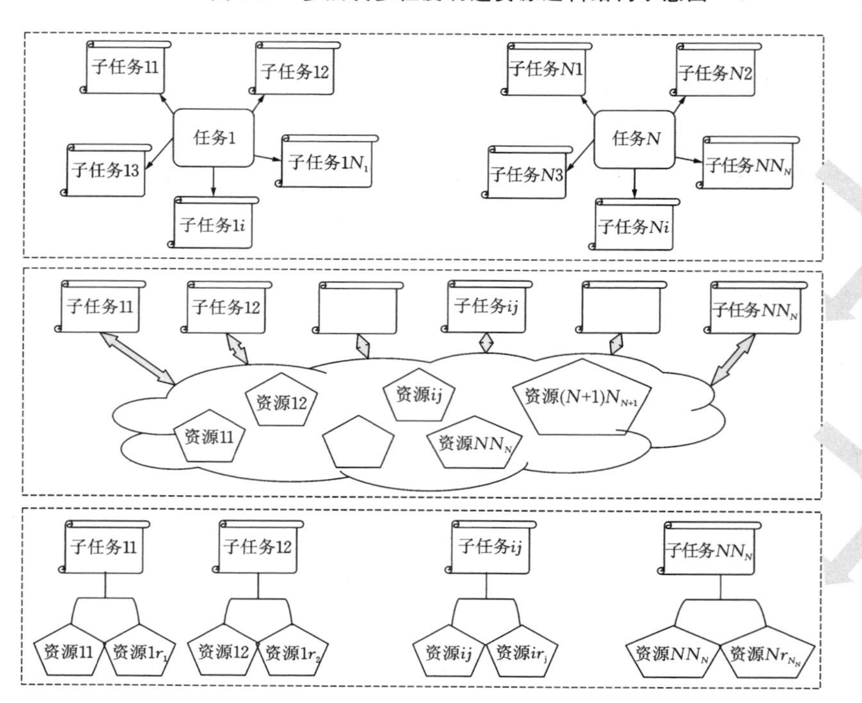


**图 7-2　需求与任务匹配过程示意图**[4]

不同于云计算，云制造不仅要考虑信息流对时间和成本的影响，还要考虑物料流对时间和成本的影响（如运输和仓储等环节的时间衔接和成本消耗），因此具有更大的复杂性。随着时间的变化以及不同制造资源需求的出现，这些分布式的、跨地域的制造资源将会以动态的方式进行重组，即形成动态云制造资源服务链，这是一种动态、复杂和基于时序的网链图。资源需求任务被分解为基本任务之后，在云制造资源库中按照评价标准和约束条件检索、匹配能够完成上述基本任务的制造资源，形成与每个基本任务相对应的预选资源集。最后，基于时间和成本的考虑，在不同预选资源集之间构建链接，从而形成动态云制造资源服务链（图 7-3 所示）。

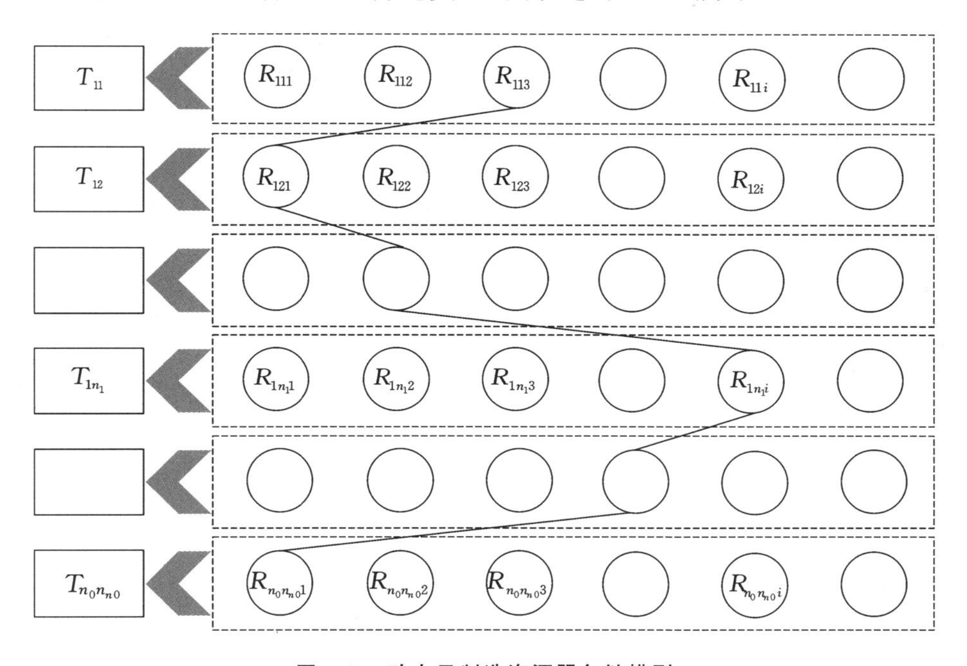


**图 7-3　动态云制造资源服务链模型**

上述分析都是基于云制造模式下制造资源提供方的资源和能力相对稳定的情况，在现实情况中，制造企业的资源和能力可能会随时间而变化。例如：制造企业各种制造资源和能力的衰减（如生产资源的损耗或由于技术过时而造成的生产资源的淘汰等），或者制造资源和能力的自增长（如资源、能力的采购以及资金的投入等）。因此，在资源和产能状况不断变化的情况下，不仅需要根据制造资源需求任务的变化动态调整资源服务链，还需要调整每个制造资源提供方与需求方之间制造资源的共享比例，从而实现整个平台上所有企业收益的帕累托(Pareto)改进[10]。

### 7.2.2 物联网环境下制造组织分散化结构分析

供应链中企业间的关系呈现出复杂化的特征，例如供应链企业存在上游的供应商、下游的客户以及处于同一层次的竞争者和合作者等相关组织。这些关系可以分为两类：一是纵向关系，包括与客户、企业内部以及与供应商的合作关系；二是横向关系，包括与竞争者、企业内部以及与非竞争者的关系(图7-4)。物联网在供应链中的应用，一方面影响着企业自身的特性，另一方面也影响着企业间的合作方式，为构建跨企业边界的高度交互的生产组织提供了可能性[11]。相关实证研究[12]发现，在不确定的环境中，提高企业所在供应链的柔性与企业绩效正相关。IT是实现供应链有效管理的重要工具，而IoT作为一种新兴IT技术，能将供应链管理带到一个新的水平，利用更高水平的可视性、敏捷性和适应性处理供应链组织所面临的挑战[13]。接下来将从不同的角度对物联网应用于供应链后企业间的合作关系进行分析。

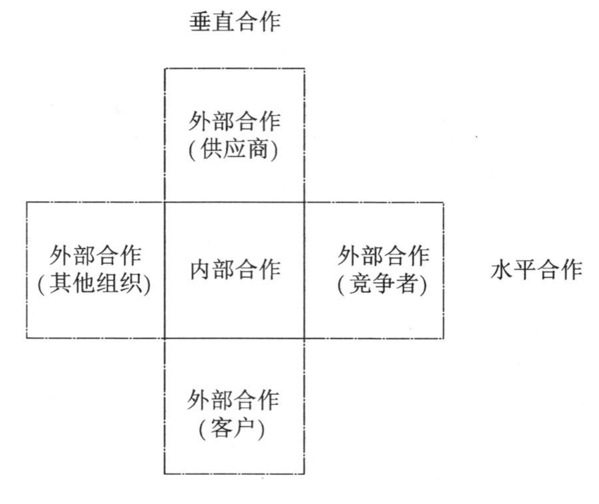


图7-4 供应链组织中企业间的合作关系[14]

（1）纵向供应链结构分析

任何企业都不是孤立存在于经济社会中，其必然与上游或下游企业形成供应链结构。在企业层面，应用物联网可以给其产能带来新的属性，例如从制造企业的生产运作来看，应用物联网可以赋予其产能柔性，提高企业应对风险和不确定性的能力[14]。因此，在面临上游供应商和下游客户时，物联网应用带来的产能柔性必然会对制造商与上下游企业之间的交互产生影响。供应链是一个网络系统，上下游企业间的连接表达了彼此之间的结构关系，由于其复杂性而难以直接进行分析，因此可从不同的结构视角对供应链中应用物联网带来的影响进行分析。以制造商为中心，根据与上下游企业间的连接数量，纵向供应链结构可以分为三个基本类型：一对一的供应链结构、多对一的供应链结构和一对多的供应链结构[15]。

① 一对一供应链结构中的柔性产能决策

由一个供应商和一个制造商或者一个制造商和一个零售商组成的二元结构是最简单也是最经典的供应链结构。在由供应商和制造商组成的供应链中[图 7-5(a)]，应用物联网不仅可以在两者之间构建信息沟通和交流的通道，而且还可以构建以制造商的柔性产能为中心的生产机制。对于制造商占主导地位的供应链而言，如何协调与上游供应商的关系，充分发挥柔性产能在应对不确定性方面的决策柔性，是制造商在投资柔性产能和设计协调机制时应重点考虑的问题。在由制造商和零售商组成的供应链中[图 7-5(b)]，由于零售商直接与消费者接触，买方市场往往会导致零售商占据供应链运作的主导地位。在不确定需求的情况下，制造商应用物联网在一定程度上可以消除供应链中的牛鞭效应，但在面对零售商的订货时，如何充分发挥柔性产能带来的决策柔性，也是制造商需要面对的问题。

② 多对一供应链结构中的柔性产能决策

在加工装配型供应链中，往往存在数量众多的零配（部）件供应商向装配商供应，从而形成由多个供应商和一个制造商组成的供应链（图 7-6），例如汽车、手机、电脑等产品的装配。当制造商同时面

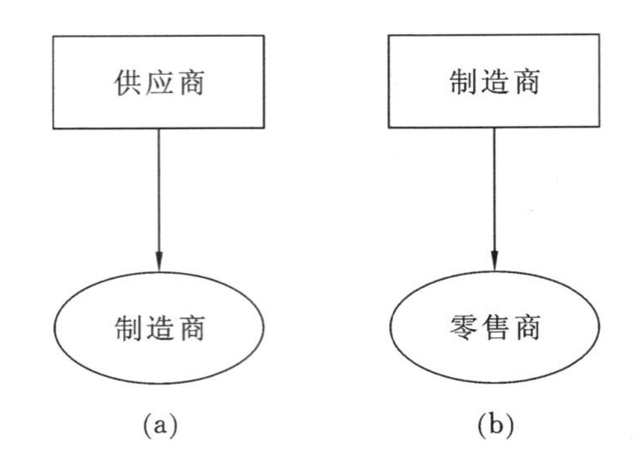


**图 7-5　一对一的供应链结构**

(a) 供应链上游；(b) 供应链下游

对多个供应商时，会面临沟通的及时性和有效性问题，应用物联网可以将众多的零配（部）件供应商纳入到云平台上进行集中化、透明化管理，从而优化沟通和供应商管理。对于制造商而言，投资柔性产能可提高其应对不确定性需求的决策柔性，但仍需考虑其与众多上游供应商之间运作的协调性。

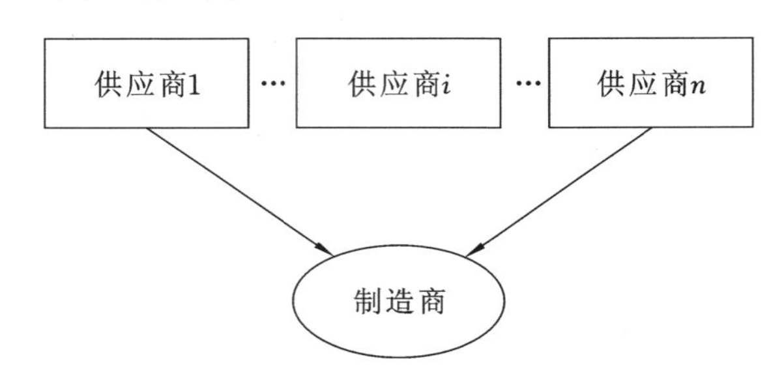


**图 7-6　多对一的供应链结构**

③ 一对多供应链结构中的柔性产能决策

一对多的供应链结构代表了现实中的分销供应链结构，一个制造商同时向多个下游零售商进行供应。在农产品加工行业，原材料供应相对单一，但是分销网络覆盖范围广，从而形成了由一个制造商和多个零售商组成的发散结构（图 7-7）。一对多的供应链结构给制造商的供应链管理带来诸多方面的挑战：首先，发散的分销结构增加了渠道管理的难度；其次，同上文中的多对一供应链结构一样，制造商也会面临与众多零售商之间的沟通协调问题；最后，零售渠道中多源的需求信息，会加大不确定性带来的影响。制造商通过基于物联网的云平台可以实时汇聚各渠道中的销售、运输、库存等信息，并结合自身的柔性产能，可有效提高对整个供应链的管理和协调能力，以及应对下游需求不确定性的能力。

制造环节是物联网应用的关键环节，作为工业互联网实施的重要载体和主体的制造企业将在云制造中发挥不可或缺的作用。面对复杂的供应链结构，如何进行基于物联网的柔性产能投资是制造企业必须面对的一个问题。

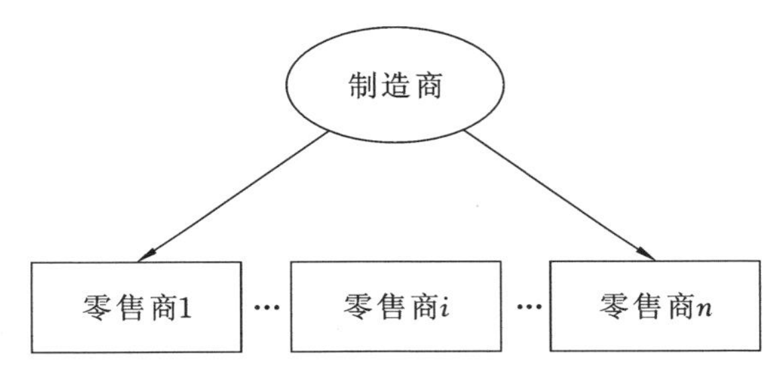


**图 7-7　一对多的供应链结构**

因此，从供应链组织结构的角度，构建制造企业的柔性产能投资和零售企业订货（或供应商的供应）决策模型，可以探讨柔性产能下供应链企业的决策机制；基于柔性产能的供应链决策分析，可以探讨物联网对供应链组织结构中多主体决策的影响；通过比较柔性产能和非柔性产能的投资，研究企业在不同供应链组织结构下的决策和利润，可以探讨物联网对供应链组织结构的影响；基于柔性产能的供应链协调研究，可以充分发挥柔性产能的价值，实现供应链绩效的改善。

（2）横向供应网络结构分析

前面将制造商作为中心，根据其与上下游直接关联企业的关系所形成的不同结构为视角，构建了物联网应用于供应链后制造商柔性产能的决策分析框架。接下来将重点分析具有类似性质的多个制造商基于云制造的合作模式及其所形成的供应网络结构。

基于物联网的云制造平台，为竞争性企业间通过联盟开展产能合作提供了技术保障，为企业间构建竞合关系创造了新的环境和条件。纵观我国制造业合作思想的发展经历，大致可以分为三个阶段：

第一阶段，企业内部合作；第二阶段，企业间联盟合作（以产品为中心的企业间联盟）；第三阶段，企业间开放的、动态的合作（非稳定联盟的动态合作）[5,16]。面对复杂多变的市场环境，相关企业间构建多功能开放型企业供需网（Supply Demand Network，SDN），可以克服传统企业管理模式在实施中的诸多不足[17-18]，这是企业实施供应链管理创新的重要参考模式。在不确定性需求情况下，制造企业间的产能合作是践行 SDN 思想的重要内容和形式。目前，多种技术在促进制造企业产能合作方面发挥着重要作用（如基于信息和通信技术的应用服务提供商、制造网格等网络化制造模式等），但它们在进一步推广应用方面也遇到诸多问题，而基于云计算、物联网等新技术面向服务的网络化制造新模式即云制造[9]，通过实现“分散资源集中使用，集中资源分散服务”，能够有效解决上述制造模式所遇到的问题。云制造技术和云制造系统为 SDN 合作理念在制造企业间实施产能合作提供了技术支撑和运作平台[16]。基于合作的云制造服务系统，通过有效整合制造企业间的产能方式实现其服务能力。制造企业间的资源型合作、服务型合作以及创新型合作，可以实现云制造系统和云制造企业的持久竞争力[16]。

① 两个制造企业间的产能转移

云制造平台的出现，为服务于各自独立市场或相互竞争的两个制造商提供了开展产能合作的机会。由于产能的合作，两个原本独立的企业产生了关联，从结构上看，是供应链结构的变化。

由于地理空间或市场划分等原因，制造商所服务的市场之间可能彼此独立，如图 7-8(a) 所示。制造商仅根据自有市场的需求情况进行产能投资，并通过各自专有的零售商将产品交付给各自市场的消费者。在不确定性需求情况下，每个制造商都承担着相应的产能风险[19]，零售商也可能因制造商的产能决策失误而遭受损失。通过接入云制造平台[图 7-8(b)]，制造企业的智能终端实时感知资源的状态（不足 / 过剩），借助平台的云计算等智能技术，可以将资源在两个企业间进行优化配置，实现产能共享合作，从而弱化不确定性因素对供应链成员企业绩效的影响。基于合作双方的产能实力和水平，产能合作的形式可能是单向的，也可能是双向的。另外，基于物联网的云制造平台，可以利用 RFID 等技术收集并分析大量的销售、生产以及分销的数据，从而提高对不确定性需求的预测精度[3]。由于每个企业设备的技术水平、使用年限和负荷状态都不尽相同，当两个制造企业通过云平台进行产能共享时，这些不一致性可能导致不同的单位产能产品转化率以及最终产品规格或质量的差异性。从动机的角度看，单位转移收益是制造企业比较关注的问题，其会影响制造企业对制造能力的准备水平和参与产能共享的程度[20-21]。为应对不确定性需求，制造企业通常会过度投资产能或生产，导致无谓的碳排放，不利于企业经济效益的提升。云制造模式下的制造企业可通过共享产能降低过度投资所导致的浪费，有利于企业构建绿色可持续供应链。因此，外部环境也会影响云制造下的产能共享[22]。

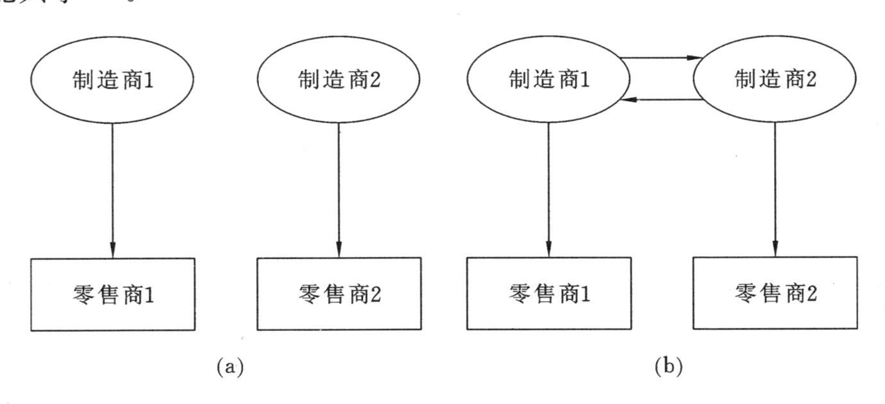


**图 7-8　服务于独立市场的制造商借助云制造平台实现产能转移或共享**

(a) 产能不共享；(b) 产能共享

由于地理位置比较靠近，或者能以不同的渠道形式（线上／线下）服务消费者，生产类似产品的制造商之间往往会为争夺市场而发生竞争，如图 7-9(a) 所示。企业间的竞争存在多种形式，例如：在同质产品的以数量为竞争手段的古诺竞争中，竞争性企业会根据其他企业的生产数量而选择自己的产量；而在差异化产品的以价格为竞争手段的伯川德竞争中，竞争性企业会根据其他企业所设定的价格来确定自己的价格。在没有产能共享的情况下，制造商可能会因竞争而遭受多方面影响：一方面，下游零售商需求的不确定性导致制造商产能的过度投资；另一方面，在竞争的作用下，制造商之间产能信息的不对称也会加剧制造商过度投资产能。在基于物联网的云制造模式下，原本属于竞争关系的制造商之间可以构建竞争与合作并存的竞合关系，平台和物联网技术可以提高企业资源的可视化以及交易的即时性[23]。接入平台的制造商之间可以共享资源，共同应对下游零售商需求的不确定性，如图 7-9(b) 所示。制造资源的共享可以给制造商带来多种优势：相互合作的制造商可以共同面对零售商需求的不确定性，从而改善整个供应链中的产能投资；合作企业间的对称信息可以弱化产能过度投资的动机；柔性产能可以为制造商的运作决策带来柔性。

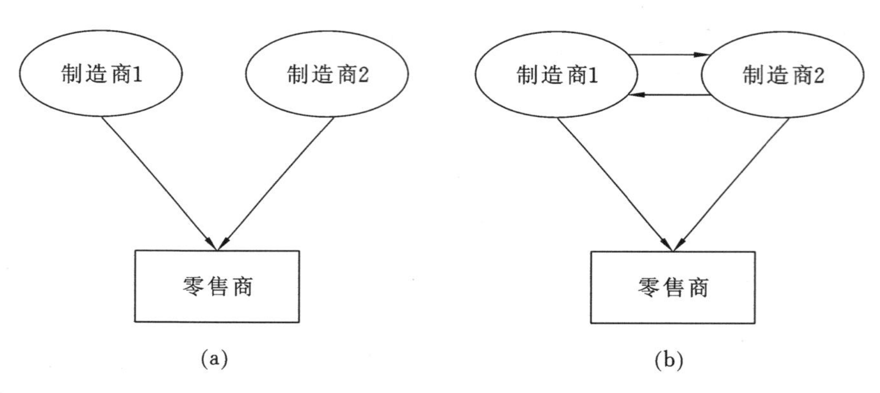


**图 7-9　竞争性制造商借助云制造平台实现产能转移共享**

(a) 产能不共享；(b) 产能共享

② 多个制造企业间的产能共享联盟

云制造环境下制造企业的资源被封装成云服务，并以集中化的方式进行运作，向客户提供制造服务。制造商之间的这种竞合关系，一方面，让他们在追求个人利益时将其他企业看作竞争对手，另一方面在应对不确定性风险时将对方看作合作伙伴(图 7-10)。对于创业公司而言，竞争者有时也是一种潜在的资源，在其成长和发展过程中可能发挥重要作用。相互独立的企业之间通过产能共享而构建的竞合网络在制造等行业也逐渐增多。例如：Toyota 和 General Motors 在产品生产过程中共享最终的装配工厂；在电子工业领域，企业间共享印刷电路板组装设备或半导体制造工厂[24]。不同于云计算，在云制造下的产能共享需要考虑多维的信息，例如企业间可交换的产能量、工厂之间的距离（物流成本和时间）、共享产能带来的边际贡献。

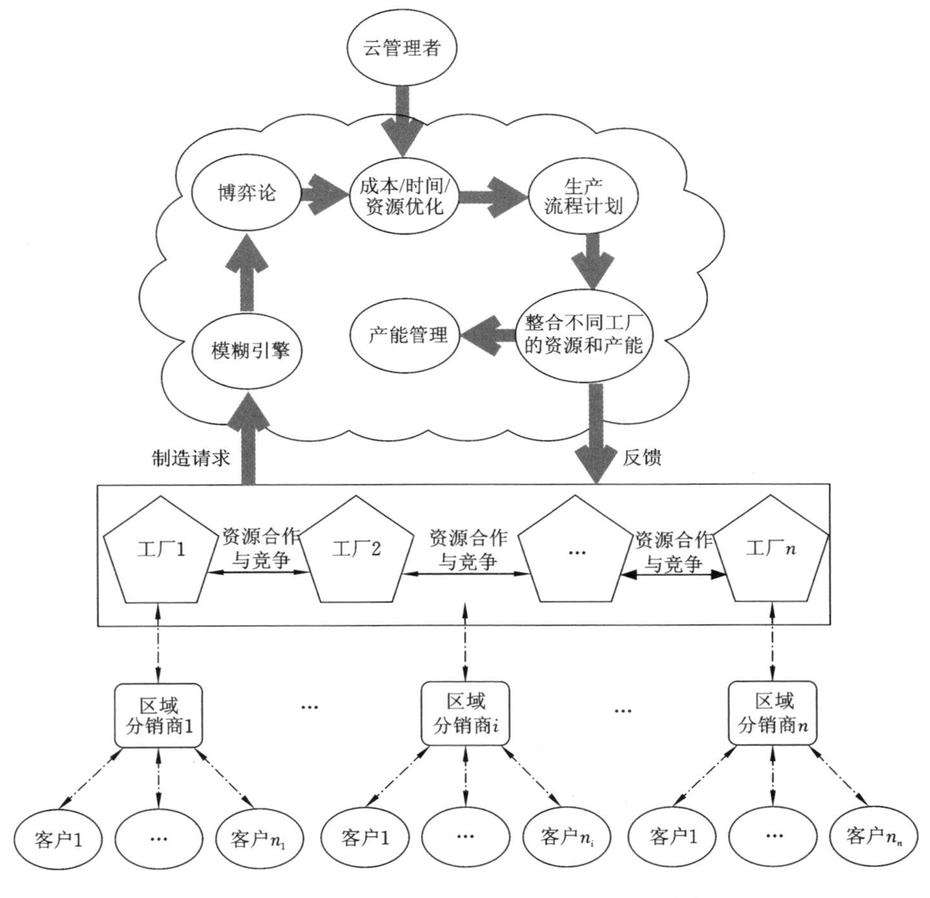


**图 7-10　基于云平台的制造企业产能合作**[24]

云平台下每个制造企业都有自身的属性特点（如现有产能水平、技术水平、产能利用现状以及各企业所面对的不确定性需求等），因此每个企业都会基于自身属性特点，选择合适的制造商进行产能合作。基于制造商面临需求的不确定性特点，可以将制造企业间的产能共享联盟方式分为两类：长期稳定型产能共享联盟和动态重组型产能共享联盟。

a. 长期稳定型产能共享联盟。为了应对市场或行业的动态性，企业有动机彼此合作并进行产能共享，而云制造平台为这种合作形式提供了技术上的支持和保障。随着时间的变化，企业可能面临不稳定的需求，实时动态地进行伙伴选择可能会导致高昂的合作成本，且不利于供应网络的可持续性。因此，从长期的角度，与合作伙伴构建稳定的产能共享联盟，不仅可以增强可持续性、改善客户满意度，还可以更好地利用设备资源，进而提高企业的竞争力。制造商在构建长期稳定型产能共享联盟时，需要考虑是否合作以及与哪些企业合作，制造企业间的合作关系一旦形成，将会在长时间内维持稳定[25]。图 7-11 表示由 5 个制造企业所形成的两个联盟{企业 1，企业 2}，{企业 3，企业 4，企业 5}。

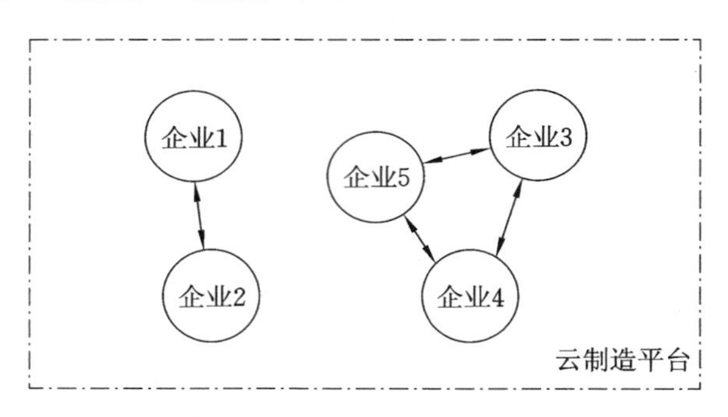


**图 7-11　制造企业间形成长期稳定型产能共享联盟**

b. 动态重组型产能共享联盟。当制造企业面临的需求相对稳定（如需求的均值和方差并不会随时间而变化时），企业间构建稳定的联盟有利于降低合作成本、提高联盟的稳定性。然而，有些因素可能会随企业内部和外部条件的变化而改变，例如产品价格、制造成本等。因此，合作联盟根据内外部条件的变化进行动态调整，有利于维持合作的高效率[26]。云制造环境下，制造企业可以实时获取潜在合作伙伴的产能信息，并基于自身情况（如需求特征、产能状况等信息的更新）重新选择优质的合作伙伴，动态调整联盟结构。图 7-12 表示由 5 个制造企业所形成的联盟随时间变化而发生的结构演化。

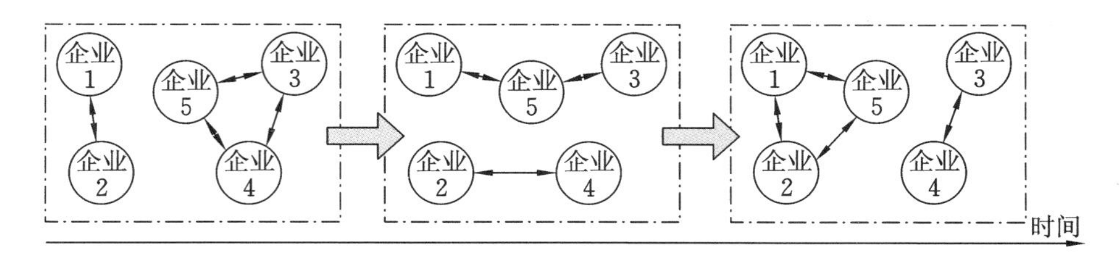


图 7-12　制造企业间形成动态重组型产能共享联盟

# 7.3　物联网环境下制造组织的决策分析

根据前面的分析可知，物联网环境下制造组织具有不同的组织结构。在不同的组织结构下，所需要解决的问题和所做的决策也不尽相同。下面将从不同组织结构的视角，对物联网环境下制造组织的决策问题进行分析。

## 7.3.1　集中化结构下的决策分析

首先，对于集中化结构而言，决策者需要将分布式的跨组织边界的资源进行统一规划和安排，从而实现公司内部或集团内部制造资源和能力的整合优化[2]。集中化结构下的决策者以整个系统的绩效最优为决策目标。

假设在云制造平台上，由云制造服务需求者提交的制造服务需求 $CMD$，可以拆解成如下的子任务序列：

$$\{T_1, T_2, \cdots, T_i, \cdots, T_n\} \tag{7-1}$$

假设在云制造平台上，可以将云制造资源和能力 $CMS$ 进行拆分和整合，且通过筛选和匹配，得到可以完成制造服务的子任务 $T_i$ 的候选制造资源和能力的集合为 $R_i$，且其中的可选制造资源和能力节点序列可以表示为：

$$\{R_{i,1}, R_{i,2}, \cdots, R_{i,j}, \cdots, R_{i,m_i}\} \tag{7-2}$$

从局部而言，决策者总可以在可选资源序列 $R_i$ 中找到一个对于子任务 $T_i$ 而言最优的制造资源和能力节点 $R_{i,j}$。但是，从全局来看，每一个局部最优并不必然导致整体最优。因此，需要在所有的候选资源集合中，寻找能够最优完成制造服务需求 $CMD$ 的制造资源和能力节点的链路(连接所有制造资源和能力节点)。

假设 $\varphi_{ij} \in \{0,1\}$,用 $\varphi_{ij}=1$ 来表示用制造资源和能力节点 $R_{i,j}$ 来完成制造服务子任务 $T_i$,需要的时间为 $t(ij)$,生产成本为 $c(ij)$。分布式的制造资源和能力节点之间具有不同的空间距离,假设 $\varphi_{ij,(i+1)q} \in \{0,1\}$,用 $\varphi_{ij,(i+1)q}=1$ 表示 $R_i$ 中的第 $j$ 个制造资源/能力节点与 $R_{i+1}$ 中的第 $q$ 个制造资源/能力节点同时被选中,则连接时间(可以表示为物流时间)为 $t[ij,(i+1)q]$,连接成本为 $c[ij,(i+1)q]$。

基于上述假设,易知完成所有制造服务需求所需要的时间由两部分构成:加工时间和物流时间。即

$$T=\sum_{i=1}^{n}\sum_{j=1}^{m_i}\varphi_{ij}t(ij)+\sum_{i=1}^{n-1}\sum_{j=1}^{m_i}\sum_{q=1}^{m_{i+1}}\varphi_{ij}\varphi_{ij,(i+1)q}t[ij,(i+1)q] \tag{7-3}$$

完成所有制造服务需求所需要的成本由两部分构成:加工成本和物流成本。即

$$C=\sum_{i=1}^{n}\sum_{j=1}^{m_i}\varphi_{ij}c(ij)+\sum_{i=1}^{n-1}\sum_{j=1}^{m_i}\sum_{q=1}^{m_{i+1}}\varphi_{ij}\varphi_{ij,(i+1)q}c[ij,(i+1)q] \tag{7-4}$$

由于不同的制造资源和能力节点完成不同的制造服务需求所需要的时间和成本各不相同,且不同节点间的空间距离也不尽相同,因此,根据具体的管理情境,时间因素和成本因素在管理目标实现过程中应发挥不同的作用。为了不失一般性,假设时间因素的权重系数为 $\omega_t$,成本因素的权重系数为 $\omega_c$,且 $\omega_t+\omega_c=1$。另外,假设制造服务需求者所能承受的时间上限和成本上限分别为 $T_{\max}$ 和 $C_{\max}$。则可有如下最优化问题:

$$\min Y=\omega_t\frac{T}{T_{\max}}+\omega_c\frac{C}{C_{\max}}$$

$$\text{s. t.}\begin{cases}T_{\max}-T\geqslant 0\\ C_{\max}-C\geqslant 0\\ \displaystyle\sum_{j=1}^{m_i}\sum_{q=1}^{m_{i+1}}\varphi_{ij}\varphi_{ij,(i+1)q}=1(i\leqslant n-1)\\ \displaystyle\sum_{j=1}^{m_i}\varphi_{ij}=1\end{cases} \tag{7-5}$$

式(7-5) 中,前两个约束条件分别表示:完成所有制造服务所需要的时间和成本不能超过时间和成本的上限;第三个约束条件表示:为完成子任务 $T_i$ 和 $T_{i+1}$,它们对应的候选资源集 $R_i$ 和 $R_{i+1}$ 之间只有一条选择路径;第四个约束条件表示:每个候选资源集 $R_i$ 中只有一个候选资源被选用;目标函数表示:完成所有子任务所需要的时间和成本的总加权值最低化,其中,$T$ 和 $C$ 分别由式(7-3) 和式(7-4) 表示。

### 7.3.2　分散化结构下的决策分析

对于分散化结构而言,多个决策主体以合作或非合作的方式进行资源的整合和利用,从而提高整个社会制造资源和能力的使用效率。在分散化结构下,多个决策主体的决策彼此交互、相互影响,甚至会出现相互冲突的情况,因此,还需要以一定的机制对多个主体的决策进行协调,从而确保资源整合利用的效率。根据分散化结构下各主体的类型和它们之间的关系,可以从两个维度进行分析:属于供需关系的上下游企业间的合作(纵向供应链) 和同质性制造商之间的合作(横向供应链)。

(1) 分散化结构下纵向供应链中的决策分析

以一个制造商和一个零售商组成的供应链为基础,分析制造商应用物联网技术获得柔性产能时,其与零售商之间的决策交互。

假设零售商面临一个不确定的市场,市场需求表示为 $D$。为满足该市场需求,零售商以批发价 $w$ 从制造商处订货 $Q$,并以零售价格 $p$ 向该市场销售产品。在销售季节前,制造商利用物联网技术进行柔性产能的投资,假设柔性产能的单位产能投资成本为 $\delta$,单位产品的生产成本为 $c$。在柔性产能下,当零售商的订货量 $Q$ 与制造商的产能投资量 $K$ 之间出现偏差时,会产生一种摩擦成本。当两者的差异越大时,导致的摩擦成本越高,假设其形式为 $b(K-Q)^2/2$,其中,$b$ 为摩擦系数,其值越大,表明差异导致的成本越大。在销售季节结束后,零售商可以对未销售出去的产品进行残值处理,假设单位产品的残值为 $v$。

对于零售商(R)而言,可有如下的决策问题:

$$\max_{Q\geq 0} E\prod\nolimits_{R}(Q) = E[p\min\{Q,D\} - wQ + v\max\{Q-D,0\}] \quad (7\text{-}6)$$

对于制造商(M)而言,可有如下的决策问题:

$$\max_{K\geq 0} E\prod\nolimits_{M}(K) = E\left[(w-c)Q - \frac{1}{2}b\,(K-Q)^2 - \delta K\right] \quad (7\text{-}7)$$

在分散化结构下,供应链各成员都以自身利润最大化为决策目标,双重边际效应的存在会导致两个企业的决策偏离系统最优决策。针对该问题,常用的做法是设计契约来协调两个企业之间的决策。通过协调契约,不仅可以给供应链带来更多利润,而且两个企业的利润都可以得到改善。常用的契约有收益共享契约、成本共担契约、退货契约、期权契约、产能或库存预留契约、惩罚或补贴契约等。例如,在成本共担契约下,零售商可以分担制造商的部分柔性产能投资成本,从而让制造商有足够的动机进行柔性产能投资。假设零售商分担的成本部分为 $\phi$,则成本共担契约下,两个企业的决策问题分别为:

$$\max_{Q\geq 0} E\prod\nolimits_{R}^{\phi}(Q) = E[p\min\{Q,D\} - wQ + v\max\{Q-D,0\}] - \phi\delta K \quad (7\text{-}8)$$

$$\max_{K\geq 0} E\prod\nolimits_{M}^{\phi}(K) = E\left[(w-c)Q - \frac{1}{2}b\,(K-Q)^2 - (1-\phi)\delta K\right] \quad (7\text{-}9)$$

上两式中的最后一项分别表示零售商和制造商承担的柔性产能投资成本。我们也可以利用其他的契约形式进行协调,具体所采用的契约形式,可以根据具体的管理情境进行选择。

(2) 分散化结构下横向供应链中的决策分析

横向供应链中,成员企业都是相同或类似的企业,例如多个制造商之间进行产能的共享与合作。云制造平台的出现,为相同或类似的制造企业间进行产能合作创造了条件。但是制造商也面临着如下的决策问题:订单到达时,是否接受该订单?如果产能过剩,是否参与产能共享?如果决定参与,将多少产能共享到云制造平台上比较合适?当制造商因产能不足而无法完成相应的订单时,可将该需求共享给与其合作的其他制造商，从而这些制造商都能从这种合作中获得收益[27]。

假设在云制造平台上有 $n$ 个制造企业，$E=\{e_1,e_2,\cdots,e_i,\cdots,e_n\}$。每个企业在时间 $T$ 内都会收到自己的订单。

假设企业 $e_i$ 的第 $k(k\in\{1,2,\cdots,K\})$ 个订单为 $o_{i,k}=\{q_{i,k},t_{i,k}^d\}$，其中 $q_{i,k}$ 表示企业 $e_i$ 的第 $k$ 个订单的需求量，$t_{i,k}^d$ 表示该订单的客户所能接受的最长履单时间。制造商在产能充足时，优先完成自己的订单，当产能过剩时可以将产能共享给云制造平台上的其他企业。

假设制造商 $e_i$ 在时期 $t$ 可用的产能为 $CA_i(t)$，分配给订单 $\eta\leqslant k-1$ 的产能为 $CS_{i,\eta}(t)$，则对于订单 $k$，其是否接受可表示为：

$$A(o_{i,k})=\begin{cases}1 & \text{if } q_{i,k}\leqslant \sum_{t=0}^{t_{i,k}^d}CA_i(t)-\sum_{\eta=1}^{k-1}\sum_{t=0}^{t_{i,k}^d}CS_{i,\eta}(t)\\ 0 & \text{otherwise}\end{cases}\tag{7-10}$$

当 $A(o_{i,k})=1$ 时，表明制造商 $e_i$ 有足够的剩余产能完成其第 $k$ 个订单，否则其无法在有效时间内单独完成该订单，即该制造商可以将其无法单独完成的需求部分共享给其他的制造商。

令 $m_i(o_{i,k})=\sum_{t=0}^{t_{i,k}^d}CA_i(t)-\sum_{\eta=1}^{k-1}\sum_{t=0}^{t_{i,k}^d}CS_{i,\eta}(t)$，表示制造商 $e_i$ 可以用来完成其第 $k$ 个订单的可用产能，则：当 $m_i(o_{i,k})\geqslant q_{i,k}$ 时，制造商 $e_i$ 会使用自有产能完成该订单；当 $m_i(o_{i,k})<q_{i,k}$ 时，则制造商 $e_i$ 为完成该订单还需从其他制造商处获得的产能为 $r_i(o_{i,k})=q_{i,k}-m_i(o_{i,k})$。

假设在云制造平台上，愿意向制造商 $e_i$ 共享其产能完成订单 $o_{i,k}$ 的制造商形成的集合为 $Z_{i,k}\subset E$，该集合中企业个数可以表示为 $J=|Z|\leqslant n$。因此，集合 $Z_{i,k}$ 中的可用于完成订单 $o_{i,k}$ 的总产能为 $\sum_{e_j\in Z_{i,k}}\omega_j(o_{i,k})$。如果 $r_i(o_{i,k})>\sum_{e_j\in Z_{i,k}}\omega_j(o_{i,k})$，则云制造平台上没有充足的产能完成订单 $o_{i,k}$，此时企业 $e_i$ 因无法按时完成该订单而放弃该订单；如果 $r_i(o_{i,k})\leqslant\sum_{e_j\in Z_{i,k}}\omega_j(o_{i,k})$，则云制造平台上有充足的产能完成订单 $o_{i,k}$。制造商 $e_i$ 可以将其过量的需求 $r_i(o_{i,k})$ 根据一定的规则分配给集合 $Z_{i,k}$ 中的某个(些)制造商。对于

集合 $Z_{i,k}$ 中的制造商 $e_j$ 而言，其愿为企业 $e_i$ 的订单 $o_{i,k}$ 共享出来的产能量为 $\omega_j(o_{i,k})$，其应满足条件 $0<\omega_j(o_{i,k})\leqslant m_j(o_{j,k})$。即制造商 $e_j$ 对其产能有所保留，原因在于制造商 $e_j$ 可能还会收到其他订单，如果其将所有产能共享出去，则其无法满足自己即将到达的其他需求 $x_j$。假设对于企业 $e_i$ 的订单 $o_{i,k}$，制造商 $e_j$ 保留下来的产能为 $R_{j,i,k}$，单位产品的价格和成本分别为 $p$ 和 $c$，共享产能的单位价格为 $cp$。预留产能不足造成的单位声誉损失为 $c_j^s$，产能预留过多导致产能利用不足的单位成本为 $c_j^u$，则其有如下的决策问题：

$$\max_{0\leqslant R_{j,i,k}<m_j(o_{j,k})} \pi_j = \begin{cases} (p-c)R_{j,i,k}+(cp-c)[m_j(o_{j,k})-R_{j,i,k}] \\ -c_j^s(x_j-R_{j,i,k}) \quad (x_j\geqslant R_{j,i,k}) \\ (p-c)x_j+(cp-c)[m_j(o_{j,k})-R_{j,i,k}] \\ -c_j^u(R_{j,i,k}-x_j) \quad (x_j<R_{j,i,k}) \end{cases} \tag{7-11}$$

因此，对于产能过剩的制造商，其需要考虑是否共享需求以及共享多少需求的决策问题；对于产能不足的制造商，其需要结合自身未来的订单情况，考虑预留(或共享出)多少产能的决策问题。

从上述分析可知，每个制造商都会遇到产能不足或过剩的情况。基于云制造平台，多余的需求和过剩的产能可以进行匹配，从而让产能不足的制造商可以满足更多的需求，而产能过剩的制造商的产能得到充分利用，从而实现双(或多)赢。

## 参考文献

[1] 工业和信息化部电子科学技术情报研究所. 中国物联网发展报告(2014—2015)[M]. 北京:电子工业出版社，2015.

[2] 王时龙，宋文艳，康玲，等. 云制造环境下的制造资源优化配置研究[J]. 计算机集成制造系统，2012，18(7):1396-1405.

[3] 赵道致，杜其光. 供应链中需求信息更新对制造能力共享的影响[J]. 系统管理学报，2017，26(2):374-380,389.

[4] 王艺霖，胡艳娟，朱非凡，等. 云制造资源优化配置研究综述[J]. 制造技术与机床，2017(11):36-42.

[5] 张霖，罗永亮，范文慧，等. 云制造及相关先进制造模式

分析[J]. 计算机集成制造系统，2011，17(3):458-468.

[6] 张霖，罗永亮，陶飞，等. 制造云构建关键技术研究[J]. 计算机集成制造系统，2010，16(11):2510-2520.

[7] 任磊，张霖，张雅彬，等. 云制造资源虚拟化研究[J]. 计算机集成制造系统，2011，17(3):511-518.

[8] 陶飞，张霖，郭华，等. 云制造特征及云服务组合关键问题研究[J]. 计算机集成制造系统，2011，17(3):477-486.

[9] 李伯虎，张霖，王时龙，等. 云制造——面向服务的网络化制造新模式[J]. 计算机集成制造系统，2010，16(1):1-7,16.

[10] 赵道致，张笑，杜其光. 云制造模式下基于 Pareto 最优的制造资源动态优化配置[J]. 系统工程，2015，33(9):109-115.

[11] BECKER T, STERN H. Impact of resource sharing in manufacturing on logistical key figures[J]. Procedia CIRP, 2016, 41:579-584.

[12] MERSCHMANN U, THONEMANN U W. Supply chain flexibility, uncertainty and firm performance: an empirical analysis of german manufacturing firms[J]. International Journal of Production Economics, 2011, 130(1):43-53.

[13] BEN-DAYA M, HASSINI E, BAHROUN Z. Internet of things and supply chain management: a literature review[J]. International Journal of Production Research, 2019, 57(15-16):4719-4742.

[14] BARRATT, MARK. Understanding the meaning of collaboration in the supply chain[J]. Supply Chain Management: An International Journal, 2004, 9(1):30-42.

[15] HUANG G Q, LAU J S K, MAK K L. The impacts of sharing production information on supply chain dynamics: a review of the literature[J]. International Journal of Production Research, 2003, 41(7):1483-1517.

[16] 台德艺，徐福缘，胡伟. 云制造合作思想与实现[J]. 计算机集成制造系统，2012，18(7):1575-1583.

［17］徐福缘，何静．多功能开放型企业供需网初探[J]．预测，2002(6)：19-22.

［18］徐福缘，何静，林凤，等．多功能开放型企业供需网及其支持系统研究——国家自然科学基金项目（70072020）回溯[J]．管理学报，2007(4)：379-383.

［19］温涛，黄培清．信息和能力共享下的生产能力决策分析[J]．上海交通大学学报，2008(11)：1827-1831.

［20］赵道致，杜其光，徐春明，等．物联网平台下企业之间制造资源转移策略[J]．系统工程，2015，33(1)：88-93.

［21］赵道致，杜其光，徐春明．物联网平台上两制造商间的制造能力共享策略[J]．天津大学学报（社会科学版），2015，17(2)：97-102.

［22］李辉，谭显春，顾佰和，等．物联网环境下碳配额和减排双重约束的企业资源共享策略[J]．系统工程理论与实践，2018，38(12)：3085-3096.

［23］邓蕊，赵道致．云平台剩余能力共享对企业决策影响研究[J]．甘肃科学学报，2016，28(3)：103-108.

［24］ARGONETO P，RENNA P．Supporting capacity sharing in the cloud manufacturing environment based on game theory and fuzzy logic[J]．Enterprise Information Systems，2016，10(2)：193-210.

［25］SEOK H，NOF S Y．Collaborative capacity sharing among manufacturers on the same supply network horizontal layer for sustainable and balanced returns[J]．International Journal of Production Research，2014，52(6)，1622-1643

［26］SEOK H，NOF S Y．Dynamic coalition reformation for adaptive demand and capacity sharing[J]．International Journal of Production Economics，2014，147：136-146.

［27］YOON S W，NOF S Y．Demand and capacity sharing decisions and protocols in a collaborative network of enterprises[J]．Decision Support Systems，2010，49：442-450.

第8章 Chapter 8

# 物联网环境下基于平台的物流组织结构

## 8.1 物联网环境下物流组织特征分析

### 8.1.1 不同运输方式中物联网技术

通过RFID、条码识别、环境温度感知、GPS、图像识别等先进技术，物联网可以实时感知、定位和追踪货物与车辆的信息，实现各类信息无缝、实时、敏捷地在公路、水路、铁路等不同运输方式之间的共享及流通，从而使得多种运输方式“无缝衔接”，提高运输效率，降低运输成本及货物丢失率，达到多式联运运输效益的最优化，极大地提高行业服务水平。不同运输方式中物联网技术发挥的作用也不同[1]，具体介绍如下。

(1) 公路运输中物联网技术

公路运输是现代运输的主要方式之一，我国公路网比铁路、水路网的密度大几十倍，基本可以覆盖全国每一个地方，因此公路运输的特点是适应性强、灵活性高，车辆可随时调度、装运，各环节之间的衔接时间也较短，且在运输途中一般不需要换装，可以把货物从始发地直接运送到目的地，实现“门到门”直达运输。一个高效、便捷、安全的公路货运系统和物流配送体系，不仅成为地区和国家投资环境的重要组成部分，也日益成为决定地区和国家制造业竞争力的重要因素。

在公路运输管理中，RFID技术有很多具体应用。如车辆运行安全管理系统，运用RFID等物联网技术，可实现实时定位跟踪查询、车速监测、事故处理、历史数据查询打印、数据统计、系统设置和联网等功能。在货运车辆定位追踪管理中，GPS 技术有很多应用，通过采用 GPS 对车辆进行定位，在任何时候，调度中心都可以知道车辆所在位置以及离目的地的距离，这样就提高了整个物流系统的效率。在高速公路监控系统中，GIS 技术也有很多应用，主要通过外场设备对现场交通状态实时采集，针对高速公路范围内给各种交通状态、交通事件和气象状况，利用建立的数学模型进行相关计算，生成相应的控制策略和控制方案，经过管理人员的确认采用不同的控制方案，并通过可视信息等途径反馈给驾驶人员，促使交通流运行在管理者期望的状态下，达到安全、高效的目的。

（2）铁路运输系统物联网技术应用

铁路运输是现代化运输业的主要运输方式之一，在整个运输领域占据着主导地位。铁路运输的特点是受自然环境影响小，运输能力及单车装载量大（单车承载量达 70 千克），运行速度快（普通列车速度在 70 ～ 80 千米每小时，高速列车可达 300 千米每小时），能耗低，污染小，运输成本较公路运输可降 1/3。中国铁路信息化发展很快，高铁列车运行调度与管理信息系统、铁路集装箱运输系统等均应用了很多物联网技术。如：采用 RFID 技术来实现集装箱的跟踪管理（包括验货、装箱、移箱、装车等操作），进行实时监控；铁路大型养路车在线监控系统融合了 GPS 卫星导航全球定位技术、GIS 地理信息技术以及 GPRS 移动通信技术。未来“数字铁路”将全面采用物联网等技术改造铁路系统，在基于运输系统、全球卫星定位系统、遥感及空间数据库信息化技术基础上，大力推进铁路信息化。

（3）航空运输中物联网技术

航空运输是使用飞机、直升机及其他航空器运送人员、货物、邮件的一种运输方式，具有快速、机动的特点，主要适合运载的货物有两类：一类是价值高、运费承担能力很强的货物，如贵重设备的零部件、高档产品等；另一类是紧急需要的物资，如救灾抢险物资等。

RFID 技术在航空货运管理上的应用，可以为用户带来从货物代理收货到机场货站、安检以及地勤服务交接等环节效率的提高和差错率的降低,并可监控货物的实施位置。GPS等技术在飞机空地指挥系统得到广泛应用,未来“物联网电子货单”平台的建设将推进航空公司货运系统、机场物流系统、代理人货运系统的整合,实现国内货运系统和国外货运系统的整合,提高中国航空物流信息化水平,提升航空物流企业的整体竞争力。

(4) 水路运输物联网技术应用

水路运输是指在港口之间以船舶运送旅客或货物的一种运输模式,主要在水域(包括海洋、河流和湖泊)范围内活动。水路运输具有运输载重量大、运输成本低、初始投资少等特点,适合运送大宗、低值、笨重和各种散装货物的中长距离运输。

在水路运输中物联网技术应用开发较早,尤其在港口信息化领域,很多港口都采用RFID技术和GPS技术建设智能港口。许多航道航运港口部门已经或正在利用GIS技术建立网络型基础信息管理系统,实现港口、航道、水域的信息共享。此外,将GIS与GPS、GSM(移动通信网)有机地结合在一起,实现船舶动态监控,利用GIS数据采集手段建立矢量电子地图和水下地形图,系统处理和分析GPS接收的卫星信号,为船舶入港的正确行驶提供必要信息。

### 8.1.2　物联网环境下物流行业特征分析

物联网环境下,物流服务是可以根据业务流程相互分离的,如运输、仓储、配送、装卸等,均可由不同的企业分别完成,这些企业之间存在密切的资源共享,在物联网平台技术的支持和配合下,整个物流产业对大中小型企业具有更大的兼容性,也能促使物流企业明确自己的定位,在整个物流网络中充分发挥自己的作用,具有物流资源共享化、物流网络开放化、物流组织虚拟网络化等特点。

(1) 物流资源共享化

近年来,随着RFID等物联网技术的发展,物流行业无法避免地出现了物流企业间资源共享化的趋势。传统的物流企业类似于“百货商店”,提供包括整个物流过程的综合业务,共享化的深入使得物流企业得以转型为“专业化经营”，并与其他企业之间联合协作，从而提高经营效率。在市场竞争的严峻形势下，对于物流企业来说，为了应对物联网时代的物流需求而开展新的业务或进行投资都具有一定的壁垒。在这种情况下，相互或共同利用各物流企业拥有的经营资源（如人员、车辆、站点、仓库、信息系统等），成为至关重要的方向。物联网、云计算等信息技术变革激活了物流模式，资源共享使成本削减成为可能，运输企业之间通过共享物流资源实现物流资源优化配置，从而提高物流系统效率，降低物流成本，推动物流系统变革的物流模式。目前资源共享化主要有以下几种创新模式：

① 云仓资源共享模式

云仓资源共享模式是指通过建立云仓系统实现仓库设施网络的互联互通，在此基础上面向用户开放云仓资源，实现仓储资源共享的模式。云仓系统是基于实体的仓库设施网络系统打造的在线互联网平台，通过互联网联通全国各地仓库的管理系统，实现仓库数据与云仓平台互联互通，基于云计算和大数据分析，整合、运筹和管理实体仓库系统，实现优化仓库资源配置和实时进行全国仓库系统的网络化运营与共享的管理。目前国内物流巨头公司阿里巴巴、京东、顺丰都在搭建自己的云仓系统，以期打造全国共享性仓储平台[2]，具体如下。

a. 菜鸟云仓：把自己定位为物流大数据平台，组建全球最大的物流云仓共享平台。菜鸟搭建的数据平台，以大数据为能源，以云计算为引擎，以仓储为节点，编织一张智慧物流仓储设施大网，覆盖全国乃至全球，开放共享给天猫和淘宝平台上的商家。

b. 京东云仓：自建的物流系统已经开始对社会开放，京东物流依托自己庞大的物流网络设施系统和京东电商平台，从供应链中部向前后端延伸，为京东平台商家开放云仓共享服务，提升京东平台商家的物流体验。此外，利用京东云仓完善的管理系统，跨界共享给金融机构，推出“互联网＋电商物流金融”服务，利用信息系统全覆盖，实现仓配一体化，满足电商企业的多维度需求。

c. 顺丰云仓：利用覆盖全国主要城市的仓储网络，加上具有差异化的产品体系，围绕高质量的直营仓配网，优化供应链服务能力，重点面向手机(3G)、运动鞋服、食品冷链和家电行业客户开放共享仓储系统。

② 单元器具(托盘、周转箱等)循环共用模式

从产品出厂开始，使用标准单元器具(托盘、周转箱等)包装产品，在物流公司、批发商、商贸流通企业之间的物流作业中，保持货物与单元器具不分离，上下游企业循环共用单元器具，实现单元器具的共享，减少装卸、倒货、搬运，避免物流作业中货物的磕碰、挤压，大幅度减少了货损，提升了物流作业效率。单元化器具循环共用系统按照系统架构可以分为开放式循环共用和封闭式循环共用[3]。

③ 企业物流设备资源共享模式

物流设备主要有仓储设备和货运装备，如物料搬运设备、输送分拣设备、货架系统、装卸装备、货运车辆等。企业通过将物流设备资源提供给其他企业共用实现共享，企业共享物流设备的方式主要有借用、租赁、共用、交换等。过去传统的商贸流通企业和物流公司，自建车队进行物流配送，常常出现高峰期车辆不够、低谷时车辆闲置。通过在物联网平台(如同城智能配送)注册车辆资源，可以在高峰期从配送平台调用车辆资源，联合完成物流配送任务；低谷时再把闲置的车辆资源共享给同城共同配送平台，经过平台的智慧整合与调度，从事其他配送业务，获取相关收益[4]。

④ 末端网点设施资源的共享模式

随着中国电子商务和新零售的发展，城乡配送最后一公里成为难点和社会关注热点。为了提升末端配送效率，提高物流服务满意度，末端物流网点的各类设施资源共享模式逐渐成为创新热点。各快递物流企业以物联网、智能共享为共识，正携手建设新的最后一公里末端网点共享设施网络，如智能快递柜共享，各个快递企业配送员通过共享智能快递柜派件，可以不必等待用户取件，也无须二次派件，从而节省了时间，有效提高了配送效率。同时，智能快递柜还能全天候作业，用户可以在任意时间收发快件，有助于提升消费者物流服务满意度。末端网点物流基础设施共享价值主要表现在：

一、减少各快递公司、第三方物流、电商企业末端网点重复建设；二、配送过程中减少二次派送，方便消费者自取货品，提升客户满意度，同时减少物流资源浪费；三、有助于促进整个物流系统的变革。例如，智能快递柜作为社区的接入点能够积累大量的用户数据，有助于商家和快递企业进行大数据分析，提供更有针对性的服务[5]。

（2）物流网络开放化

在物联网技术支持下，物流组织网络不再仅仅针对某个物流企业，而是以高效的信息网络为支撑，多个物流组织共同为顾客提供最优的服务方案。在实际运作中，需要搭建一个物联网信息平台，这是一个谁都可以参加的开放式网络，加入网络的目的是为了对优秀物流资源予以高效利用，对普通顾客来说不只是削减了物流成本，更能带来全新物流服务方案形成、物流服务质量提高等好处。图8-1是多种运输方式经营组织通过共享信息实现物流网络开放化，从而为用户提供最佳物流服务。

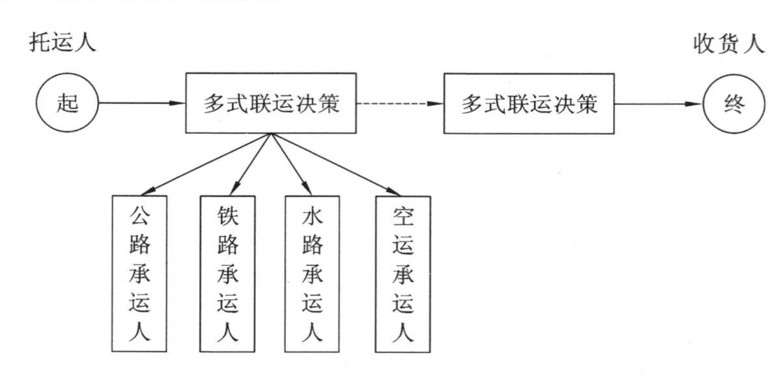


**图8-1　多式联运为客户提供最优路径选择**

（3）物流组织虚拟网络化

物流组织虚拟网络化实际上是指一种非正式的、非固定的、松散的、暂时性的组织形式，它突破原有物流组织的有形边界，通过整合不同成员的资源、技术、市场机会等[6]，依靠物联网技术实现信息实时共享，从而形成统一、协调的物流运作模式，以最低的运作成本实现最大的服务价值。物流组织网络化则是将单个企业或虚拟物流组织以网络的形式紧密地联系在一起，它是以整合物流专业化资产、共享物流过程控制和共同完成物流服务为基本特性的组织管理形式。物联网技术的快速发展，为虚拟网络化物流组织的产生和发展提供了外部条件。特别是随着中国电子商务和新零售的发展，物流服务则从单个企业扩展到了供应链上的所有企业，虚拟网络化物流组织正在成为更加有效的物流组织形式。

### 8.1.3　物联网环境下物流组织未来发展趋势

在 RFID 等物联网技术的支持下，货物定位信息通过数据传输系统上传到物联网平台，企业可通过平台数据实时掌握、定位和追踪货物与车辆的信息，实现在途运输可视化、数据化管理，以及各类信息的无缝、实时、敏捷传递，从而降低货物运输风险。整个物流行业也因此呈现出信息技术化、运输网络化、操作智能化、运作柔性化、工具标准化等特征，物流组织必须适应物联网环境的变化，其表现出如下发展趋势。

(1) 从垂直化转向扁平化

企业注重物联网物流信息平台的建设，为扁平化组织结构的高效运行提供功能性支持。例如，原来物流人员手动收集整理资料信息的作业逐渐由物联网技术(如 RFID、条码识别、图像识别等) 取代，这将进一步实现物流组织结构由垂直化到扁平化的转变。同时，物流组织员工独立工作能力的提高(通过视频培训等途径)，为扁平化组织结构的高效运行提供了能力保障。总而言之，物联网环境下扁平化物流组织更强调以“物流过程” 为核心，而不是以“物流职能” 为核心的组织方式。

(2) 从固定刚性转向临时柔性

组织柔性的目的在于充分利用组织资源，增强企业对复杂多变的动态环境的适应能力，也是物联网环境下物流组织发展的必然趋势。物流组织柔性化首先需要正确处理好企业集权与分权的关系，适时调整权责结构；其次要建立动态性组织，这是物流组织柔性化的有效方法，即：一方面为完成组织的经常性任务设立比较稳定的物流组织部门，另一方面为完成某个特定的、临时的项目或任务设立动态的物流组织。如为了完成某一物流任务，而临时组建的灵活便捷、动态的、柔性的多式联运物流组织，在长途运输或跨境运输中，这种柔性组织表现出较大的优越性。

（3）从内部一体化转向虚拟网络化

传统物流企业往往强调内部职能的整合，总是希望建立内部一体化的实体性物流组织，而对企业外部物流资源的共享利用关注较少。在经济全球化和市场竞争日益加剧的背景下，企业为提高其竞争力，必然要利用外部资源以快速响应市场需求，物联网技术的成熟和发展，加速了这一进程，促进物流组织向虚拟网络化发展。企业物流组织经由内部一体化向虚拟网络化转型发展，首先应强化内部信息网络和外部平台标准化信息体系的建设；其次要以现代组织理论为指导，梳理物流业务，确定物流业务应采取的自营、外包或联盟方式，并以培育企业的核心竞争力和重塑业务流程为主导重构物流组织形式[7]。

物流组织网络是各类物流组织节点合作共生的产物。在物流组织网络中，存在各种不同的合作组织形态。在未来的市场中，各类物流组织只有根据市场需要和自身特长，细分市场，明确定位，做专做精自己的核心业务，才能够从总体上形成分工合作的物流服务体系。

# 8.2 物联网环境下物流组织复杂性网络结构分析

## 8.2.1 物流组织复杂性网络结构

组织网络的持续稳定发展，必须与其所处物联网环境的动态多样性相匹配。不仅需要建立一个能处理一定范围内所有任务（多任务）的组织网络，即能在动态环境中不改变其结构但能维持其较高的绩效（鲁棒性），还需要建立一种适宜于特定任务的组织网络，以便实现结构配置与战略相适应，即能产生新的战略并重组其结构以取得较高的绩效。这就对物联网物流平台提出了更高的要求，同时满足鲁棒性和适用性的问题。

在整个物联网物流网络中，各组织节点以及地理城市节点间存在复杂的局部互动关系，使得组织间产生显著的协同效应。但是，组织网络和协同效应之间并不是一个简单的线性关系，各节点组织状态的转移和变化，通过物联网进行信息加工和传递，在一定规则的诱导下，通过某种复杂的耦合机制才能引起组织网络整体状态的改变，从而显现出网络的进化动力学特性。

有学者将组织中的成员抽象为网络节点，将成员间的互动关系抽象为网络的边；也有学者把这些在网络中起不同作用的活性节点或由活性节点组成的子网络称为网络的“核”，把形成网络整体结构的轨迹称为“立体网络”，而把组织的这种结构特征称为组织的立体多核网络[6]。通过对立体多核网络进行剖析，进而总结出组织网络的功能结构特性，该组织网络立体多核结构模型如图 8-2 所示。

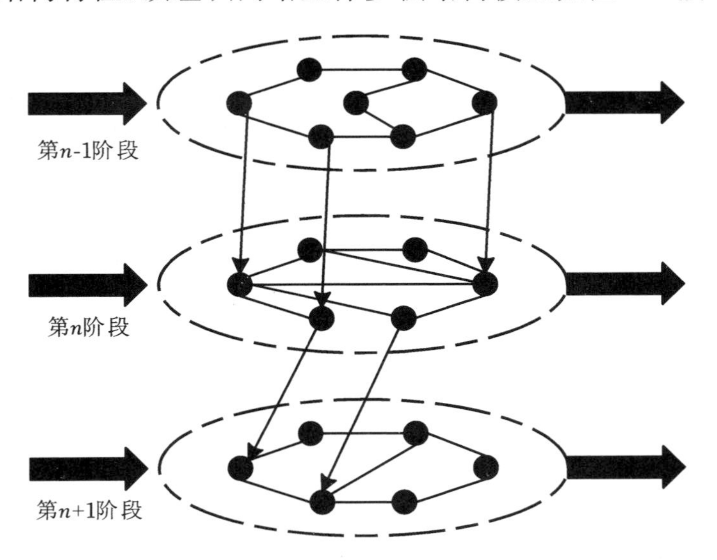


**图 8-2　组织网络的立体多核网络结构模型**

在物流组织的虚拟网络化发展中，自有网络的扩张是有选择或者说有规则的，但通过合作，尤其是联盟所实现的网络扩张是随机的。一般而言，物流企业自有网络的扩张通常是以某一项核心业务为基础进行的。比如，FedEx 是以国际航空快运业务为核心进行扩张的。然而，物流企业自有网络经营范围有一定的局限性，这样众多的物流企业自有网络共同形成了典型的规则网络结构模型，即现实中有无数个物流企业网络存在，它们都在自己的核心业务领域中经营运作且相互独立。

物联网环境下，物流企业间的网络化行为是从物流联盟开始的。物流联盟可以是企业和企业之间的联盟，比如铁路和邮政的联盟；也可以是不同物流企业的二级组织间的联盟，比如公司 A 的一个分公司和公司 B 的一个仓库的合作。这种联盟所影响的虽然是网络的局部关系，但联盟的存在打破了物流组织网络的规则结构，为物流资源的充分共享和整个社会物流系统的高效运作创造了条件[6]。物流联盟的稳定运行取决于物联网平台技术的高速发展和信息在组织间的实时流通，物流组织间的联盟关系如图 8-3 所示。

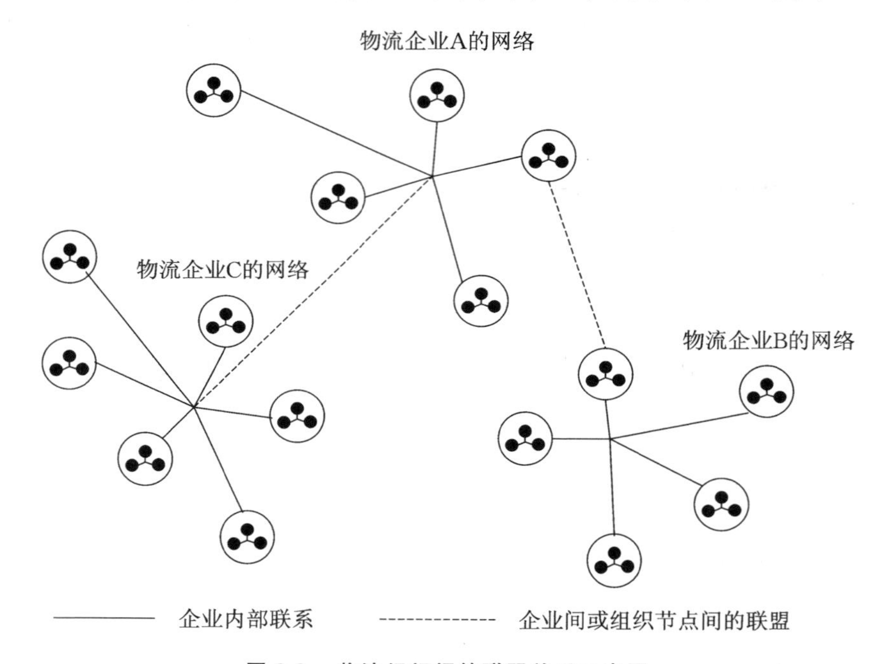


**图 8-3　物流组织间的联盟关系示意图**

从整体上看，物联网环境下物流组织联盟网络是由诸多物流组织节点组成的具有不确定性的网络，与企业自营的物流网络结构相比有很大不同。根据帕累托最优理论，物流组织之间协作关系的形成是基于单个成员经济利益的提高，即结构的变化有利于改进网络整体性功能，其复杂性体现在如下几个方面：

（1）网络关系非常复杂

物流网络中不仅有各个企业自行构建的物流网络，还有企业间通过兼并、重组、联盟等各种途径形成的网络关系，不同关系下组织运营模式不明确。

（2）网络是不断演化的

目前，国内的物流组织正由企业的附属性机构向独立的组织节点转变，物流组织节点在不断增加，节点与节点间的连接也在不断增长。

（3）网络连接的时空性

物流组织间的连接可以是长期稳定的合作，也可以是一次性的合作，还可以是一段时间的合作关系，这种时空性的变化也会带来不同的影响。

（4）网络动力学的复杂性

物流组织节点自身通常是一个行为主体，其行为会不停地变化，而且不同的节点都有不同的行为特征。传统物流组织之间的联系方式如同规则模型，呈相对稳定、单一的状态。在物联网已经发展到白热化的今天，谁能更快掌握资源和信息，谁就能占领市场。过去各物流企业之间信息闭塞，如今物联网等信息技术的出现使企业能够重新审视其组织结构，广泛寻求合作。物流组织网络是在最大化利润的前提下形成的，因此，既有一定的规律可循，又存在随机性，无法用标准的规则网络或是随机网络来解释物流组织网络。小世界模型能恰当地反映这种特征。在规则网络中通过“断键重连”将经营不同类型业务的物流企业联系起来就构成了小世界模型。

在未来的竞争中，任何物流企业仅仅依靠自身的资源已经不能适应市场竞争的需要，必须融入一个更高层次、更大范围的网络中。网络中信息的高效传输使企业突破地域性限制，动态连接可以为企业创造出更大的业务空间 —— 从网络中寻求合作者。虽然看起来是与相离较远的公司在合作，但若选择对象适当（断链重连时寻找最佳位置），可实现降低风险和壁垒，有利于物流企业规模的迅速扩张，实现全球的资源共享和技术互补。

物联网环境下物流组织虚拟网络化的最终目的，是使最初相互间并无关联的各企业打破区域限制寻求最佳合作伙伴，利用物联网平台和技术，将企业置身于更大的服务网络中，在实现自身优化的前提下谋求资源、信息和利益共享，使任何一个物流组织节点都能按客户的需要，以最优的途径寻找到合作的资源，从而实现物流资源的开放使用和物流企业间的合作共赢。

### 8.2.2 物流组织基于复杂结构的运作问题

物流组织网络具有开放性特征，其运作是建立在开放网络和物联网技术基础上的，每个节点可以与其他任何节点发生联系，快速交换数据，协同处理业务。物流组织网络的开放性决定了节点的数量会不断变化，单个节点的变动不会影响网络整体的运作。信息流在整个物流过程中起引导和整合作用，通过物联网信息网络的建立，真正实现每个节点回答其他节点的询问，向其他节点发出业务请求，根据其他节点的请求和反馈提前安排物流作业。信息流在物流过程中起到了事前测算物流路径、即时监控运行过程、事后反馈分析的作用，以引导并整合整个物流过程[7]。

在物流组织网络中，利用物联网信息平台将各个分散的节点连接成有机整体，网络中不以单个节点为中心，物流业务将分配到多个节点进行处理，各节点间交叉联系，形成网状结构，从而具有明显的规模优势。大规模联合作业降低了网络的整体运行成本，提高了工作效率，也降低了网络对单个节点的依赖性，抗风险能力明显增强[8]。

总之，物流组织网络的运作过程，其实质是在物联网技术支撑下，物流信息先于物流过程在相关环节中传递，用最低成本在有效时间内完好地从供给方送达需求方，逐步实现“按需配送、零库存、短在途时间、无间歇传送”的理想物流业务运作状态，使物流并行于信息流、资金流而以低廉的成本及时传送[9]。其运作模式具有以下几点特征：

(1) 物流组织网络可以分解成若干个子网络

在物流组织网络的运作过程中,整体网络是由若干子网络构成的。每一个子网络中又有若干网络成员,而每个网络节点都是有决策能力的。例如,物流组织网络可分解为仓储子网络、运输子网络、加工配送子网络和物流代理子网络等,仓储子网络又由若干个网络成员构成,大家共同完成仓储任务。概括地讲,每一个子网络和每个节点在某一次服务中,可能只执行部分职能和任务。

(2) 物流组织网络每一次业务的运作都会有协调机构

协调机构的主要职能为协调物流组织网络的运作,引导构造协作网络。物流组织网络协调机构是物流需求的发现者或组织者。该协调机构不同于虚拟物流企业中整合商的概念,它不是某一固定的组织,而只是一次性任务的协调者。如多式联运组织网络中,可能因为运输任务的不同,将由不同的运输方式承运人来承担经营人的角色,从而高效完成联运任务。

(3) 物流组织网络依靠"协作协议"的约束进行运作

任何一个组织获取资源都可以从两个方面着手:一方面从企业内部出发,另一方面从企业外部入手,即抓住企业运行的关键资源和本企业的优势资源,同时在外界寻找本企业没有或企业拥有但成本和效率不如其他企业的资源,这是物联网背景下物流组织网络运作的根本。物流组织网络的运作,是依靠物联网"协作协议"来实现的。

(4) 物流组织网络节点间不断进行互动重组

物流组织网络的生命力在于不断进行节点间的互动重组,动态联盟为网络中节点间的互动重组奠定了产权基础。合作能使参与者的总体利益最大化,但最大化是多次博弈的结果。在一次性博弈中背叛似为最优战略,而在重复博弈过程中就有可能达成合作。在物流组织网络中,节点间的互补性、依赖性和制约性加大,从而使合作变得更加可行。从某一活性节点角度看,在物流组织网络运作中,只有不断互动重组,才能实现以较低的交易费用获得更大利益的愿望。

物流组织网络节点间的关联关系有多种类型，按不同的物流组织类型和服务市场，物流组织间的合作关系可以划分为：第一类，同种类型的企业，但网络覆盖面不同，需要进行合作。如 EMS 与万国邮政联盟的网络合作，全国性快运公司与各省内的快运企业间的合作。第二类，同种类型的企业，且服务的区域市场相同或相近，即网络覆盖面相同。如同城物流企业间开展的共同配送业务，就属于这一类型，同城物流企业因为网络密度和节点的分布特征不同而合作。第三类，不同类型的企业，即使在同一区域经营，因为服务的内容不同，资源优势互补，因此经常性开展合作。如从事全国性经营的仓储型和运输型企业，会存在经常性的业务合作。第四类，不同类型的企业，在不同的地区经营，则更需要经常性合作。如集装箱的远洋运输网络和内地铁路运输网络需要对接，干线运输网络需要与区域的末端配送网络连接，以及全国或跨国的多式联运等。

## 8.3 物联网环境下物流组织关系的网络优化决策分析

针对上述物流组织网络节点间关联关系的不同类型，下面以不同类型下企业在不同地区经营（即多式联运物流组织）为例，对物联网环境下物流组织关系的网络优化决策进行分析。

### 8.3.1 多式联运组织结构特征

多式联运是多个独立的利益主体在协同合作的基础上形成的一体化运输方式，即：由多式联运经营人根据托运人的运输需求制定多式联运配送方案，并协调各承运人实现货物在起始点之间的一体化运输，并对货物运输全程负责，即：多式联运经营人既是多式联运的组织核心，也是多式联运运营层面的主要决策者。该系统具有如下几个方面的结构特征：

（1）直线型指令传递

多式联运的运输指令由经营人直接向各运输承运人下达，不涉及水平指令，即运输过程中同一层级的承运人之间不直接发生业务往来。这使得多式联运组织决策集中、权责分明，运输方案执行力度大，便于统一管理及事后追责。然而，缺乏各运输承运人之间的横向沟通，使得处理突发事件的反应速度大大减慢，从而造成多式联运运输流的停滞，产生更多不必要的成本。不过，物联网技术的发展和应用有望打破这种关系壁垒，在经营人与承运人、承运人与承运人之间实现信息的动态交叉传递。

（2）虚拟型组织方式

多式联运系统涉及很多参与方（经营人、各类运输承运人、场站管理人、托运人和收货人），理论上，多式联运经营人可以自建一个庞大的、包含所有运输方式的超级企业，但这需要大量的资本及资源投入，并不现实。根据虚拟型组织方式原理，多式联运经营人可以从多式联运系统中找到所需要的各类资源，从而形成一种非正式的、非固定的、松散的、暂时性的组织形式，突破原有物流组织的有形边界，通过整合各成员的资源、技术、市场机会等，依靠统一、协调的物流运作，以最低成本来实现最大的服务价值[10]。

（3）协同型组织机制

多式联运组织运行的根本是依靠协同机制，无论经营人（或运输承运人）是企业内部还是企业外部的，各运输节点间都存在着复杂的局部互动关系，这使得组织间可以产生显著的协同效应。但是，多式联运运输网络和协同效应之间并不是一个简单的线性关系，各节点组织状态的转移和变化，只有在一定规则的诱导下，通过某种复杂的耦合机制才能引致组织网络整体状态的改变，从而显现出网络的进化动力学特性[11]。

（4）演化型运输网络

多式联运的运输网络结构非常复杂，既有经营人自行构建的物流网络，还有通过并购、重组、契约、联盟等各种途径形成的网络关系。该系统内的运输网络是不断演化的，不同类型的运输承运人在不断增加，经营人与运输承运人之间的连接也在不断增加，这种连接可以是相对稳定的合作，也可以是一次性的合作，还可以是一段时间的合作关系。尤其是物联网等信息技术的出现使得多式联运经营人能够重新整合其组织结构，广泛寻求合作[12]。

（5）立体多核型关系依存

多式联运组织网络在本质上具有以下特征[8]：组织网络由若干个相互依赖、相互作用的企业构成，并通过各企业之间的相互协调和互动来凸显其分布的整体性结构特征；构成网络的各企业具有自适应和自我调节功能，不完全依靠其外部环境的调节作用；组织网络是动态的、柔性的、有序的，通过不断地与外界交换信息和资源来维持和发展；组织网络中的一些活性节点（如港口、火车站等）在多式联运网络整体结构中的地位和作用是不同的，对网络的一种或多种功能起着不同的关键作用。如果忽视或者破坏了它们，就会给网络带来局部或整体的创伤。

### 8.3.2　组织关系特点及其物联网作用

多式联运作为不同运输方式之间的组合，涉及众多的关系人，多式联运经营人与各运输承运人间的组织关系主要分为三种：一是科层型，二是契约型，三是联盟型。不同的组织关系中，物联网技术的内涵以及发挥的作用也不尽相同，在一定规则下，可对整个多式联运网络的状态进行管理和控制。这些组织关系不同程度地受到生产成本、交易费用、战略收益和公共政策制度的影响，现实中并不存在唯一最优的组织关系，其选择在于衡量不同因素影响下的综合收益。

（1）科层型组织关系

科层型组织关系是指多式联运经营人具有运输能力（如铁路公司），通过并购、重组等方式与其他运输方式的承运人组建合资企业，即与其他承运人为子公司关系，组织结构如图 8-4 所示。

科层型组织关系的优点主要有以下几个方面。

① 掌握控制权

多式联运经营人可以运用自身掌握的资源有效协调物流活动的各个环节，能以较快的速度解决物流活动管理过程中出现的问

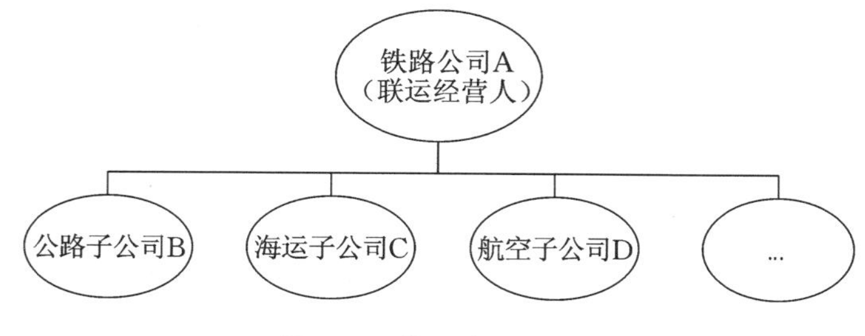


**图 8-4　科层型组织关系**

题，获得托运人、收货人的第一手信息，以便随时调整自己的经营策略。

② 降低交易成本

经营人通过内部行政权力控制整个物流过程，不必为不同运输方式的运输、仓储、节点处的转运和售后服务的佣金问题与其他企业进行谈判，避免多次交易花费以及交易结果的不确定性，降低交易风险，减少交易费用。

③ 提高品牌价值

多式联运经营人自建物流系统，能够自主控制物流活动，一方面可以亲自为顾客服务到家，使顾客近距离了解企业；另一方面，企业可以掌握最新的顾客信息和市场信息，并根据顾客需求和市场发展动向对战略方案做出调整。

但同时也存在相应的负面效应：第一，投入大量的资金用于仓储设备、运输设备或并购、重组产生的谈判费用以及相关的人力资本，增加了经营人投资负担及运营成本，削弱了企业抵御市场风险的能力；第二，经营人并不擅长各类运输方式，自建、并购或重组迫使企业从事不擅长的运输活动，管理人员往往需要花费过多的时间、精力和资源去从事辅助性的工作，导致配送效率低下；第三，规模有限，多式联运经营人可以自建一个庞大的、包含所有运输方式的超级企业，但这需要大量的资本及资源投入，并不现实，因此往往只适用于区域性的物流活动，规模受限。

此时物联网的作用与传统 ERP 系统相比没有差异，重点是多式联运经营人企业内部的资源整合和计划，是一种管理思想在信息化手段下的体现，唯一的区别在于物联网系统可以实时追踪物体的状态，如果出现异常状态能及时预警和采取紧急措施，其系统如图 8-5 所示。

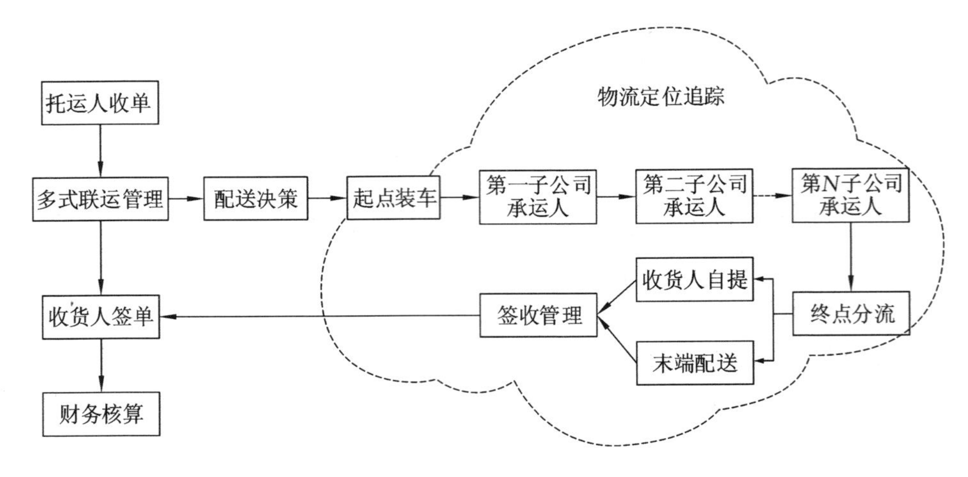


图 8-5　科层型多式联运物联网系统

(2) 契约型组织关系

契约型组织关系就是多式联运经营人与其他承运人签订长期合同、订立契约关系，即通过价格机制来组织交易过程，对各分段承运人及相关服务的价格、运能保障及分段运输责任进行界定（图 8-6）。

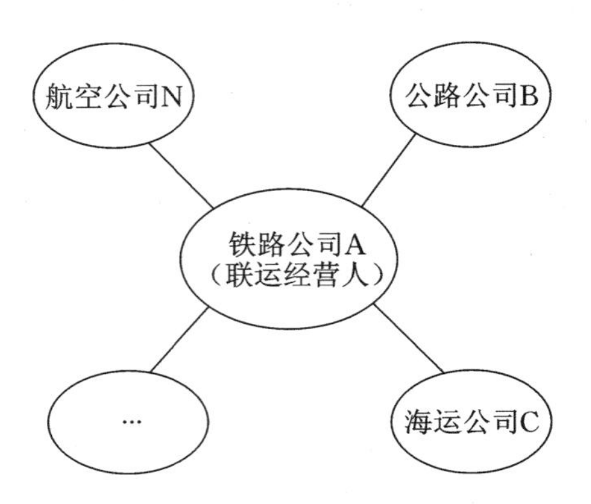


图 8-6　契约型多式联运组织关系

契约型组织关系的优点主要有以下几个方面：

① 提升业务优势

经营人与不同运输方式的承运人通过合同建立合作关系，使自己获得本身不能提供的物流服务，例如生鲜产品的冷链运输、长线航空运输、跨境水路运输等。

② 减少固定资产投入

物流领域的设施、设备等投入相当大，经营人通过与适合的承运人协作，可以减少对相应运输方式的组建和投资，并且将由托运需求不确定性和复杂性所带来的财务风险转移给承运人。

③ 降低运输成本

专业的运输承运人拥有完善和高效的运输干线，具有专业优势和成本优势，使得相应路段的运输费用减少，从而降低多式联运总运输成本。

但也存在相应的缺点：第一，经营人对运输的控制能力较弱，在与承运人出现需要协调的问题时，会增加物流失控的风险，使多式联运的服务水平降低，也更容易出现相互推诿的局面，影响效率；第二，存在由信息的不对称性所造成的道德风险，对运输过程中权责的界定需要多次谈判，加大了交易费用；第三，转运节点处因不同运输方式的承运人之间没有契约关系的约束，存在沟通壁垒，导致转运成本大大增加；第四，整个运输过程主要由经营人主导、承运人配合，因谈判成本等资源约束，其运输网络规模也无法达到规模经济效应。

此时物联网系统主要发挥了承运人与经营人之间信息实时共享、快速响应的作用，运输过程中通过 RFID 等技术自动完成货物信息的输入和处理，经营人与承运人通过接口实现信息互通，并以此对各运输环节进行实时监控，对于出现问题的环节进行事后追溯（图 8-7）。

（3）联盟型组织关系

联盟型组织关系则是指多式联运经营人与其他承运人之间为动态联盟关系，旨在同潜在的合作伙伴就将来的商业合作建立沟通对话机制，形成资源共享的动态协作关系（图 8-8）。

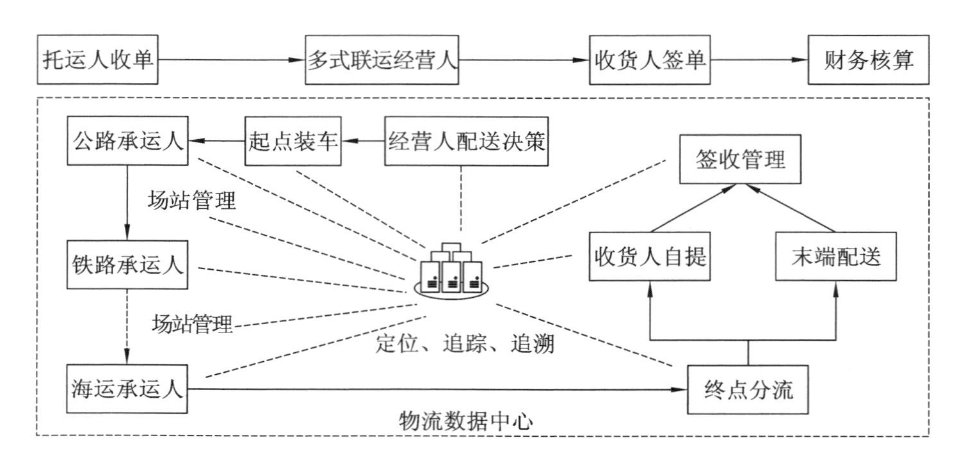


图 8-7　契约型多式联运物联网系统

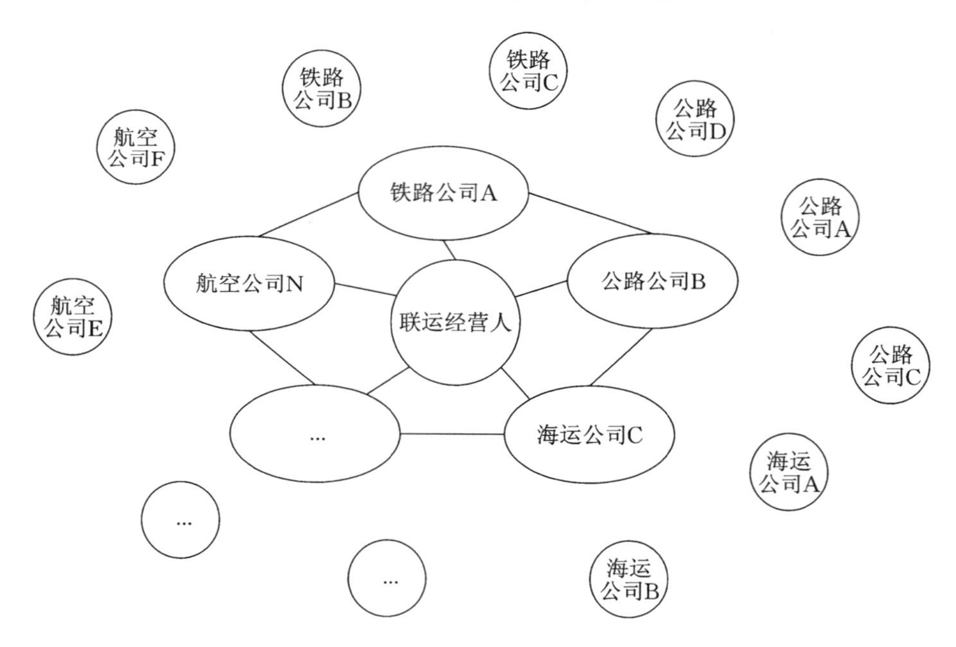


图 8-8　联盟型多式联运组织关系

多式联运的联盟型组织关系并不是只着眼于某个企业，而是在物联网技术支持下，以高效的信息网络为支撑，在经营人与承运人、承运人与承运人之间实现信息的动态交叉传递。最终目的是使最初相互间并无关联的各企业，打破区域限制寻求最佳合作伙伴，利用物联网平台，将不同运输方式的承运人置身于更大的开放型服务网络中，在实现自身优化的前提下谋求资源、信息和利益共享，使任何一段运输路径上，都能按托运人的需求，以最优的途径寻找到合作的资源，从而实现物流资源的开放使用和物流企业间的合作共赢。因此，多式联运经营人更多的是保证信息的互通互联，使不同区域和不同运输方式之间的承运人，通过分工协作、数据共享等，形成协作联盟，实现多式联运资源共享[13]。这种关系下，每一次的运输任务都是临时组建的、灵活便捷的、动态的、柔性的物流组织，利用物联网信息平台将各个分散的运输网络连接成有机整体，网络中不以单个节点为中心，而是将业务分散到多个节点处理，各节点间交叉联系，形成网状结构。这样不仅降低了多式联运网络的整体运输成本，提高了工作效率，也降低了对某种运输方式的依赖性，提高了抗风险能力[14]。

此时，物联网发挥了重要的作用，可以说，没有物联网技术的支撑，就不可能完全实现联盟型多式联运的"互通互联"，这也意味着初始搭建物联网平台必然投资巨大。各种自动化设备确保货物流转的标准和规范(分拣线、自动装卸等)，电子标签、智能手持设备等便捷的终端感知确保运输过程中物流和信息流合一，互联网、Wi-Fi等基础设施确保信息快速传递，透明的数据交互系统确保信息的安全有效，开放的增值网络使最初相互间并无关联的、采用不同运输方式的企业，打破区域限制寻求到最佳合作伙伴，在实现自身优化的前提下，实现资源、信息和利益共享[15]，使任何一段运输路径上，都能满足托运人的需求，以最优的途径寻找到合作的资源(图8-9)。

### 8.3.3　多式联运组织结构关系决策问题

多式联运组织网络是各类物流企业合作共生的产物，现实中并不存在唯一最优的组织关系，其选择在于衡量不同因素影响下的综合收益。本书将在应用篇建立混合整数规划模型，进行深入分析。

通过在科层型、契约型和战略联盟三种不同的多式联运组织关系的情景下，以运输总成本最小为决策目标，以多式联运经营人与多种运输方式(公、铁、海、航)承运人之间的组织关系为研究对象，建立整数规划模型，整合优化运输方式、运输路径以及组织关系的

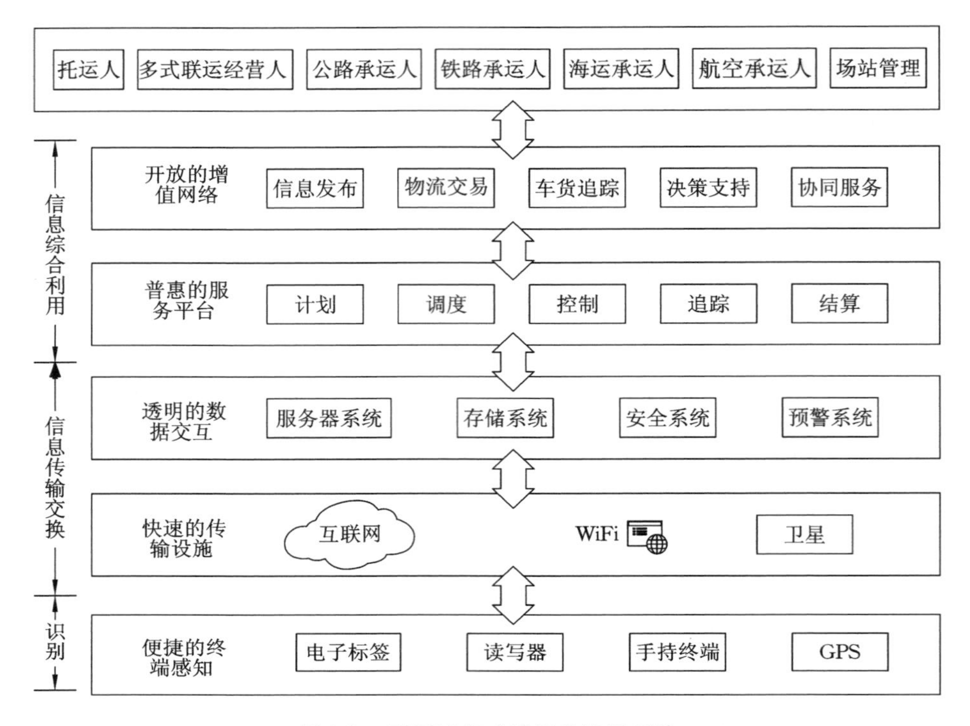


图 8-9　联盟型多式联运物联网系统

选择。其概念模型如下：

运输总费用最小＝各路段运输成本之和＋各节点转运成本之和
＝各路段运输量×运输距离
×运输组织关系的单位运输成本
＋各节点转运量
×不同运输组织关系的单位转换成本

决策问题的主体是以多式联运经营人为视角，以多式联运经营人与各运输方式(公、铁、海、航）承运人之间的组织关系(科层型、契约型、联盟型）为研究对象建立混合整数规划模型，将组织关系选择这一战略问题下放到运作层面做决策，以期在不同规模的运输网络下，以运输总成本最小为决策目标，选择最优的组织关系及运输方式。通过剖析不同组织关系下物联网发挥的作用以及对运输成本的影响，进而对多式联运组织结构的依存关系进行对比分析，为物流企业在不同情景下做出最优决策提供操作性良好的技术支持和相关管理学的建议，更好地应对物联网带来的挑战和机遇。

## 参考文献

[1] 魏凤. 物联网与现代物流[M]. 北京：电子工业出版社，2012.

[2] 王继祥. 共享物流：中国仓储与配送创新趋势[J]. 物流技术与应用，2016，21(7)：52-56.

[3] 王继祥. 单元化物流系统的最新应用趋势——论单元化物流之五[J]. 物流技术与应用，2013，18(10)：126-128.

[4] 王继祥. 中国共享物流创新模式与发展趋势[J]. 物流技术与应用，2017,22(2)：78-84.

[5] 刘聪娜，周骞，何风. 基于第四方物流平台的快递末端网点优化整合[J]. 公路与汽运，2016(3)：79-83.

[6] 徐杰. 物流组织网络结构及运作问题研究[D]. 北京交通大学，2007.

[7] 武云亮. 企业物流组织创新的六大趋势[J]. 物流技术 2002(10)：40-41.

[8] 席酉民，唐方成. 组织的立体多核网络模型研究[J]. 西安交通大学学报，2002，36(4)：430-435.

[9] LEEM B. A heuristic methodology of modeling enterprise logistics networks[D]. Arlington：The University of Texas, 2002：30-48.

[10] AGAMEZ A，MOYANO J. Intermodal transport in freight distribution：a literature review[J]. Transport Reviews，2017，37(6)：111-120.

[11] 谢建英. 基于多式联运的货运组织模式分析[J]. 物流工程与管理，2016,38(6)：24-25.

[12] HAO C，YUE Y. Optimization on combination of transport routes and modes on dynamic programming for a container multimodal transport system[J]. Procedia Engineering，2016，137：382-390.

[13] KENGPOL A，TUAMMEE S，TUOMINEN M. The

development of a framework for route selection in multimodal transportation[J]. The International Journal of Logistics Management, 2014, 25(3): 581-610.

[14] ERTEM M A, İŞBILIR M, ARSLAN A. Review of intermodal freight transportation in humanitarian logistics[J]. European Transport Research Review, 2017, 9(1):10.

[15] HARRIS I, WANG Y, WANG H. ICT in multimodal transport and technological trends: unleashing potential for the future[J]. International Journal of Production Economics, 2015, 159(C):88-103.

第9章 Chapter 9

# 物联网环境下基于追溯的供应网络组织结构

## 9.1 物联网环境下供应链组织特征

### 9.1.1 供应链组织的复杂网络特征

供应链组织构成复杂，各供应链成员的功能不同、目标各异，成员间关系在内容、深度、广度上更是存在较大差异。这促使以供应链成员为节点、以成员间关系为关联的供应链组织网络呈现出多主体、多元素、多结构和多阶段动态变化的非线性系统特征。随着供应链网络的不断完善，这种天然的系统属性最终使供应链组织呈现出更深层次的复杂网络属性。

具体来说，可以从供应链主体（网络节点）、供应链成员关系（网络拓扑关系）以及整体网络拓扑结构来分析供应链的动态性和网络性。

首先，从网络主体视角来说，供应链组织的发展形成过程一般是以大小企业主体通过交易关系而不断向核心企业或厂商集聚的过程。因此，核心厂商具有天然的高集聚性属性。在供应链网络中存在少数的核心厂商，其他的厂商依赖核心厂商而存在。少数核心厂商有着巨大的市场竞争优势，其进入或者退出网络，都将影响到供应链网络的现有结构。依据市场竞争的原则，网络中存在的厂商将会优先选择具有竞争优势的厂商作为合作伙伴，从而产生“富者越富”的现象[1]。因此，总结来说，供应链网络具有高凝聚网络特性，这是供应链网络复杂性的第一个体现。

其次，从网络主体间的关系来说，供应链组织网络具有网络拓扑关系的高度动态性。我们知道，供应链网络中的每个厂商具备一定的适应能力和学习能力。因此在彼此的竞争中，各厂商遵循优胜劣汰的原则，每个厂商都会不断地进行自我学习和适应。在这个过程中，能力强的厂商会不断发展壮大，而能力弱者就会被淘汰。这样，网络中节点的进入／退出就成为网络关系不断变动的原因之一。此外，供应链成员是基于市场交易而进行彼此关联的。这种关系并不稳固，会随着市场状况、企业内部状况而发生改变，因此，供应链网络关系发生／湮灭都是常常发生的事实。这种动态关系结构是供应链网络复杂性的第二个体现[2]。

最后，学术界对供应链组织整体的复杂网络特征进行了详尽的研究，总结出了包括无标度性、小世界性、聚类系数、最短特征路径长度以及基于以上特性的供应链鲁棒性、脆弱性等方面的特征。例如，供应链网络通常具有小世界性、聚类性等复杂网络的特性；进一步研究更指明，供应链网络还具有增长特性、优选连接性等。

供应链组织复杂网络特征领域的研究均认为，引发供应链脆弱性的原因与上述供应链复杂网络特性具有很大关系。供应链脆弱性的潜在危害（如相继故障等）与供应链网络复杂性高、透明度低、可预测可监控空间小有紧密的关联。虽然学术界和实业界相继提出了降低供应链的非均匀性、适当增加供应链冗余度以及目标免疫和随机免疫等预防供应链脆弱性的方法，但是供应链的透明度和可预测性依旧是目前供应链管理领域的较大难题。而物联网智能追溯技术的发展为解决这一难题提供了新的视角。

### 9.1.2 物联网环境下供应链组织可追溯性发展趋势

上一节提到供应链是由多个异质性主体多维度衔接而成。这不但使得供应链组织具有了天然的复杂网络属性，也使其具备了非线性系统的自适应特征。这种多参与主体、多管理元素、多关联内容的复杂网络特性，是供应链发生各种中断事故或管理风险的内在原因。那么,通过可视化管理和可控性手段,来降低供应链网络组织的复杂程度和不可预测性,提高该网络的透明度,就成为学术界和实业界共同关注的焦点。

供应链组织网络的可控性管理方法是一个长期存在的话题。目前主流的研究方向是利用物联网自动识别、实时监测特性而形成的供应链追溯技术。

目前,就如何利用追溯技术对供应链网络进行可控性管理这一课题,学术界的主要研究视角是:从追溯技术的可追溯能力衡量或者追溯绩效评价体系入手,通过科学的目标评价来指导追溯技术在供应链组织网络中的应用,进而进一步进行网络优化,从而实现对网络更为精准有效地预测和控制。

具体来说,供应商追溯网络追溯性评价测量体系涉及多方面的原理及方法。首先,建立追溯性测量标准的目的是多样的。有效的可追溯系统,需要彻底重新考虑整个供应链管理的任务和目标[3]。而为了明确量化供应商网络追溯管理策略的有效性,就必须定义用于测量供应网络追溯性能的精确标准。这不但有助于确定网络追溯性带来的成本,重新制定产品价格,对于如何在特定供应网络需求下建立怎样的追溯系统更是有着指导性的作用。此外,从技术角度来说,精确的追溯性评价标准或者测量方法对于开发有效的追溯技术也是至关重要的。其次,有关具体的评价测量方法的研究也非常丰富。学术界认为网络追溯能力最大的影响因素是供应网络中的追溯技术,例如物联网技术就比传统追溯技术存在存储量大、精准、迅速、及时等优点。但是技术评价方法通常只能对供应网络追溯性进行文字描述等定性评价,比如可追溯性的级别可以用四个量来描述:广度(系统连接到每个可追溯单元的数量)、深度(供应链中追溯技术正确追踪追溯单元在上下游的跨度距离)、精度(系统能够精确定位特定产品的运动或特征的可靠程度)和获取(可追溯信息与各级供应商成员沟通的速度,以及在与产品有关的紧急情况发生时将急需的状况信息传播给公共卫生部门的速度)。可以看到,在这种评价方式下,网络追溯能力并非随着网络中应用追溯技术水平的升级而线性上升的，也会存在其他的涌现特性（比如广度到达某一阶段，由于信息容量的爆炸式增长，可追溯信息的传播速度会忽然降低等）。因此，这类方法最大的缺点在于无法精确定量地衡量网络追溯能力。

所以，大量的研究开始从追溯技术的本质属性即通过和多种因素交互而发挥结构性功能这一角度展开，通过衡量在不同的网络结构和传播过程中供应网络追溯技术识别污染或损坏爆发源的能力来测量网络的可追溯性。在确定在网络中传播的爆发源领域存在许多颇有建树的研究，例如 Epidemic-type 蔓延过程（传染病疫情在人类接触网络或者谣言在社交网络传播），或者 Transport-mediated 扩散型过程（疾病通过水网络和全球航空旅行传播或食源性疾病污染随着食品分销网络传播）。虽然其研究背景和研究方法各不相同，但污染源位置问题的一般目标是根据所有可能的源节点确定爆发源的相对可能性，确定可能性越高越集中，网络的追溯能力越强。因此，网络源位置的可追溯性（即供应网络可追溯性）可以通过概率来定量地衡量。

可以看到，供应网络可追溯性不仅与网络应用的可追溯技术有关，还与网络本身天然的网络结构和污染传播方法有关。其测量模型不但需要体现出追溯技术的独有特征，还需要囊括网络结构作为影响因素之一。

## 9.2 物联网环境下基于追溯的供应链组织网络结构分析

### 9.2.1 物联网环境下供应链组织网络结构

众多学者从图论的角度定义了供应链组织网络，因为图论为供应链组织网络的概念化提供了基础。它起源于欧拉提出的著名七桥问题，这一问题引发出对图论的研究。

学术界在很早以前就开始应用图论来解释供应链网络。从图论的角度，一个供应链网络组织可以被刻画为节点（基础设施）和连接节点的弧线（运输）而构成的网络集合。理解供应链网络组织的基础元素（节点和弧线）有利于更好地定义和理解供应链组织网络的概念。

一个以图论刻画的供应链网络组织中，节点代表了供应链的成员（供应商、经销商、采购商、零售商等）或者基础设施（工厂、转运节点等），这些节点可以产生或流通物流和信息流，而弧线代表了节点间的产品运输关系。一般的供应链网络中，弧线都是单向的有向弧，代表物流只能从上级节点到下级节点。一个供应链组织网络可以有多个起源节点和终止节点。由图论而形成的供应链网络被应用于很多学术研究中，例如，使用图论和由此引申的复杂网络理论来检验供应链网络的风险和脆弱节点。

以图论刻画的供应链网络组织有很多结构特征和指标。现实行业中的供应链组织网络通常具备以下四种基础的网络结构[4]。

（1）自由标度网络

这种网络里，少数的点拥有绝大多数的连接，而剩余的大部分节点只有很少的连接。这是一种体现不均匀分布的网络。对应到供应链网络中来，一般是指网络中存在少数“核心供应商”共同治理或者影响供应链网络中剩余的多数上下游企业，共同影响整个供应链网络的决策。

（2）分块对角网络

这种供应链网络的主要特征是存在节点的聚集现象。节点的连接多发生在集群内部而非集群之间。在供应链情境下，这种网络刻画的是生产模块化产品的供应链组织，例如智能手机、电脑等电子产品。

（3）集中式网络

集中式网络是一种以极高度中心化节点为象征的网络。这种网络里，极少数的节点几乎和剩余所有节点都具有连接关系。在供应链背景中，一个典型的产品行业具备这种网络特征，如位于意大利托斯卡纳地区的普拉托纺织工业。在这一工业供应链中，几乎所有的源头供应商都和少数核心采购经销商保持供货关系，而所有的下游分销商、零售商也均从这几个核心经销商处采购。

（4）对角网络

这种网络是以层次交互模式为基础而形成的网络。这种供应链网络中，源头和最终节点间的节点群可以划分为几个子集层次，连接通常发生在不同层次之间。这种结构大多存在于军事供应链网络中，通常由最高层级向下级发送供应任务，同时将选择、移交并管理下下一级供应商的任务。

这种以复杂网络理论为基础建立起来的供应链组织网络，既可以刻画大多数供应网络的情景并具有比较好的适应性，也可以较好地刻画供应链组织的网络结构特征。

### 9.2.2 物联网环境下供应链组织网络的可追溯性建模

由上文的分析可得，由于产品、渠道、流程以及技术的日趋复杂多样，物联网环境下供应链网络组织呈现出更为复杂多变的结构特征。

因此，面对这种繁杂网络结构的追溯性问题，就必须从复杂网络结构的本身出发，根据供应网络组织的结构特征，描述、设计并解决网络追溯性的模型化问题，并最终将这种追溯网络模型应用到物联网环境下供应链组织的相关优化决策问题。

首先以实际的复杂网络为例（即以食品供应网络为例），选择经典的供应链网络追溯建模方法进行说明和演示[3]。实际中的食品供应网络由各种各样的产品和各级异质供应商组成，这些供应商进行不同的市场运营并提供多样化的食品。为了简化描述和方便建模，将使用一个单一商品的模型框架（如菠菜），当然这种模型框架可以推广到任何商品当中。在实际中，产品在种植者、加工商、包装商、经纪人、分销商、批发商、零售商、餐馆等各级各类供应商之间流动。为了模型的一般代表性，将基础贸易网络聚合到农场、分销商和零售商三种供应商类别中（图 9-1）。

然后就是对供应网络建模（基于上一节的介绍）。在这个简化的

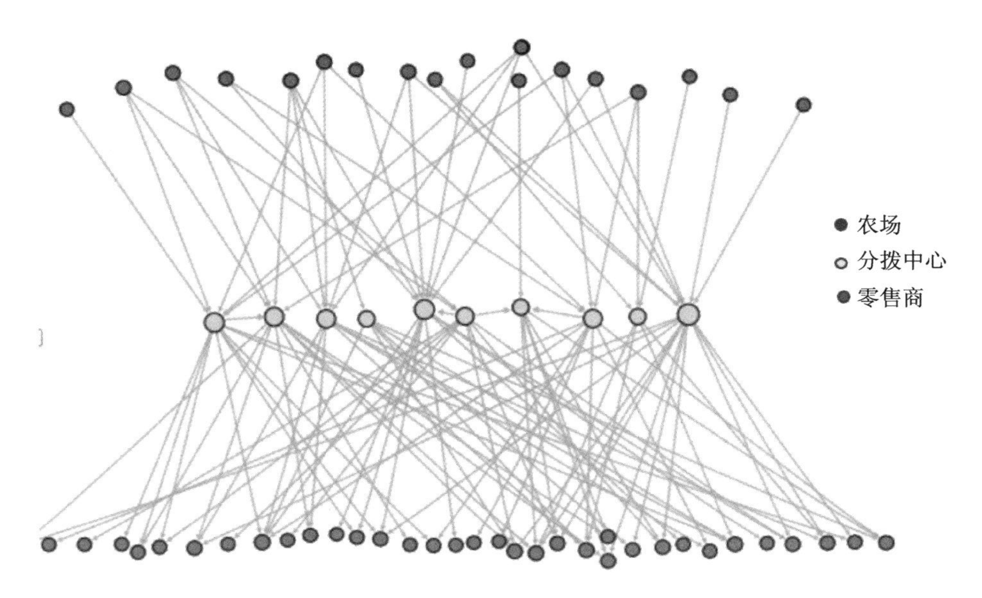


**图 9-1　农场、分拨中心、零售商之间的食物链网络模型**[3]

供应网络 $G$ 中，每个农场 $F_i(1 \leqslant i \leqslant |F|)$ 生产总量为 $x_i$ 单位的食品，运送给不同的分销商 $D_j(1 \leqslant j \leqslant |D|)$，每个分销商会购买来自一个或一个以上不同农场的产品，然后销售给零售商 $R_l(1 \leqslant l \leqslant |R|)$，零售商再销售给顾客，同样地，每个零售商会购买来自一个或一个以上不同分销商的产品。农场、分销商和零售商的数量分别记为 $|F|$、$|D|$、$|R|$。

接下来是对流经供应网络的食品流进行建模。设 $f_i$ 为农场 $F_i$ 生产的粮食比例，且 $f_i = x_i / \sum_{i'}^{|F|} x_{i'}(1 \leqslant i \leqslant |F|)$，其中 $x_i$ 为农场 $F_i$ 生产的粮食总量。设 $\boldsymbol{FD}$、$\boldsymbol{DD}$、$\boldsymbol{DR}$ 分别为农场层、分销商层和零售商层之间的食品分配矩阵，且每个矩阵中的元素 $fd_{ij}$、$dd_{jk}$、$dr_{kl}$ 均表示从源节点发送到接收节点的食品的比例。那么最终的食品分配矩阵就可以表示为 $\boldsymbol{FR}$，其中每个元素 $fr_{il}$ 等于从农场 $F_i$ 到零售商 $R_l$ 的食品比例，其计算公式为：

$$\boldsymbol{FR} = \boldsymbol{FD} \times \boldsymbol{DD} \times \boldsymbol{DR}$$

再就是食品概率性来源确定。设食品出现腐败的零售商节点为 $R_l^*$，且 $R_l^* \in \Omega$，$|\Omega| = \lambda$。那么，农场 $F_k$ 为真正的污染源的后验概

率为

$$P(F_k|\Omega)=P(F_k)P(\Omega|F_k)/\sum_{i=1}^{|F|}P(F_i)P(\Omega|F_i) \tag{9-1}$$

其中，$P(F_k)$ 为第 $k$ 个可行污染源（农场）的先验概率分布。如果假设生产的任一单位食物都具有相同的预先产生污染的可能性。那么，任意农场节点为污染源的先验概率等于每个源节点的相对产量，即 $P(F_k)=f_k(1\leqslant k\leqslant|F|)$。

同时，$P(\Omega|F_k)$ 代表的是，农场 $k$ 确实发生了污染且污染的食品流通到了所有发生污染的零售商处的概率分布，那么可以确定：

$$P(\Omega|F_k)=P(R_1^*,R_2^*,R_3^*,\cdots,R_\lambda^*|F_k) \tag{9-2}$$

如果假设每个出现污染食品的零售商 $R_l^*$ 相互独立于任一其他观察点，则上述等式中的联合概率分布，可以被分解为每个报告出现污染的零售商 $R_l^*$ 的个体概率的乘积，即

$$P(\Omega|F_k)=P(R_1^*,R_2^*,R_3^*,\cdots,R_\lambda^*|F_k)=\prod_{R_l^*\in\Omega}P(R_l^*|F_k) \tag{9-3}$$

在实践中，我们可以认为相互独立的条件得到了验证。具体来说，如果所有节点都从源头按照单位批次接收受污染的食品，则对 $R_i$ 节点的污染观察是相互独立的。对于大规模的污染事件来说，当污染的数量大于一个货物批次的容量时，分批次接收受污染的食品，并独立地观察到受污染就是必然的。此外，大规模疫情的特点是受污染的产品在整个供应链中广泛分布，导致在分散的地理位置出现污染报告。这种分散意味着，导致不同节点出现疾病报告的受污染食品将分批运输而不是一起运输。如果假设每一个零售商处报告出现感染的概率正比于接收受污染食品的数量，那么在零售商节点 $R_l^*$ 处出现的污染来自农场 $F_k$ 的概率（即农场 $k$ 发生污染且运到了 $R_l^*$ 处的概率）等于 $F_k$ 处生产的食品被送到 $R_l^*$ 处的比例，即

$$P(R_l^*|F_k)=f_{rkl} \tag{9-4}$$

可以推导出

$$P(\Omega|F_k)=P(R_1^*,R_2^*,R_3^*,\cdots,R_\lambda^*|F_k)=\prod_{R_l^*\in\Omega}f_{rkl} \tag{9-5}$$

可以得到

$$P(F_k \mid \Omega) = P(F_k)P(\Omega \mid F_k) / \sum_{i=1}^{|F|} P(F_i)P(\Omega \mid F_i)$$
$$= f_k \prod_{R_l^* \in \Omega} f_{rkl} / \sum_{i=1}^{|F|} f_i \prod_{R_l^* \in \Omega} f_{ril} \qquad (9\text{-}6)$$

对于每一个污染观察集合 $\Omega$，可以得到一系列的后验概率：$P(F_1 \mid \Omega)$，$P(F_2 \mid \Omega)$，…，且

$$\sum_{i=1}^{|F|} P(F_k \mid \Omega) = 1 \qquad (9\text{-}7)$$

然后利用信息熵理论的概念定义追溯熵为：

$$E(\Omega) = -\sum_{k=1}^{|F|} P(F_k \mid \Omega) \lg P(\Omega \mid F_k) \qquad (9\text{-}8)$$

注：该公式借鉴了信息熵理论，即信息熵等于每个信息源的后验概率乘以其对数值，再进行求和。

这样，我们将供应链网络可追溯性定义为在给定任意数量的污染报告 $\lambda$ 下，食品供应网络的平均熵为

$$E^{\lambda} = \sum_{\Omega:|\Omega|=\lambda} E(\Omega) / \left( \binom{|R|}{\lambda} \right) \qquad (9\text{-}9)$$

那么，平均熵 $E^{\lambda}$ 就可以用来定量地表征供应链组织网络的追溯性。

## 9.3　物联网环境下基于追溯的供应链组织网络优化决策研究

### 9.3.1　物联网环境下基于追溯的供应链网络决策与优化问题

在对物联网环境下的供应链网络组织进行可追溯性定义和建模基础上，学术界和实业界更关心如何应用这一追溯性网络模型给企业带来更多的利润，如何通过追溯性提高产品的质量安全，降低损失发生时的成本。因此，有关供应商追溯网络的决策优化问题成

为这一领域又一重要的研究内容。

有关物联网环境下基于可追溯性的供应商网络决策优化问题大致可分为以下两类：

一类是围绕成本形成的新的问题。例如水果行业，种植者可能更愿意将收获的农产品送到附近的包装厂进行包装，因为这样可以将运输成本降到最低。但考虑到环境条件（温度和湿度等）可能引起的易污染性，导致在包装环节出现大量的污染腐败的水果。这种浪费可以被称为“责任成本”。责任成本不像运输成本那样是一个固定永久型成本，因为它只在供应链的某些节点或路径存在污染的情况下发生。如果污染发生在某些节点，水果可以被送到其他可以避免污染腐败的包装厂节点，就会使责任成本降低，但运输成本在这种情况下可能会增加。因此，我们需要在这两种成本之间找到一个平衡。此外，责任成本还可以通过 RFID 标签的可追溯性信息来及时避免或者确定成本分摊的比例。但是 RFID 标签等追溯技术本身又具有一定的投入成本。因此，以最有利的分配方法确定具有 RFID 标签的水果在包装厂、冷藏库、种植者间的分配，使得总体运输、责任、仓储成本达到最低，就成为一个新的决策优化问题。

另一类是围绕追溯网络实时性形成的决策优化问题。前面提到的网关型集成追溯是这类问题的主要应用场景。不同数量的检查点设置，就会形成不同的追溯信息次数。网关检查点越多，产品的信息上传次数越密集，实时性就越强。而不同的实时性程度，各级供应商发现产品污染并做出重新发货 / 降价处理等应对措施的及时性就不同，就会产生不同的货物损失成本、运输成本等。因此，确定供应网络中网络检查点个数，使得产品总体运输成本、损失成本达到最低，就成为另一个重要的决策优化问题。

### 9.3.2 物联网环境下基于追溯的供应链网络决策与优化模型

根据追溯技术的结构分类，可以认为传统的静态追溯技术基本上是局限于条形码技术，与条形码技术大同小异。而动态技术中，实时追溯技术建模非常困难，因此，目前学术界认可的供应商追溯网络模型大多以网关型追溯技术为核心来建立。

此外，要解决有关可追溯情境下供应商网络的决策与优化问题，首要的是将模型化的追溯性网络和现有的路径优化、仓库选址等传统模型进行良好的匹配。

所以，现有模型建立的过程通常是先进行系统结构设计，和传统供应商物流过程进行结合，再根据具体设计结果建立模型[5]，具体如下：

首先，就基于网关型（即 RFID-WSN 集成型）追溯技术建立的供应链网络系统进行说明，这一系统结构在前述章节中已经介绍过，不再赘述。

然后，就这一系统建立供应链网络组织中有关运作成本方面的数学模型。

设计的基于追溯的供应链网络组织模型考虑一个单一的供应商，其目标是在一个确定的时间范围暨在一个固定的装运间隔时间内，满足来自一组客户的未满足的需求。模型考虑了以下成本（为简便起见，不失一般性，考虑线性成本范畴）：

（1）供应产品成本

如果供应商正在满足客户 $A_i$ 对产品的需求（需求量为 $d_i$），则供应的产品的成本是 $c \cdot d_i$，其中，$c$ 是单位产品的成本。

（2）供应产品运输成本

如果供应商正在满足客户 $A_i$ 对产品的需求（需求量为 $d_i$），且运输时间为 $t$，那么产品的运输成本为 $d_i \cdot r \cdot t$，其中，$r$ 代表单位时间单位产品的运输成本。

（3）缺货成本

如果供应商在满足客户 $A_i$ 对产品的需求（需求量为 $d_i$），货物未能送达客户，那么损失的销售成本是 $l \cdot d_i$，其中，$l$ 是每单位产品损失的销售成本。

为了理解物流模型的具体操作，考虑以下场景：供应商必须在 $N$ 个周期内满足来自客户 $A_i$ 的产品需求。此外，在每个周期结束时，在存在所有检查点的情况下（商品在检查点被检查）满足每个时期的顾客定期需求（图 9-2）。

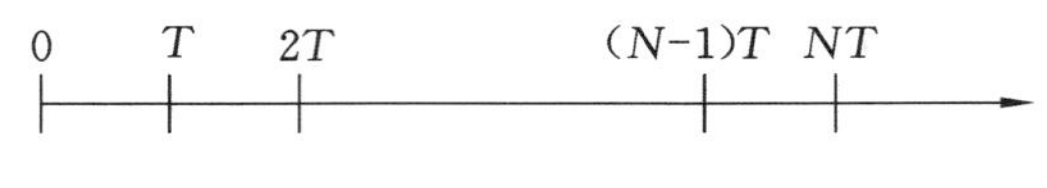


**图 9-2 $N$ 个周期满足顾客需求**

随着时间的推移，第 $N$ 个周期可以模型化为$[(n-1)T_i, nT_i]$，其中 $i$ 代表了第 $i$ 批次的运输。顾客 $A_i$ 的产品需求量为 $d_i$，且内部运输时间也等于 $T_i$。

批次为 $i$ 的产品的运输时间（运输路线经过一个检测点）为 $t_i = t_{i1} + t_{i2}$，其中 $t_{i1}$ 代表产品批次 $i$ 从生产者到检测点的运输时间，$t_{i2}$ 则相应地代表产品批次 $i$ 从检测点到顾客 $A_i$ 位置的运输时间。

为满足第 $nT_i$ 周期的需求所发出的产品，其出发开始时间为 $nT_i - t_i$。

在时间周期（$nT_i - t_i, nT_i - t_{i2}$）内产品发生变质的概率为 $P_1^{nT}$，而在时间周期（$nT_i - t_{i2}, nT_i$）内产品发生变质的概率为 $P_2^{nT}$。

$nT_i$ 周期内的决策树考虑了与客户 $A_i$ 交付所订购产品的失败或成功事件对应的不同场景，如图 9-3 所示。

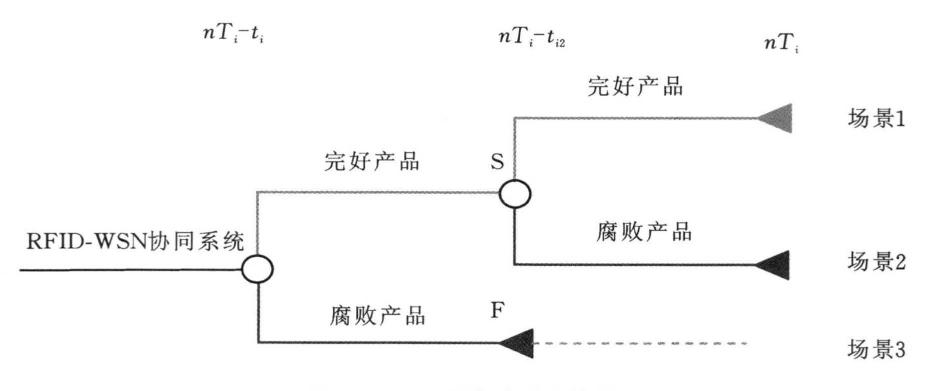


**图 9-3 $nT_i$ 周期内的决策树**

将图 9-3 中不同场景发生的成本和概率总结如下：

（1）场景 1

产品在 $t = nT_i - t_{i2}$ 时发货，并在 $t = nT_i - t_{i2}$ 时到达检查点之前完好无损地运输，之后，在 $t = nT_i$ 时也完好无损地到达客户位置。场景 1 发生的概率是：

$$P(S_1) = (1 - P_1^{nT}) \times (1 - P_2^{nT})$$

场景 1 的成本为：

$$C(S_1) = d_i \times c + d_i \times r \times t_{i1} + t_{i2}$$

（2）场景 2

产品在 $t = nT_i - t_i$ 时刻发货，并在 $t = nT_i - t_{i2}$ 时刻到达检查点之前完好无损地运输。然而，产品在时间间隔（$nT_i - t_{i2}, nT_i$）内将产生变质，因此在 $t = nT_i$ 时到达客户位置时损坏。场景 2 发生的概率是：

$$P(S_2) = (1 - P_1^{nT}) \times P_2^{nT}$$

场景 2 的成本为：

$$C(S_2) = d_i \times c + d_i \times r \times (t_{i1} + t_{i2}) + d_i \times l$$

（3）场景 3

产品在 $t = nT_i - t_i$ 时发货，并在 $t = nT_i - t_{i2}$ 时到达检查点时损坏。因此，运输停止，处理变质的产品。场景 3 发生的概率是：

$$P(S_3) = P_1^{nT}$$

场景 3 的成本是：

$$C(S_2) = d_i \times c + d_i \times r \times t_{i1} + d_i \times l$$

该模型考虑了具备分布在供应网络运输路径上激活状态下检查点的 RFID-WSN 系统，刻画了门户型追溯系统的原理，即利用虚拟机控制器对得到的信息进行数据分析，由此供应商 / 物流服务提供者有机会及早根据产品形态信息做出停止运输、继续运输、二次运输等决策，以节省未来的运输成本并及时避免腐败成本、缺货成本，从而使总平均成本降低。如果 $S$ 是场景的集合，而 $P$ 是相应场景的发生概率，那么以生产者的平均成本为目标的最小化目标函数可以表示如下：

$$\min \sum_{S_l \in S} P(S_l) \times C(S_l) \tag{9-10}$$

由此得到的基于追溯的供应链网络决策模型可以和多种传统的路径优化模型、批量调度模型以及库存选址模型进行结合，就可以解决物联网环境下新型供应链网络的决策优化问题。

## 参考文献

[1] 丁飞，陈红．复杂网络视角下供应链网络模型研究[J]．中北大学学报（自然科学版），2018(2)：20-27.

[2] 张盛．基于复杂网络理论的供应链管理研究综述及其展望[J]．中国管理信息化，2018(14)：63-65.

[3] LU X，HORN A L，SU J，et al．A universal measure for network traceability[J]．Omega，2019，87：191-204.

[4] KIM Y，CHEN Y S，LINDERMAN K．Supply network disruption and resilience：a network structural perspective[J]．Journal of Operations Management，2015，33：43-59.

[5] MEJJAOULI S，BABICEANU R F．RFID-wireless sensor networks integration：decision models and optimization of logistics systems operations[J]．Journal of Manufacturing Systems，2015，35：234-245.

第10章 Chapter 10

# 物联网环境下基于追溯的销售渠道结构

## 10.1 物联网环境下销售渠道结构特征分析

### 10.1.1 零售业中的典型物联网技术应用

根据《中国电子商务报告2017》,2017年我国网络零售额达到7.18万亿元,同比增长32.2%,可以说电子商务的发展对我国经济发展起着重要的作用。鉴于数字化创新在培育新业态、创造新需求、激发新动能方面的作用日益显著,如何依托物联网、大数据和人工智能等数字技术进行线上线下融合创新,以用户体验为中心,重构消费者场景,提升流通效率,成为学界和业界共同关心的话题。在实践中,各主要电子商务公司开始应用物联网等智能技术,以提升其核心竞争力。

(1) 预判发货技术

京东公司通过开发大数据技术来预测消费者购买行为,在消费者购买产品之前提前布局货物库存和传递,最快能够在消费者下订单12.5分钟之后即可收到产品[1]。打开京东App,点击百宝箱的"移动商店",系统会自动搜索用户所在的地理位置,并显示"1小时达"的物品。该项服务是京东基于对用户购买行为的大数据分析以及移动仓网络而推出的快速物流服务,通过分析社区购买频次较多的商品,将相关产品提前在附近的移动仓配货,省去了中间的周转环节,让消费者在更短的时间内收到其购买的商品。与之类似的大数据预测技术最早由亚马逊开始研究,并获得专利[2]。亚马逊通过对用户行为数据的分析，预测顾客的购买行为，在顾客尚未下单之前提前发出包裹，从而最大限度地缩短物流时间。这项专利的技术关键在于如何精准地判断用户是否下单。因为一旦判断失误就意味着发出的包裹做了一次无用功。他们借以判断是否“预判发货”的数据信息，除了顾客此前的订单之外，还包括顾客的商品搜索记录、心愿单、购物车，甚至包括用户鼠标在某商品页面的停留时间，这些是传统零售商所难以获取的信息。亚马逊认为，预测式的发货比较适合畅销书以及上市之初容易吸引大量买家的商品。

（2）VR/AR 技术

阿里巴巴基于 VR/AR 技术，在淘宝应用上开发了“buy＋”应用，试图提升消费者购物体验和商品匹配率[3]。VR 技术的另外一个典型应用是虚拟试衣镜。虚拟试衣镜首先利用一些信息技术知晓消费者身体尺寸，然后创建一个 3D空间，让消费者在不同的三维空间虚拟试穿服装。与此同时，直观显示购买决策的重要信息，如价格、颜色、库存。实际操作中，只需要衣服的正反面两张照片，服装建模工具就可以创建虚拟 3D 服装试穿模型。

（3）无人店铺

电商企业另外一项广为关注的基于物联网技术的应用是无人店铺。Amazon Go 首创了“不用排队，不用结账，拿完东西直接走人”的无人收款购物体验。消费者在 Amazon Go 体验无人收款购物时，首先打开手机应用中心，下载“Amazon Go”软件并安装好之后，用自己的亚马逊账号登录，并添加信用卡或者借记卡。之后软件首页会生成对应身份的二维码，这个二维码就是账户和支付信息的入口。在入口的机器处扫描二维码，门就会自动打开，一次只能进去一个人，如果两个人同时进去，也可以只使用一个二维码刷两次，这时就只有一张账单。这项技术就是消费者在刷二维码进入时对其进行人脸识别。并且该店引入了大量的机器视觉智能设备和传感器设备，在消费者的购物过程中还会用到语音追踪、传感器感应。当人站在货架前取东西时，摄像头会识别人脸，货架的摄像头会识别手势与物体，看你是拿走还是放回。同时还有红外线感应、压力感应（记录商品被取走）和荷载感应（记录商品被放回）。通过这些方式可自动准确识别消费者购买商品，实现自动扣款，消费者不用进入结账环节就可以离开商店[4]。

### 10.1.2　物联网环境下电商行业特征分析

在物联网环境下，零售行业的线上线下渠道会进一步融合，并呈现出以下趋势[5]。

（1）消费场景多样化

在物联网环境下，零售业态由单一购物场所向餐饮、社交、时尚、文化、亲情等全方位消费体验场景转变，体验式消费场景成为零售业与消费者建立连接的关键载体，比如社交购物场景和智能购物终端。

① 社交购物场景

物联网技术能够促进零售商与消费者之间的交互，使消费者之间能够以零售商平台为媒介进行充分的信息交流，从而能够更方便地构建社交购物场景。比如小红书借助UGC（用户生成内容）方式，促进用户间交流购物信息和使用心得，从购物和社交两个方面满足用户需求。

② 智能购物终端

物联网技术可以提供新的购物终端，实时观测消费者、企业或商品。比如前文提到的无人零售店，通过传感器和摄像头识别用户行为（比如观察、拾取商品等行为），然后发送信息给终端，完成补货、结算等操作。

（2）渠道信息融合化

借助于物联网，线上线下渠道均增加了其获取信息的能力，信息的丰富必然产生渠道间的信息共享问题。大家已经意识到全渠道发展不仅仅是将产品通过不同渠道销售，还需要深层次的融合。

① 库存信息融合

借助物联网（比如RFID技术的应用），零售商可以准确掌握库存信息，了解库存的实时变化，这就为线上线下渠道从库存端开始融合提供了基础。目前,苏宁已经实现了线上线下渠道的库存信息融合。

② 消费者信息融合

借助于物联网技术,线下渠道可以缩小在消费者信息方面的相对劣势。借助于线上零售平台,线上零售商可以掌握消费者的商品浏览行为(如页面浏览深度、页面浏览时间等),从而准确判断消费者需求,而在传统环境下,线下零售商只能通过消费者购买记录判断消费者需求。借助于物联网技术(如 NB-IOT),线下渠道(理论上)也可以实时掌握消费者的购物行为,比如浏览商品的种类及时长。这样线上线下渠道就有动力共享双方的数据来更准确地判断消费者的需求,从而实现线上线下的消费者信息融合。

(3) 零售生态一体化

数字化推动零售供应链各环节相互渗透融合,业态相互延伸拓展,产业链条开始走向生态协同,零售业态加速重构。

① 零售业态协同

消费者的需求具有个性化、多样化等特征,比如同时在餐饮、娱乐、知识获取上存在需求。零售企业应当借助物联网技术推出新模式、新设备整合不同类型的服务,以满足消费者个性化、多样化需求为中心。这就使得零售场所从单纯的购物功能向"购物-体验"双重功能转化,为消费者提供全方位一站式的服务体验。

② 产业链条整合

零售业数字化链接上游制造资源,精准匹配消费需求,利用网络零售提供的大数据进行按需定产、柔性生产,满足市场多样化需求。除以海尔和小米为代表的制造企业外,尚品宅配、衣帮人等企业也积极推进供应链向生产端延伸,压缩成本,以需定产,实现产供销一体化产业链整合。

## 10.2 物联网环境下的销售渠道成员结构分析

### 10.2.1 传统环境下的电子商务渠道结构

在互联网出现之前,制造商主要通过传统的经销商向消费者出售产品，如图 10-1 所示，M 表示制造商，R 表示实体零售商，N 表示线上零售商，C 表示消费者，箭头方向为产品流动方向。电子商务的引入对渠道结构的影响在于丰富了渠道结构的形式。借助于电子商务，制造商可以很便捷地开设线上渠道向消费者进行销售。一种方式是通过自建网站，将产品通过自己的平台向消费者进行销售，如图 10-1(b) 所示(比较典型的例子是华为商城)，这种方式也常常被称为渠道侵入[6]。制造商也可以通过线上零售平台向消费者销售产品，比如传统模式下的京东商城或者代理模式下的天猫商城[图 10-1(c)]。

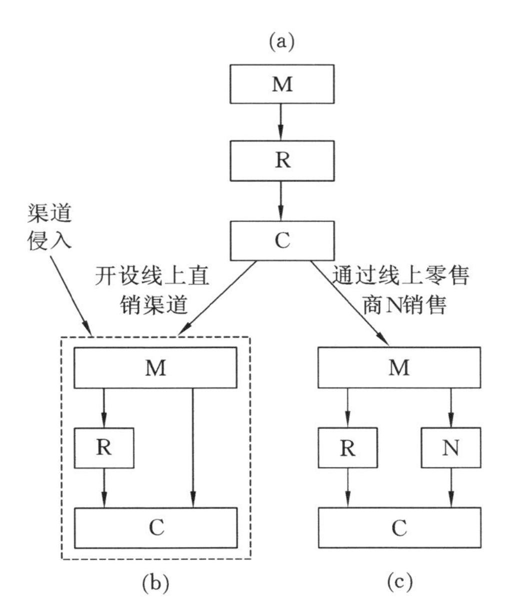


**图 10-1　电子商务引入前后的渠道结构变化示意图**

## 10.2.2　物联网环境下的电子商务渠道组织结构

前面简单地分析了电子商务给当前供应链渠道结构带来的影响。但是考虑到物联网等新信息技术对电子商务供应链的深远影响，这些影响远远超出了渠道结构的范畴，如果仅仅将结构局限为渠道结构，将无法准确分析物联网对企业管理带来的影响。因此，我们对渠道结构这一概念进行扩展，提出渠道组织结构这一概念。系统科学中，系统结构是指子系统之间的相互作用。因此，要弄明白什么是结构，首先要弄清楚供应链渠道涉及的相关主体有哪些。生产运作领域的文献中，主要涉及的供应链渠道成员有供应商和制造商；在营销领域的文献中，主要涉及的供应链渠道成员有零售商或者开设直销渠道的制造商。此外，也有部分文献研究了政府补贴对于供应链渠道状态的影响，重点考察了政府在其中的作用。除此之外，在研究平台和共享经济的文献中会涉及平台并重点研究。

综上所述，制造商、零售商和消费者是研究较多的供应链渠道成员，而平台、政府等成员则随着研究的展开渐渐加入到供应链模型中。本章中的渠道成员聚焦到制造商、零售商和消费者，则渠道组织结构应当是指制造商、零售商和消费者成员之间的相互作用，只要是能够直接改变渠道成员之间相互作用的因素，都可以纳入渠道组织结构范畴，具体如图 10-2 所示。

在图 10-2 中，渠道成员之间的相互联系有纵向和横向两个方向：纵向联系是指供应链上下游之间的相互作用，即制造商和零售商之间、零售商与消费者之间的相互作用，在闭环供应链中，消费者和制造商也可以通过回收废旧品建立起联系[7]；横向联系包括同一层供应链成员之间的交互，即制造商之间的相互作用、零售商之间的相互作用，比如动态联盟、信息共享等。接下来具体介绍现有研究中的纵向交互和横向交互。

（1）纵向交互

制造商和零售商之间除了常见的倒卖模式之外，还存在着直销模式[8]、代理模式[9-10]和代销直供模式[11]。直销模式是指制造商开设直销渠道向消费者销售产品，目前有着较为广泛的研究。代理模式是指线上零售商向制造商收取“摊位”费用，而制造商在该“摊位”向消费者直接销售产品。代销直供模式则改变了原本的批次销售模式，制造商负责生产和运输，而零售商负责销售，两者间签订利益共享契约来进行收益分配。该模式本质上改变的是制造商和零售商之间的收益分配方式，因此制造商和零售商之间的契约关系也可以视为制造商和零售商之间的交互关系。

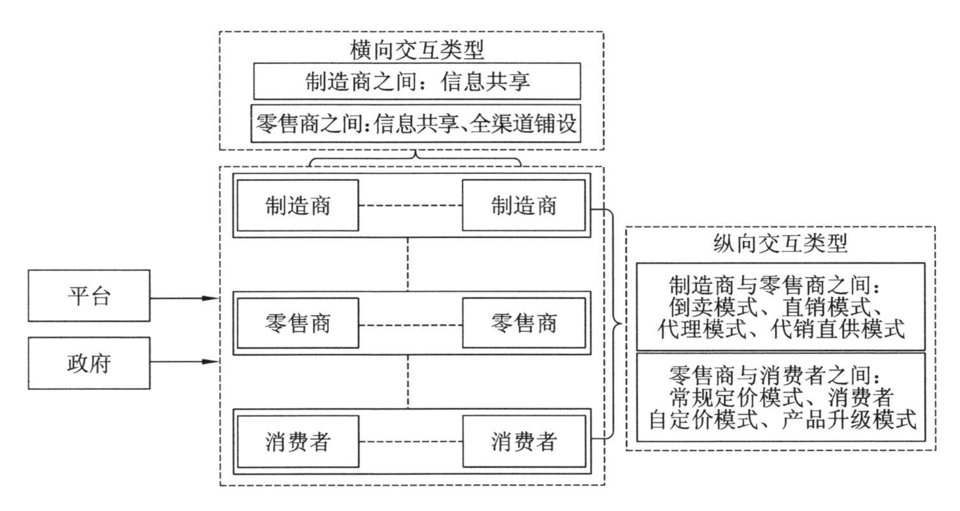


**图 10-2　渠道组织结构范畴示意图**

零售商和消费者之间的交互，最常见的是零售商制定零售价格，消费者根据零售价格做出是否购买产品的决策，但是也存在消费者自定价模式[12]，由消费者来制定价格。另外，一般的模型中，提供给消费者的产品是固定的。但是在酒店行业，也存在着产品升级模式，该模式与常见的模式有差别。一些消费者的行为也会影响零售商与消费者之间的相互作用，比如消费者的退货行为[13]以及跳单行为[14]。

(2) 横向交互

当供应链同一层次存在多个成员时，同一层次成员之间必然存在一些相互关系。同一层次间的相互关系常见的有竞争关系、联盟以及契约关系。比如经典的 Hotelling 模型研究了产品具有横向差异的制造商之间的定价问题，之后众多文献在 Hotelling 模型基础上进行扩展，研究制造商 / 零售商之间的竞争问题。除了竞争之外，同类型渠道成员会因为某些原因而展开一定的合作。比如，当面临需求不确定时，制造商之间或者零售商之间可以通过信息共享来谋求更高收益[15-16]。由于需求不确定，制造商也可能出于提高产能效率的目的，彼此之间共享产能，形成战略联盟。零售商出于全渠道策略考虑，也会建立额外的多零售渠道，渠道成员之间的横向协作会对渠道间的横向竞争产生较大的影响，并改变供应链上下游的权利分配。

此外，除了横向交互和纵向交互外，还有一类特殊的交互。这类交互主要产生于平台与政府这类特殊的渠道成员之间，平台和政府的共同特征是涉及一层或多层渠道成员。政府参与供应链渠道最常见的是税收或者补贴。一方面，政府会有自己的目标函数，可以直接作为渠道成员加入供应链系统中，从而改变渠道结构。另一方面，政府可以通过补贴、税收等手段改变既有的渠道结构，比如：可以向消费者或制造商进行补贴，提升消费者需求[17]；也可以就某项技术研发提供补贴[18]。而平台也会加入供应链渠道，与双层或多层渠道成员互动。平台是整合某一层的力量向另一层提供产品或者服务，并且有着自己独特的运营方式。相较于供应商或零售商，平台上双层或多层渠道成员数量是其重要的运营目标。

### 10.2.3 物联网对电子商务渠道组织结构影响分析

物联网技术会从多个方面影响渠道成员之间的交互。下面从消费者与零售商之间、零售商和制造商之间、制造商与制造商之间、零售商与零售商之间、平台与其多边成员之间等多个视角来进行分析。

（1）消费者与零售商之间的交互。线上零售商在使用 VR 技术后，可以增强消费者的娱乐价值[19]。首先，借助物联网技术，可以提升消费者线上购物的匹配率、减少快递等待时间，从而减少消费者的在线购物负效用[20]。其次，追溯系统（物联网技术的一项典型应用）带来的可追溯性正影响着农产品的销售：一方面可追溯性可以加强消费者对农产品的信任；另一方面可追溯性的存在也使得产品出现问题时可实现追责，这又影响了零售商和制造商之间相互作用[21]。

（2）零售商和制造商之间的交互。物联网技术带动了冷链技术的发展，而零售商在冷链技术方面的投资会影响农产品的品质，这就意味着产品质量不仅仅受制造环节影响，还受零售环节影响，这进一步改变了制造商和零售商之间的关系。借助物联网技术能够获取大量的数据，但这会对制造商之间、零售商之间的信息共享带来影响[21]。

(3) 制造商与制造商之间的交互。借助物联网技术，制造商之间对彼此产能的了解程度以及控制程度大大加强，从而可以实现实时控制与调度，大大减少制造商之间为了共享产能所带来的搜索成本以及沟通成本，并借助实时调度提升产能贡献的效率，从而推动制造商之间动态联盟的形成。

(4) 零售商与零售商之间的交互。零售商在长期的销售活动中，获取了大量的数据，借助这些数据能够对消费者需求进行一定的预测。而借助物联网技术，能够实时跟踪消费者在购物环节中的各种行为，从而大大增强对消费者需求数据的收集、加工、应用能力。在大数据环境下，数据往往能够在跨场景应用中获得最大价值，这就给零售商们共享数据带来了更大的动力，从而影响零售商彼此之间的横向交互。

(5) 平台与其多边成员之间的交互。对于平台而言，平台起着连接多边成员的作用，但是在传统环境下，平台对多边成员的跟踪能力较弱，从而影响了其核心竞争力。以“京东农场事业部”为例，该平台连接了农业生产者和消费者两端，在平台上向高端消费者(主要是京东会员)出售由农业生产者产出的高质量农产品。但是一个潜在的问题是需要追踪农产品的生产过程从而在最大程度上确保农产品质量，这就需要借助物联网技术来实现。换句话说，物联网技术可以丰富平台与其多边成员之间的互动手段。

物联网技术对渠道组织结构的影响如图10-3所示。

## 10.3　物联网环境下渠道结构引起的决策变化

### 10.3.1　渠道组织结构对渠道成员运营策略的影响

渠道结构方面的早期文献多分析渠道组织结构的变化对电子商务供应链渠道成员定价策略以及收益的影响，比如：分析制造商

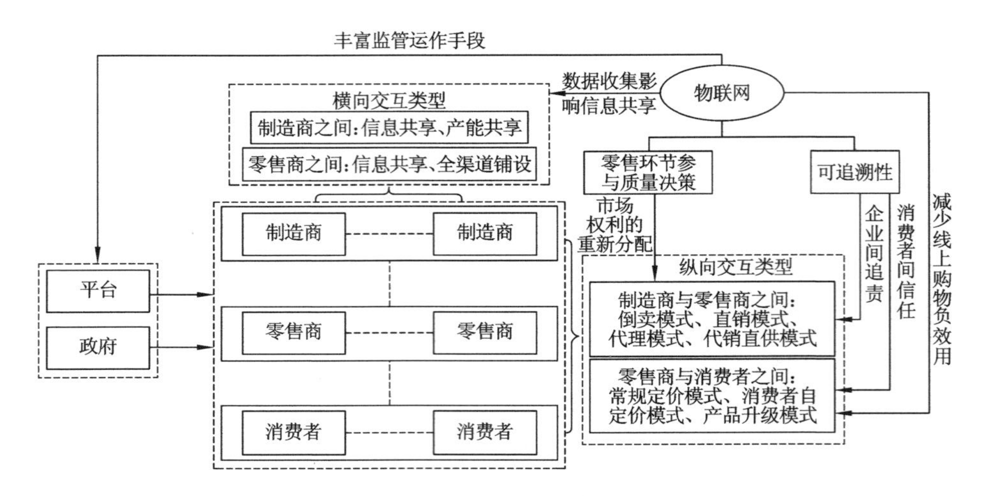


**图 10-3　物联网技术对渠道组织结构的影响示意图**

建立线上渠道对渠道成员定价策略和收益的影响[8]；分析比较不同结构中渠道结构的定价和收益，进而给出制造商和零售商在不同情况下的定价策略和渠道选择策略[20]。近几年相关文献扩展到了更为广泛的运营问题，比如，在线促销问题：对双渠道零售商在不同市场（单独线上渠道、单独线下渠道以及双渠道）推广产品的必要条件进行分析[22]；保修服务问题：双渠道加剧了制造商和零售商之间的竞争，制造商可以通过保修服务和增值服务来进一步控制供应链，当制造商提高其保修服务水平时，增值服务竞争将减弱，当保修服务水平足够高时，没有增值服务竞争，制造商的议价能力越强，制造商提供高保修服务的动机就越弱[23]；店铺商标策略问题：零售商在单渠道下引入商店品牌的动机比在双渠道下要低，因为单渠道可以成为防止商店品牌进入的策略[24]；新产品设计问题：为了促使零售商在双渠道状态下销售新产品，制造商提高产品质量并非总是最佳的（与零售商仅在离线状态下操作相比）；信息共享问题：双渠道会导致市场竞争加剧，此时导致高成本企业共享能力下降，低成本企业的共享能力如何受市场竞争的影响则因制造商的议价能力强弱而异[25]。还有文献考察了策略（零售商的渠道策略、定价策略和退货策略）之间的相互影响[13]。

此外，还有一部分文献研究基于一些复杂的场景分析了渠道结构问题。市场环境从确定性扩展到不确定性，主要涉及消费者需求和企业生产，消费者需求不确定性导致渠道结构对制造商的交货期设置策略的作用机制发生变化[26]，生产不确定性可能会导致零售商发生短缺和剩余现象，由此就引起了供应商产能分配的决策问题。渠道成员之间的关系从单一化转向多样化，制造商和零售商之间除了倒卖模式和直销模式之外，还存在代理模式和代销直供模式，零售商与消费者之间除了明码标价这一透明模式外，还存在不透明模式。研究表明：当电子渠道的销售对传统渠道的需求产生负面影响时，电子零售商更倾向于代理销售；反之，电子零售商更倾向于倒卖模式，电子零售商之间的竞争会促使电子零售商更倾向于使用代理销售模式。在不透明模式下，双渠道比单一传统渠道更有优势，因为不透明销售允许服务提供商利用客户的异质性，从而促进价格歧视和客户细分。零售商从被动接受到发起反制措施，零售商们可能会组成联盟共同对抗制造商，但是建立联盟对零售商并不总是有利的，当直销成本较高时，零售商合作的可能性较小。场景从单一渠道策略扩展到混合渠道策略，当企业设置渠道优先策略时发现：渠道对使用零售渠道优先权的动机取决于渠道优先权对需求的影响，只有在分散设置下且零售渠道的总剩余量较低时，才能使用零售渠道优先权[27]。此外，还有学者研究了其他不同因素对双渠道供应链决策的影响，如制造商和零售商的风险偏好、商户与用户间的社交关系等。

关于制造商、渠道商和消费者的决策问题，已经有众多学者通过建立数理模型、博弈模型进行分析。研究表明，渠道结构对于供应链成员的决策和收益有着显著的影响，互联网渠道的引入会导致传统渠道利益受损，因为线上渠道的引入加剧了零售行业的竞争，传统渠道需要提高服务水平来应对这种竞争，从而导致传统渠道成本增加，零售商与制造商的议价能力削弱，进而导致部分收益从零售商一端移向制造商一端；供应链中渠道商之间的横向协同和渠道商与制造商之间的纵向协同也影响着供应链成员的决策，如渠道商之间通过制定收益共享契约、补偿策略等协议，进行产品分类，促进渠道分工，渠道商和制造商之间通过广告合作等方式可以实现渠道成员收益的帕累托改进，制造商建立直销渠道会引起产品价格下降，因为：直销模式相比独立零售模式，其边际销售毛利更低。

### 10.3.2 渠道差异视角下渠道组织结构影响解读

信息技术在零售业中的应用带来了线上渠道，线上渠道与线下渠道是有很多差异的，因此很多文献对线上线下的渠道差异进行建模，并开展相关研究。比如，消费者在实体店能购买到更匹配的商品，而在线上渠道购买可以避免旅途成本；有些消费者倾向于在线上零售商处购买产品，有些则倾向于在实体店购买，这种特性也会影响消费者购买决策。顾客对不同渠道的接受程度也会存在差异。无论是线上渠道还是线下渠道，都存在一些问题，从而引起消费者的购买不适感，但是两个渠道引起的消费不适感存在差异。线下实体店的消费不适感来自于旅途成本，线上渠道的消费不适感则来自于快递等待时间、购物不匹配性、复杂的退货流程等因素[20]。综合上面的研究结论来看，只有在一定条件下，双渠道经营才是制造商的最优选择。当渠道之间的横向差异小于某一阈值时，双渠道策略可能会导致激烈的渠道竞争，从而影响渠道成员的收益，此时渠道成员更倾向于单渠道策略。如果新渠道和旧渠道相比存在纵向差异时，只有在差异适中时双渠道策略才是最优的，否则都会采取单渠道策略。如果新渠道拥有的纵向优势较大，则单独使用新渠道；如果新渠道的纵向优势太小，则不宜开设新渠道。尽管也有文献认为，与单一渠道相比，实施额外的独立渠道可以提高供应链的总利润。

## 参考文献

［1］佚名，京东开通26城市1小时送货iPhone7最快10分钟送达，http://news.cnfol.com/it/20160916 /23481436.shtml.

［2］Praveen Kopalle, Why Amazon's Anticipatory Shipping Is Pure Genius. https://www.forbes.com/sites/onmarketing/2014/01/28/why-amazons-anticipatory-shipping-is-pure-genius/#5eed4abf4605, accessed at 2017. 12. 24.

[3] 佚名. 驱动中国,VR 购物新体验来袭:淘宝 Buy＋已正式上线手机 APP!. http://www. qudong. com/article/371303. shtml.

[4] MAHONEY M. E-tailers dangle 3D imaging to covert surfers to buyers[J]. E-commerce Times, 2001. https://www. ecommercetimes. com/story/13521. html.

[5] 商务部电子商务与信息化司. 中国电子商务报告 2016[R],2017.

[6] ARYA A, MITTENDORF B, SAPPINGTON D E M. The bright side of supplier encroachment[J]. Marketing Science, 2007, 26(5): 651-659.

[7] ZHANG F, ZHANG R. Trade-in remanufacturing, customer purchasing behavior, and government policy[J]. Manufacturing & Service Operations Management, 2018, 20(4):601-616.

[8] CHIANG W Y K, CHHAJED D, HESS J D. Direct marketing, indirect profits: a strategic analysis of dual-channel supply-chain design[J]. Management Science, 2003, 49(1):1-20.

[9] ABHISHEK V, JERATH K, ZHANG Z J. Agency selling or reselling? channel structures in electronic retailing[J]. Management Science, 2015, 62(8): 2259-2280.

[10] WANG C, LENG M, LIANG L. Choosing an online retail channel for a manufacturer: direct sales or consignment?[J]. International Journal of Production Economics, 2018, 195: 338-358.

[11] DENNIS Z Y, CHEONG T, SUN D. Impact of supply chain power and drop-shipping on a manufacturer's optimal distribution channel strategy[J]. European Journal of Operational Research, 2017, 259(2): 554-563.

[12] CHEN Y, KOENIGSBERG O, ZHANG Z J. Pay-as-you-wish pricing[J]. Marketing Science, 2017, 36(5): 780-791.

[13] CHEN B, CHEN J. When to introduce an online channel, and offer money back guarantees and personalized pricing? [J]. European Journal of Operational Research, 2017, 257(2): 614-624.

[14] JING B. Showrooming and webrooming: information externalities between online and offline sellers[J]. Marketing Science, 2018, 37(3): 333-506.

[15] LI Z, GILBERT S M, LAI G. Supplier encroachment under asymmetric information[J]. Management Science, 2013, 60(2): 449-462.

[16] LI Z, GILBERT S M, LAI G. Supplier encroachment as an enhancement or a hindrance to nonlinear pricing[J]. Production and Operations Management, 2015, 24(1): 89-109.

[17] YU J J, TANG C S, SHEN Z J M. Improving consumer welfare and manufacturer profit via government subsidy programs: subsidizing consumers or manufacturers? [J]. Manufacturing & Service Operations Management, 2018, 20(4): 752-766.

[18] COHEN M C, LOBEL R, PERAKIS G. The impact of demand uncertainty on consumer subsidies for green technology adoption[J]. Management Science, 2015, 62(5): 1235-1258.

[19] BLÁZQUEZ M. Fashion shopping in multichannel retail: the role of technology in enhancing the customer experience[J]. International Journal of Electronic Commerce, 2014, 18(4): 97-116.

[20] YOO W S, LEE E. Internet channel entry: a strategic analysis of mixed channel structures[J]. Marketing Science, 2011, 30(1):29-41.

[21] POULIOT S, SUMNER D A. Traceability, liability, and incentives for food safety and quality[J]. American Journal of Agricultural Economics, 2008, 90(1): 15-27.

[22] JIANG Y, LIU Y, SHANG J, et al. Optimizing online recurring promotions for dual-channel retailers: segmented markets with multiple objectives[J]. European Journal of Operational Research, 2018, 267(2): 612-627.

[23] DAN B, ZHANG S, ZHOU M. Strategies for warranty service in a dual-channel supply chain with value-added service competition[J]. International Journal of Production Research, 2018, 56(17): 5677-5699.

[24] JIN Y, WU X, HU Q. Interaction between channel strategy and store brand decisions[J]. European Journal of Operational Research, 2017, 256(3): 911-923.

[25] MODAK N M, KELLE P. Managing a dual-channel supply chain under price and delivery-time dependent stochastic demand[J]. European Journal of Operational Research, 2019, 272(1): 147-161.

[26] QING Q, DENG T, WANG H. Capacity allocation under downstream competition and bargaining[J]. European Journal of Operational Research, 2017, 261(1): 97-107.

[27] XIAO T, SHI J J. Pricing and supply priority in a dual-channel supply chain[J]. European Journal of Operational Research, 2016, 254(3): 813-823.

# 第 3 部分　应　用　篇

物联网环境下企业组织结构的变化，将带来组织结构本身适应物联网环境和市场环境的优化问题、结构变化后企业经营管理决策的问题。本部分首先研究物联网环境下灰色市场追溯系统的结构优化设计、供应链不同组织结构中的柔性产能决策问题，然后分析物流组织和供应链组织的结构优化问题，最后介绍销售渠道结构与产品质量决策的关系问题、基于 RFID 的灰色市场结构及其决策问题。

第11章
Chapter 11

# 物联网环境下灰色市场追溯系统的结构优化设计

## 11.1　基于物联网技术的追溯系统问题

随着经济全球化及电子商务的深度发展，灰色市场规模和影响变得日益突出[1-2]。例如，中国灰色市场手机的销售份额几乎占到了整个手机市场份额的35%，其规模超过任一品牌手机的销量[3-4]。尤其是最近几年苹果手机在中国灰色市场的销量惊人(科技资讯网、环球网报)。灰色市场不仅存在于中国的手机行业，也遍布于全球的各行各业[5-6]。例如，在德国汽车行业中，灰色汽车的销售额每年超过100亿美元[7]。在马来西亚手机行业中，灰色手机的销量几乎占到70%的份额[6]。在英国制药行业中，灰色市场产品几乎占到20%的市场份额[8]。在全球IT行业中，灰色市场产品占整个行业销售总额的5%～30%[9]。此外，IBM个人电脑、梅塞德斯-奔驰汽车、奥林巴斯相机等知名公司都受到了灰色市场的影响，它们的产品被大量窜货到灰色市场[10]。灰色市场规模的日益增加带来了一系列社会经济管理问题，企业盈利和社会福利均承受来自灰色市场日益增加的压力，各国政府及企业纷纷采取应对措施。2014年，美国政府打击豪华车灰色市场，2018年，乌克兰政府批准打击灰色市场的“清关计划”(搜狐网)。此外，五粮液、佳能、奔驰等众多企业也纷纷采取行动打击经销商的窜货行为。

日益严重的灰色市场问题同样引起了学者们的广泛关注，众多学者从不同的角度进行了研究。部分学者从立法的角度进行分析后认为，版权法可以有效地打击灰色市场，降低对企业品牌的损害[11-12]。此外，有的研究把平行进口的灰色市场当作是一种灰色营销方式[13]，或者从合同契约的角度建立了动态数量折扣契约和利润分享契约[14-15]。最近也有学者研究了消费者购买授权产品返利对灰色市场的抑制作用[16]。纵观窜货及灰色市场的相关文献发现，鲜有从技术层面的角度进行研究的文献，几乎没有学者将 RFID 与灰色市场问题结合。如前所述，溯源性是物联网技术的重要特性之一，具有依托于识别标签跟踪对象历史信息、位置和应用的能力[17]。众所周知，灰色市场问题的核心难点在于零售商的窜货行为具有隐蔽性和复杂性，灰色市场信息难以获取，传统的研究方法难以解决这一核心问题。由此可见，物联网溯源性对灰色市场信息的获取有着天然的优势，为解决这一难题提供了可行的途径，这也是本章研究设计基于物联网技术灰色市场追溯系统的重要原因。虽然目前没有学者直接将物联网技术与灰色市场问题结合，但已有文献将 RFID 技术引入供应链管理，利用物联网的溯源性解决供应链管理的相关问题。例如，有一部分文献研究了 RFID 技术特有的数据抓取能力对供应链实时决策的作用[18]，有一部分文献从风险分担和协调的角度研究了 RFID技术对库存错放的影响[19]。而关于物联网溯源性的文献中，大多集中在食品质量安全的溯源方面，鲜有考虑利用物联网溯源性应对灰色市场问题的研究。例如，部分研究基于 RFID 技术的溯源性设计了食品追溯系统，并建立信息数据模型分析 RFID 技术对食品供应链的影响；部分研究基于物联网 RFID 技术建立了经济有效的预包装食品即时追溯平台。此外，也有学者利用 RFID 溯源性建立了水果供应链溯源系统，通过 RFID 追踪早期腐烂的水果，从而降低责任成本。

基于此，本章将在现有的文献基础上，研究设计基于物联网技术的灰色市场追溯系统（主要包括以下三个部分：编码管理系统、ONS 服务设计和 EPCIS 服务设计），并在仿真环境下实现该追溯系统。实验结果表明，该追溯系统能够实现对灰色市场高效、可靠的监测。

## 11.2　基于物联网技术的灰色市场追溯系统结构优化设计

### 11.2.1　编码结构优化设计

通过编码管理子系统，每件产品都由唯一的 EPC 码进行标识，标识信息载于 RFID 标签。EPC 编码结构主要有 64 位、96 位及 256 位三种。为了保证所有物品有唯一 EPC 代码，并使其载体 RFID 标签成本尽可能降低，也为了优化 EPC 编码结构，本追溯系统结合灰色市场结构特点，最终决定采用 EPC-96 编码标准，具体的编码方式见表 11-1。版本号长度为 8 位，标识 EPC 编码的长度、类型和结构。域名管理者记录企业、运输中心以及零售商的代码，数据长度为 28。通过记录产品流通经过的关键环节，实现追溯功能。对象分类就是 EPC 编码用来识别产品的类型，数据长度为 24。序列号是产品追溯对象编码中用于识别具体的产品单品，数据长度为 36。

**表 11-1　EPC-96 编码结构**

| | EPC 表头 | 域名管理 | 对象分类 | 序列号 |
|---|---|---|---|---|
| EPC-96 | 8 | 28 | 24 | 36 |

### 11.2.2　ONS 服务器优化设计

结合灰色市场结构特点，优化后的追溯系统 ONS 设计主要包括 ONS 基础框架设计与 ONS 功能模块的设计。如图 11-1，ONS 基础框架主要由 EPC 映射信息、ONS 客户端和 ONS 服务器构成。为了便于查询，EPC 和 URL 之间不同的映射信息同时保存在本地 ONS 缓存和 ONS 服务器中。

ONS 功能模块设计主要包括 EPC 注册注销和 ONS 查询算法设计。EPC 注册将 EPC 和 EPCIS 地址绑定，形成一对一或者一对多的映射关系，存于 ONS 服务器中。相反，EPC 注销解除并删除 EPC

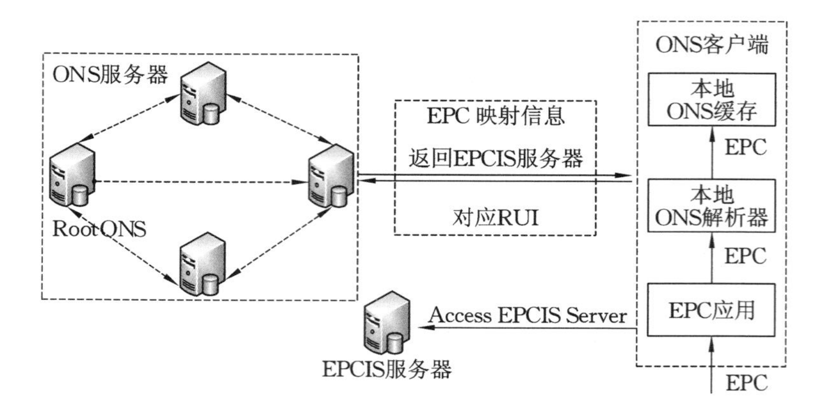


图 11-1　ONS 基础框架

和 EPCIS 地址之间的映射。ONS 查询算法总体设计如图 11-2。

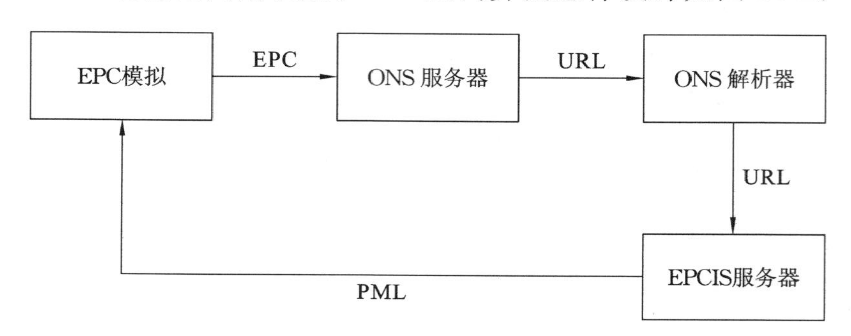


图 11-2　ONS 查询算法框架

### 11.2.3　EPCIS 服务器优化设计

EPCIS 服务器包含所有标识的对象信息，并为它们提供链接到数据库的接口，用户可以从 EPCIS 系统查询已标识对象的详细信息。EPCIS 系统主要由 EPCIS 库、EPCIS 捕获客户端和 EPCIS 查询客户端组成。如图 11-3 所示，EPCIS 的工作流程可以分为两步：第一步是通过捕获接口与 EPCIS 库交互，并将事件存储于 EPCIS 库中。第二步是通过查询接口与 EPCIS 库交互，用户可以通过查询结构查询到详细信息。本章将结合灰色市场结构的特点进行优化设计，其中，EPCIS 服务的优化设计主要包括 EPCIS 事件定义、EPCIS 事件捕获和 EPCIS 事件查询。

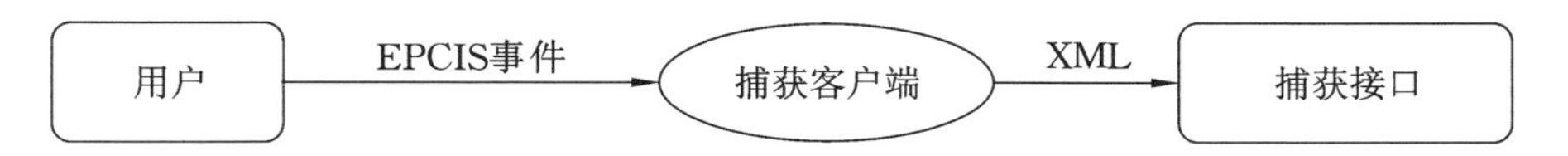


图 11-3　EPCIS 事件捕获客户端数据流程图

（1）EPCIS 事件定义

EPCIS 将产生的资料信息以事件来表示，通过不同的事件形式来准确传达灰色市场运行的具体情况。EPCIS 事件数据包含对象事件、数量事件、聚合事件和业务事件等四种类型，其中，对象事件表示 EPC 代码已与物理对象建立关系；聚合事件表示一个对象已与另一个对象建立物理联系；业务事件描述一个或多个业务事件中的多个对象组合和分离。基于此，我们从整个灰色市场供应链（加工、运输和分销）中抽象、优化出以下典型的 EPCIS 事件，如表 11-2 所示。

表 11-2　灰色供应链 EPCIS 事件定义

| 流程 | 序号 | 定义 | 事件类型 |
|---|---|---|---|
| 加工 | 01 | 生产 | 对象事件 |
| | 02 | 打包 | 聚合事件 |
| | 03 | 入库 | 数量事件 |
| | 04 | 出库 | 交易事件 |
| 运输 | 05 | 入库 | 交易事件 |
| | 06 | 出库 | 交易事件 |
| 分销 | 07 | 入库 | 交易事件 |
| | 08 | 出库 | 聚合事件 |
| | 09 | 销售 | 对象事件 |

加工过程包括四个事件阶段：制造、包装、仓储和出库。在制造阶段，每个产品都贴上 RFID 标签，工作人员记录当前各项信息（包括产品批号、制造时间、产品编号、制造人员），并将其作为 EPCIS 事件（对象事件类型）存储于加工厂的 EPCIS 服务器中；在包装阶段，每件产品贴上标签后，同一批次产品的包装箱仍需贴上 RFID 标签，每件产品和包装箱的 EPC 代码的从属关系作为 EPCIS 事件

（聚合事件类型）存储于EPCIS服务器中；在仓储阶段，包装箱被运送到仓库，工作人员用手持式RFID阅读器识别包装箱的RFID标签，记录货物的存放地点和时间，所有这些信息都将作为EPCIS事件（数量事件类型）存储于EPCIS服务器中；在出仓阶段，工作人员使用手持RFID阅读器读取包装箱的RFID标签，并将出仓地点、时间和批次记录为EPCIS事件（事务事件类型）存储于EPCIS服务器中。

运输过程包括两个EPCIS事件阶段：入库和出库。在入库阶段，当产品发送到配送中心时，工作人员使用手持RFID阅读器读取包装箱的RFID标签，并在配送中心的EPCIS服务器中将仓储地点和时间记录为EPCIS事件（事务事件类型）；在出仓阶段，当产品从配送中心取出时，工作人员使用手持RFID阅读器读取包装箱的RFID标签，并在EPCIS服务器中将出仓地点、时间和批次记录为EPCIS事件（交易事件类型）。

分销过程包括三个EPCIS事件（仓储、拆包和销售）阶段。在仓储阶段，当产品运至零售店进行验收时，工作人员使用手持RFID阅读器读取包装箱的RFID标签，并在零售店的EPCIS服务器中将仓储地点和时间记录为EPCIS事件（业务事件类型）。在拆包阶段，此EPCIS事件与加工阶段的包装EPCIS事件不同，需要运行EPCIS聚合事件来终止加工阶段记录的包装EPCIS事件的从属关系。在销售阶段，一方面，工作人员使用手持读卡器对购买的产品进行扫描；另一方面，固定式RFID读卡器会在客户将购买的产品带出门（安装固定式RFID读卡器）时自动记录销售信息，最后，所有这些信息都将在EPCIS服务器中记录为EPCIS事件（对象事件类型）。

（2）EPCIS事件捕获与查询

在该系统中，Web服务提供EPCIS服务器的捕获接口和查询接口。用户在捕获客户端上传EPCIS事件，然后将其包装成XML信息存储在捕获接口中。EPCIS事件捕获客户端的设计数据流程图如图 11-4 所示。

当前系统提供了一种查询方式。用户在查询客户机中输入 EPC 代码，该代码将被包装成 SOAP 消息并发送到查询接口。然后查询界面将查询结果返回给查询客户端，最后用户从查询客户端获得查询结果。EPCIS 事件查询客户端的数据流程图如图 11-4 所示。

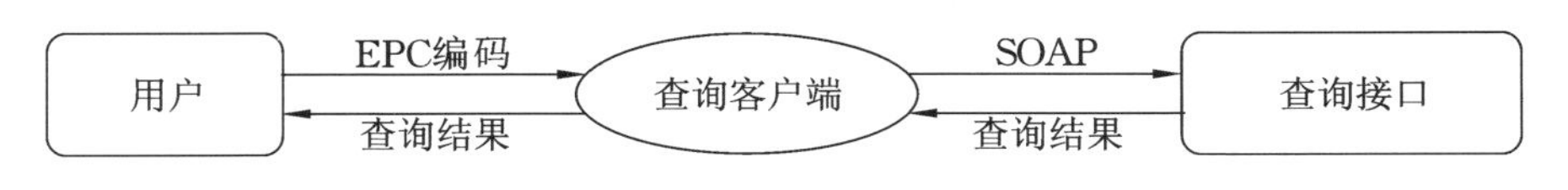


**图 11-4　EPCIS 事件查询客户端数据流程图**

### 11.2.4　基于物联网技术的灰色市场追溯系统总体架构优化设计

（1）追溯系统总体架构优化

根据 EPC 的全球标准，来自 EPCIS 服务器的 EPC 代码和 URL 映射信息存储在本地 ONS 服务器中，这些信息也将注册到根 ONS 服务器中。此外，每个节点企业也都有自己的 EPCIS 服务器来存储 EPCIS 事件数据。根据上文描述，可以对灰色市场供应链的整个过程（包括加工、运输、分销环节）的数据进行记录，最终实现对灰色市场追溯。在加工环节，每件产品都贴上唯一的 RFID 标签，同一批次产品的包装箱也会贴上唯一的 RFID 标签。在配送环节，每个托盘和运输车都贴上了 RFID 标签。通过 RFID 读卡器或其他识别技术，供应链各节点企业将获取的产品信息存储在自己的 EPCIS 服务器上，然后将 EPCIS 服务器地址注册到本地 ONS 服务器上，最后将本地 ONS 服务器注册到根 ONS 服务器上。在销售环节，销售人员会记录产品货架信息，当顾客在柜台结账时，他们也会用手持阅读器记录销售信息。此外，当顾客将产品带出店门时，店门处安装的固定式读写器会自动记录产品销售信息。通过这些环节的优化设计，最终保证产品在整个过程中的可追溯性，实现对灰色市场的监控。总体架构的优化设计如图 11-5。

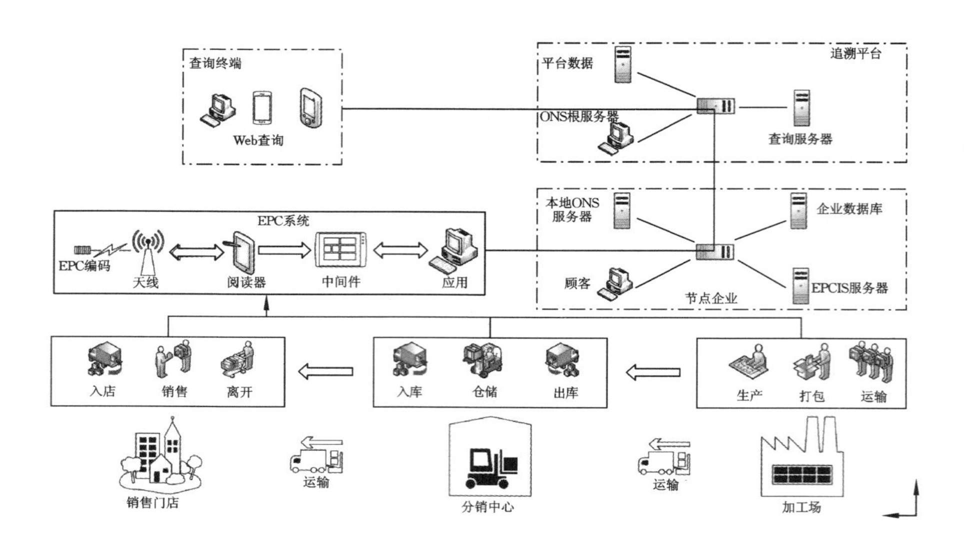


图 11-5　灰色市场供应链追溯系统总体架构

（2）追溯系统层级

如图 11-6，系统优化分为四个层级：感知层、服务层、数据层和应用层。感知层是系统收集数据的底层，包括传感器、RFID 标签、RFID 阅读器和天线。服务层提供数据处理服务，包括 RFID 数据处理、EPCIS 事件管理和 EPC 注册注销。数据层包括产品数据、商业数据、EPCIS 数据和相关的映射信息。此外，产品数据和业务数据存储在企业数据库中，EPCIS 数据存储在 EPCIS 服务器中，相关的映射信息存储在根 ONS 服务器和本地 ONS 服务器中。最后，将上述三个层级应用到生产、运输、分销等环节，形成应用层。为了满足各子公司信息共享的迫切需要，系统提供了相关的数据接口，实现了 WEB 服务、XML 数据交换等应用之间的数据交换和共享。

（3）追溯系统运行模式

本章在现有文献的基础上，提出了一种基于物联网 EPC 的追溯模式。如图 11-7 所示，结合物联网技术、通信技术和协商协议建立可追溯性网络系统。可追溯性网络系统中的每一个对象都由编码管理方案进行唯一编码，以便企业查询相关的产品信息。每个节点企业将产品信息存储在其 EPCIS 服务器中，以便通过 ONS 服务器

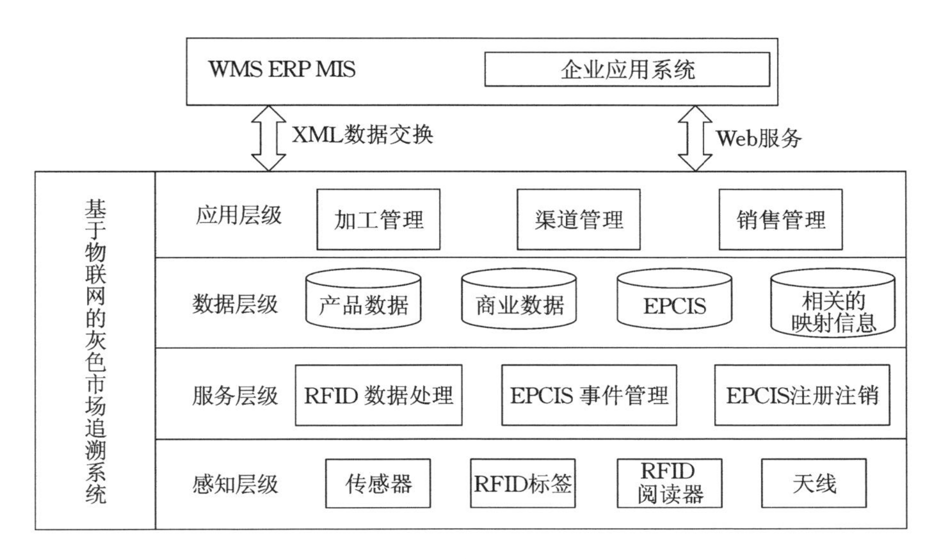


**图 11-6　追溯系统层级**

进行跟踪查询。此外，根 ONS 服务器将进一步注册本地 ONS 服务器。当制造商输入 EPC 代码进行查询时，产品信息将首先反馈给本地 ONS 服务器，然后由根 ONS 服务器接收。在此模式下，采用基于 EPC 的物联网技术可以实现灰色市场的可追溯性，提高网络系统追溯的准确性。

## 11.3　基于物联网技术的灰色市场追溯系统结构仿真分析

追溯系统主要有三层应用。在业务逻辑层，执行 SQL 过滤以避免 SQL 注入问题，并提高安全性。用到的工具和语言包括 Visual Studio 2015 和 C++。网络通信采用 socket 跨路由通信，服务器端和客户端均采用 DES 加密。使用 JSON 格式在服务器和客户端之间传输信息以提高通信效率，数据库管理系统采用开源 MySQL。本章将在上文结构优化设计的基础上，对灰色市场追溯系统结构进行仿真实验分析。实验室模拟实验表明，该跟踪系统具有可靠性高、自动化程度高、数据采集准确率高等特点，可实现对灰色市场的多任务

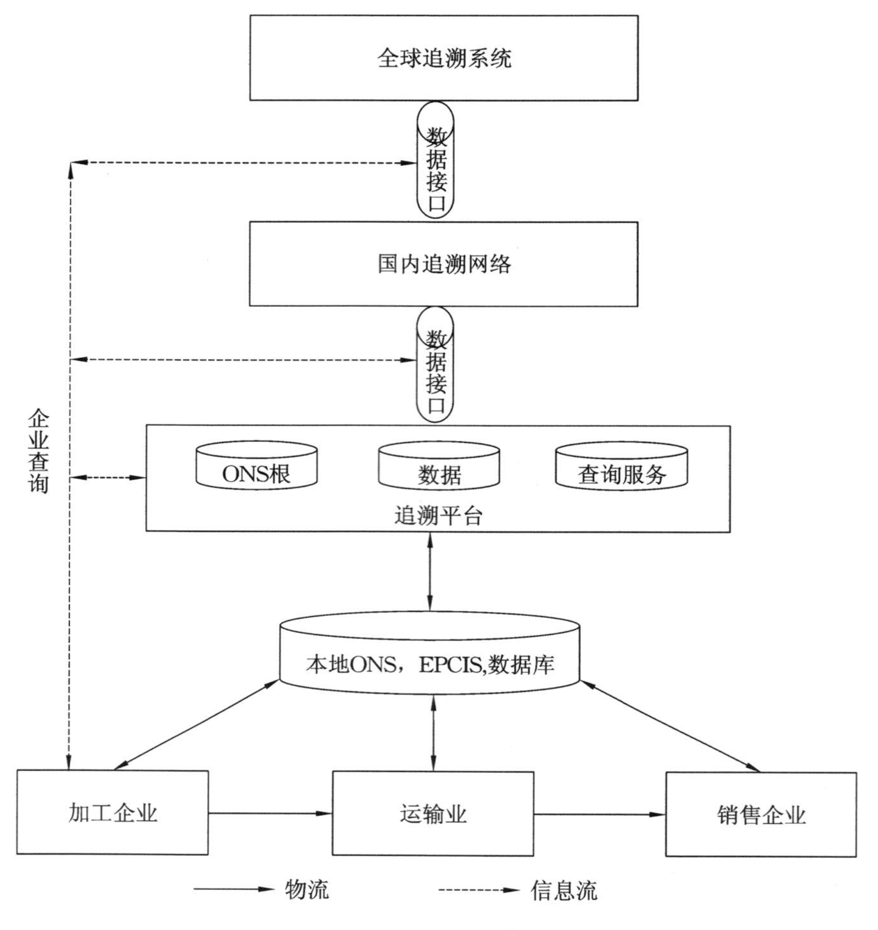


**图 11-7　追溯系统运行模式**

监控。

如图 11-8 所示，当制造商通过 RFID 阅读器将 EPC 代码放入可追溯系统时，可以查询和检索 EPCIS 事件信息和传输路径。有关事件的详细信息包括时间、位置和事件类型等，如图 11-8(a) 所示。此外，通过图 11-8(b) 可以观测到传输路径的中间节点、到达(出发)的时间、地点和序号。最后，图 11-8(c) 提供了实时位置可视化。通过上述功能，系统达到了可追溯性的目的。除了 EPC 查询，工具栏还包括 EPCIS 事件管理、处理信息、运输信息和销售信息。

如图 11-9 所示，这些界面被添加到 EPCIS 事件管理的工具栏中，EPCIS 事件管理用于管理和配置 EPC 代码。

如图 11-10 所示，通过加工信息、运输信息、分销信息的工具栏，可以查询加工企业、运输企业、销售企业的信息。

EPC Inquiry　EPCIS Event Management　Processing Information　Transportation Information　Sales Information　Help

Information Inquiry

EPC code: 00110101.004876.001484.000319F749　Query

Event　Path　Map

| Event type | ECP code | Time | Process | Object state | Location |
|---|---|---|---|---|---|
| Object Event | 00110101.004876.001484.000319F749 | 01/18/2017 | manufacturing | production | factory A |
| Aggregation Event | 00110101.004876.001484.123319F749 | 01/19/2017 | packing | packaging | center B |
| Transaction Event | 00110101.004876.001484.234319F749 | 01/25/2017 | warehousing | packaging | center B |
| Transaction Event | 00110101.004876.001484.345319F749 | 01/25/2017 | ex-warehousing | packaging | center B |
| Aggregation Event | 00110101.004876.001484.456319F749 | 01/28/2017 | packing | packaging | center B |
| Transaction Event | 00110101.004876.001484.567319F749 | 01/28/2017 | warehousing | packaging | center C |
| Transaction Event | 00110101.004876.001484.789319F749 | 01/28/2017 | ex-warehousing | packaging | center C |
| Transaction Event | 00110101.004876.001484.890319F749 | 02/02/2017 | checking in | selling | shop D |

(a)

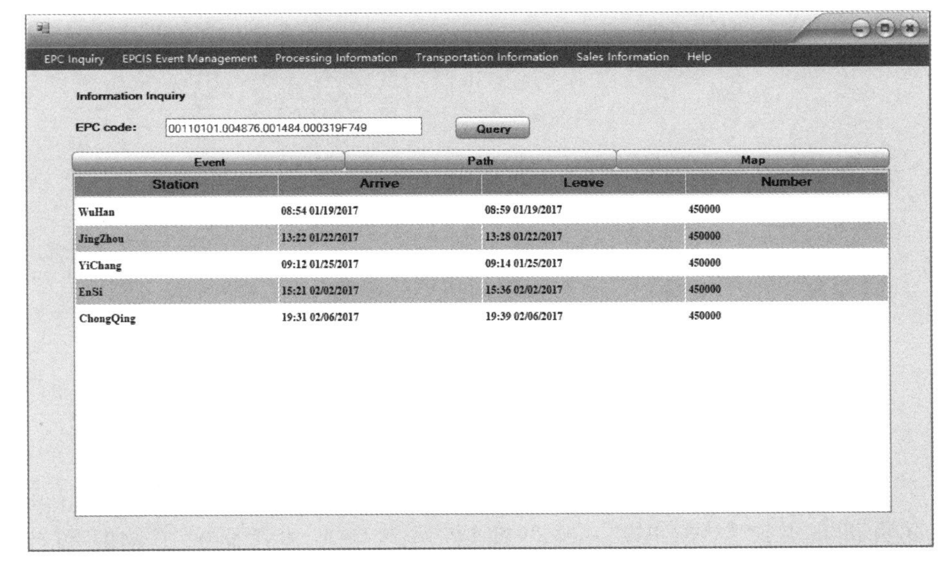


| Station | Arrive | Leave | Number |
|---|---|---|---|
| WuHan | 08:54 01/19/2017 | 08:59 01/19/2017 | 450000 |
| JingZhou | 13:22 01/22/2017 | 13:28 01/22/2017 | 450000 |
| YiChang | 09:12 01/25/2017 | 09:14 01/25/2017 | 450000 |
| EnSi | 15:21 02/02/2017 | 15:36 02/02/2017 | 450000 |
| ChongQing | 19:31 02/06/2017 | 19:39 02/06/2017 | 450000 |

(b)

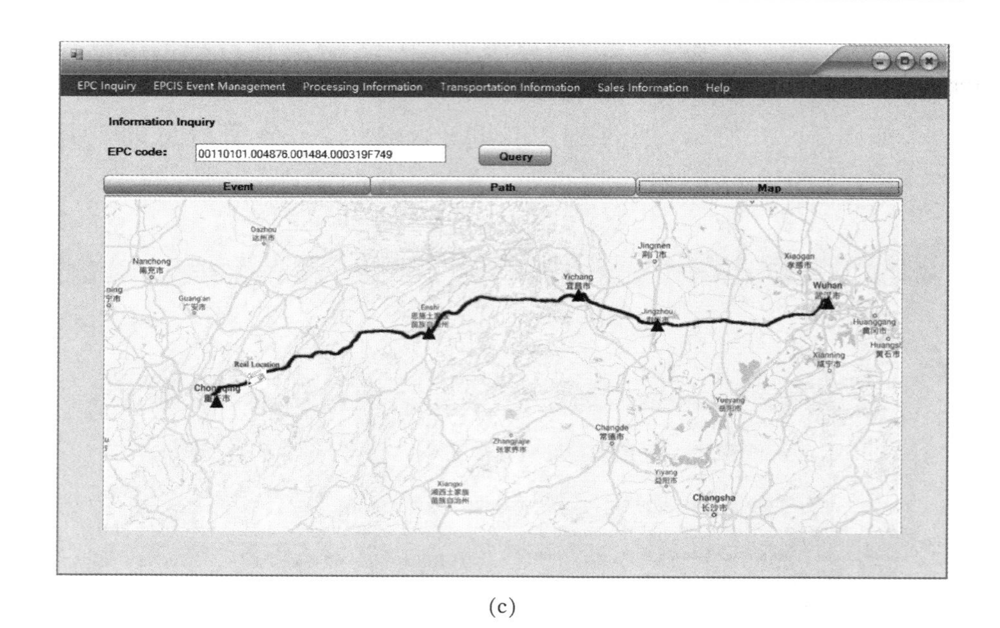


(c)

**图 11-8　EPC 码查询信息界面**

(a) 事件信息；(b) 运输路径和时间；(c) 实时位置

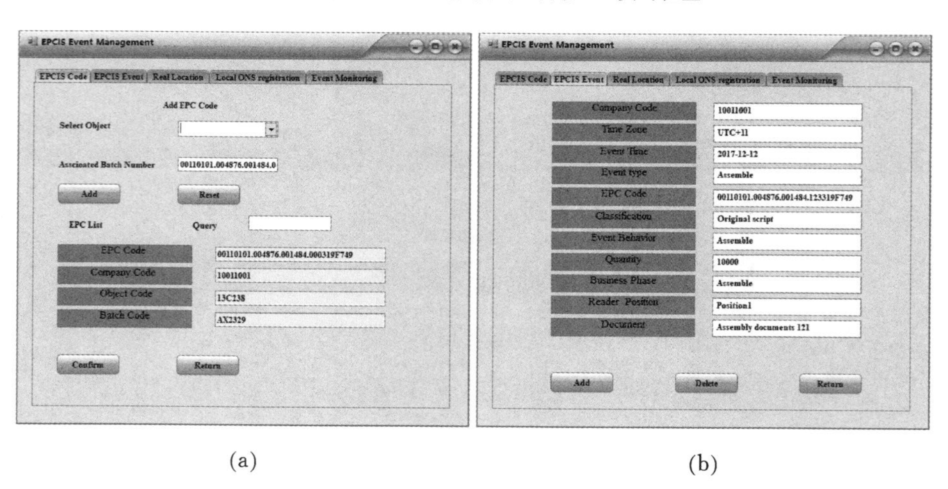


(a)　　　　　　(b)

**图 11-9　EPCIS 事件管理**

(a) EPCIS 编码；(b) EPCIS 事件定义

综上所述，灰色市场的核心难题是其具有隐蔽性和复杂性，先前的研究大多忽略了这一核心难题。虽然众多学者研究了物联网技术在供应链管理中的应用，但鲜有将物联网技术引入灰色市场管理

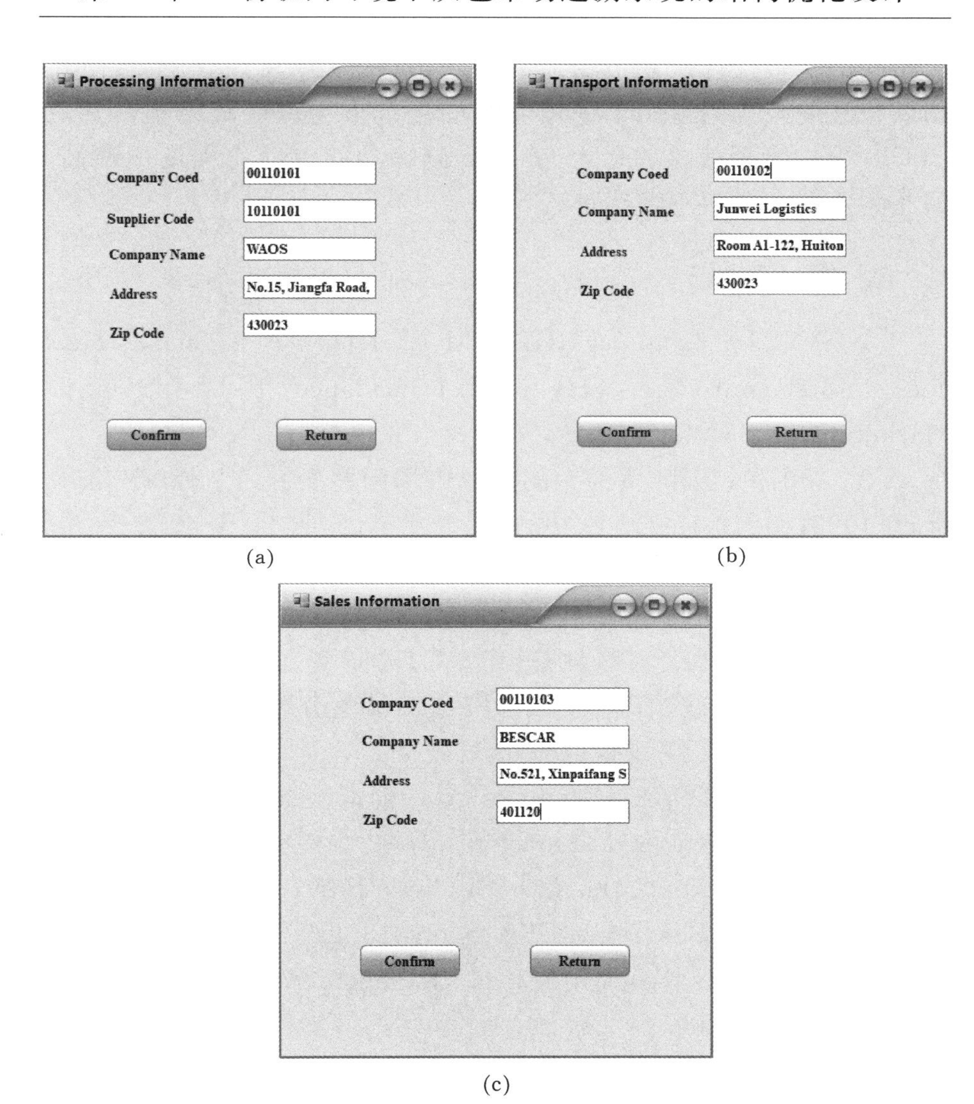


(a)　(b)　(c)

**图 11-10　企业信息查询**

的研究。现实企业中，已有很多企业将物联网技术应用到供应链管理中。物联网技术为解决灰色市场难题提供了有效的途径。本章从系统设计和仿真分析两个方面论证了 EPC 物联网技术在灰色市场监测中的适用性，为管理灰色市场问题提供了一条新途径。仿真分析验证了追溯系统的有效性。企业通过追溯系统可以有效获取灰色市场信息，从而制订更加合理的应对策略。由于本书研究是首次结合物联网技术设计灰色市场追溯系统,系统本身又具有局限性(例如系统整体架构只适用于一定类型的灰色市场供应链结构),加之EPCIS事件管理信息的录入、修改和删除功能自动化程度不够高,因此需要在实践中不断改进。

## 参考文献

[1] ANTIA K D, BERGEN M E, DUTTA S, et al. How does enforcement deter gray market incidence? [J]. Journal of Marketing, 2006, 70(1):92-106.

[2] 程国平. 国际贸易中的灰色市场问题研究[J]. 外国经济与管理,1998(8):12-15.

[3] LIAO C H, HSIEH I Y. Determinants of consumer's willingness to purchase gray market smartphones[J]. Journal of Business Ethics, 2013, 114(3):409-424.

[4] 卢微微, 姚硕珉. 中国大陆手机灰色市场研究[J]. 甘肃理论学刊,2011(5):139-144,148.

[5] MYERS M B. Incidents of gray market activity among U. S. exporters: occurrences, characteristics, and consequences[J]. Journal of International Business Studies, 1999, 30(1):105-126.

[6] ANTIA K D, DUTTA S, BERGEN M E. Competing with gray markets[J]. Mit Sloan Management Review, 2004, Fall(1):págs. 63-69.

[7] HUANG J, LEE B C Y, SHU H H. Consumer attitude toward gray market goods[J]. International Marketing Review, 2004, 21(6):598-614.

[8] KANAVOS P, HOLMES P, LOUDON D, et al. Pharmaceutical parallel trade in the UK[J]. Civitas, 2005:601-611.

[9] AHMADI R, IRAVANI F, MAMANI H. Coping with gray markets: the impact of market conditions and product characteristics[J]. Production & Operations Management, 2015, 24(5):762-777.

[10] DUHAN D F, SHEFFET M J. Gray markets and the legal status of parallel importation[J]. Journal of Marketing, 1988, 52(3):75-83.

[11] MOHR C A. Gray market goods and copyright law: an end run around K mart v. cartier[J]. Cath. u. l. rev, 1996.

[12] GALLINI N T, HOLLIS A. A contractual approach to the gray market[J]. International Review of Law & Economics, 1996, 19(98):1-21.

[13] SU X, MUKHOPADHYAY S K. Controlling power retailer's gray activities through contract design[J]. Production & Operations Management, 2012, 21(1):145-160.

[14] ZHANG J. The benefits of consumer rebates: a strategy for gray market deterrence[J]. European Journal of Operational Research, 2016, 251(2):509-521.

[15] KELEPOURIS T, PRAMATARI K, DOUKIDIS G. RFID—enabled traceability in the food supply chain[J]. Industrial Management & Data Systems, 2007, 107(2): 183-200.

[16] CHATZIANTONIOU D, PRAMATARI K, SOTIROPOULOS Y. Supporting real-time supply chain decisions based on RFID data streams[J]. Journal of Systems and Software, 2011, 84(4): 700-710.

[17] CHEN S, WANG H, XIE Y, et al. Mean-risk analysis of radio frequency identification technology in supply chain with inventory misplacement: risk-sharing and coordination[J]. Omega, 2014, 46: 86-103.

[18] LI Z, LIU G, LIU L, et al. IoT-based tracking and tracing platform for prepackaged food supply chain[J]. Industrial Management & Data Systems, 2017, 117(9): 1906-1916.

[19] GAUTAM R, SINGH A, KARTHIK K, et al. Traceability using RFID and its formulation for a kiwifruit supply chain[J]. Computers & Industrial Engineering, 2017, 103:46-58.

第12章 Chapter 12

# 物联网环境下供应链中柔性产能的决策研究

## 12.1 具有柔性产能的供应链中的决策协调问题

云制造平台能够为制造需求企业提供云制造服务，从而让制造企业具有产能上的柔性。例如美国在早期搭建的制造能力交易平台MFG.COM，致力于为全球制造业伙伴提供更加快捷高效的交易平台，该交易平台能够动态提供装配、冲压和木工等种类的制造资源和制造能力；2013年，德国Z集团在欧洲机床展上展示了一套系统，该系统能够实现跨国公司分布在不同地区工厂的机器测量数据的网络动态共享，实现全球不同工厂数据的同步实时监测，德国的BS、BC和DZ等公司已经开始使用这套系统；北京EWXT科技有限公司等单位研发的云制造服务平台能够解决外部资源与企业生产制造过程等核心业务的动态协作问题，在装备制造、箱包鞋帽等行业领域具有广泛应用[1]。2018年被GE收购的Xively(http://www.Xively.com)物联网平台，致力于以尽可能低的门槛连接各种智能设备和应用；使用Xively平台的厂商将能利用统一的规范实现与其他设备的直接互连，并利用共享数据来优化产品性能[2]。BCJT云制造服务平台能够实现下属企业的优势资源和能力以服务的形式进行互补，从终端客户和产品(或服务)角度来看，也可以更好地进行资源和能力的聚集和分类来满足客户多样化的个性需求[3]。从上述各种应用可以看出，柔性产能不仅能够让制造企业应对需求不确定性风险，同时新技术的应用也有利于制造业的转型升级[4]。从纵向供应链来看，制造商还存在下游客户（例如分销商或零售商），同时，供应链中各企业都是以自身利润最大化为目标的个体。因此，这种柔性产能能否有效发挥，还取决于供应链中不同成员之间的决策能否实现协调。

## 12.2　具有柔性产能的双层供应链建模

考虑由一个制造商和一个零售商组成的双层供应链在单周期中利用物联网进行柔性产能投资和订货量决策的问题。假设供应链成员都是风险中立的，零售商距离销售市场更近，掌握着制造商难以知道的市场需求信息，但不知道制造商投资物联网技术的成本信息。市场需求 $x$ 的分布函数、密度函数及均值分别为 $F(x)$、$f(x)$ 和 $\mu$。由于 IoTs 的投入和建设以及产品的生产都具有较大的提前期，因此假设市场需求发生在产能构建之后，产品生产发生在需求实现之前。为了更好地应对需求的不确定性，制造商投资物联网技术以单位成本 $\delta$ 获得柔性产能 $K$。这样一方面可以降低制造商产能投资量，另一方面不影响履行下游零售商的订单。给定零售商的订货量 $Q$，按照数量 $Q$ 进行生产，则标准单位生产成本为 $c$，额外的柔性生产成本为 $b\,(K-Q)^2/2$。由柔性生产成本结构易知制造商的产能投资决策 $K \leqslant Q$，以节约投资量，即考虑的是上侧柔性（Upside Flexibility）。零售商则会以外生的批发价 $w$ 采购，并以零售价 $p$ 出售给最终的消费者市场。在销售季节需求出现时，如果 $D > Q$，则零售商会产生单位缺货成本 $g_R$；如果 $D < Q$，则零售商需要按单位残值 $v$ 处理未销售的产品。为保证合理性，假设 $p > w > c > v$ 且 $p - w > v$，前者表示销售行为是可获利的，后者表示零售商销售的动机比处理残值的动机强。另外，假设 $\delta \leqslant w - c$，该假设主要表明投资弹性产能的单位成本不应该大于单位产品的利润，否则制造商是无利可图的。

假设零售价格和批发价格都是外生的，即制造商和零售商在既定的价格政策下，进行柔性产能投资和订货量决策。由于双重边际效应，在分散决策下整个系统的绩效是次优的，那么所要研究的问题是:制造商为了更好地应对需求的不确定性进行柔性产能投资，零售商的决策是否与其保持一致?如果决策是一致的，是否让双方都有所获益?如果不能，我们需要使用什么样的机制实现该系统的协调?

事件顺序如下：

首先，零售商以批发价 $w$ 向制造商订购产品 $Q$；

其次，制造商根据零售商的订货量 $Q$ 以单位成本 $\delta$ 投资柔性产能 $K$；

再次，制造商利用柔性产能，以数量 $Q$ 进行生产；

最后，销售季节到来，需求 $D$ 出现，零售商以价格 $p$ 出售 $\min\{D,Q\}$ 的产品，根据 $D$ 与 $Q$ 的大小，发生缺货或处理残值，制造商依据契约进行补贴或惩罚。

为了分析分散系统(DS)下的系统绩效，我们首先计算集中系统(CS)下的系统绩效，以此作为分析的参考。

### 12.2.1 集中决策结构下柔性产能的最优决策

在集中决策下，假设一个中央决策者通过投资物联网获得柔性产能，并进行产量决策，实现整个系统的利润最大化。该决策者的问题可以描述为：

$$\max_{K\geqslant 0,Q\geqslant 0} E\prod\nolimits_F^{CS}(K,Q)=E\Big[p\min\{Q,D\}-cQ-\frac{1}{2}b\,(K-Q)^2 \\ +v\max\{Q-D,0\}-g_R\max\{D-Q,0\}-\delta K\Big] \tag{12-1}$$

式中，第一项表示系统的销售收入，第二项表示标准生产成本，第三项表示柔性生产成本，第四项表示残值，第五项表示缺货成本，最后一项表示柔性产能投资成本。通过运算，可以将系统的期望收益转化为：

$$E\prod\nolimits_F^{CS}(K,Q)=(p-c+g_R)Q-g_R\mu-\frac{1}{2}b\,(K-Q)^2 \\ -\delta K-(p-v+g_R)\int_0^Q F(x)\mathrm{d}x \tag{12-2}$$

记$(Q_{CS}^{*},K_{CS}^{*})$为上述问题的最优解，则有如下命题：

**命题 12-1** $E\prod_{F}^{CS}(K,Q)$是关于$K$和$Q$的凹函数，最优产量决策和最优柔性产能投资决策分别为：

$$Q_{CS}^{*}=F^{-1}\left(\frac{p-c+g_R-\delta}{p-v+g_R}\right) \tag{12-3}$$

$$K_{CS}^{*}=Q_{CS}^{*}-\frac{\delta}{b} \tag{12-4}$$

且有约束条件$F^{-1}\left(\frac{p-c+g_R-\delta}{p-v+g_R}\right)>\frac{\delta}{b}$。

证明见本章附录。

上述命题 12-1 表明集中决策者会综合考虑相关参数，从而确定一个对整个系统而言最优的生产数量。从最优生产量的形式中可以看出，利用物联网获得柔性产能的单位成本越高，则最优生产量会越低，当低到某一个程度（例如$\delta/b$）时，上游制造商会放弃利用物联网获取柔性产能，选择从外部采购满足下游订货需求。因此，对于柔性产能技术，只有当其投资成本在合适范围内时，才会被投资企业所采用。这也反映出技术发展及成本降低对企业采纳新技术的吸引力。

此时，在集中决策下系统最优期望收益可表示为：

$$\begin{aligned}E\prod_{F}^{CS}(K_{CS}^{*},Q_{CS}^{*})=&(p-c+g_R-\delta)Q_{CS}^{*}-g_R\mu\\&-(p-v+g_R)\int_0^{Q_{CS}^{*}}F(x)\mathrm{d}x+\frac{\delta^2}{2b}\end{aligned} \tag{12-5}$$

## 12.2.2　分散决策结构下柔性产能的最优决策

在分散决策下，制造商和零售商之间只存在价格契约，零售商根据其所掌握的需求信息以及既定的批发价格向上游制造商发送订货量。因此，零售商的问题是：

$$\begin{aligned}\max_{Q\geqslant 0}E\prod_{R,F}^{DS}(Q)=&E[p\min\{Q,D\}-wQ-g_R\max\{D-Q,0\}\\&+v\max\{Q-D,0\}]\end{aligned} \tag{12-6}$$

式中，第一项表示零售商的销售收入，第二项表示采购成本，第三项表示缺货成本，第四项表示过量库存的残值处理。通过对上式的运算，可以转化为：

$$E\prod_{R,F}^{DS}(Q)=(p-w+g_R)Q-g_R\mu-(p-v+g_R)\int_0^Q F(x)\mathrm{d}x \tag{12-7}$$

令 $Q_{DS}^*$ 为上述问题的最优解，则可有如下命题：

命题 12-2 $E\prod_{R,F}^{DS}(Q)$是 $Q$ 的凹函数，分散系统中零售商的最优订货量决策为：

$$Q_{DS,R}^*=F^{-1}\left(\frac{p-w+g_R}{p-v+g_R}\right) \tag{12-8}$$

证明见本章附录。

上述命题 12-2 中所表示的最优订货量决策形式，与“经典报童模型”中下游零售商的最优订货量是一致的，具体可查阅本章参考文献[5]和文献[6]。

此时，零售商的最优期望利润可以表示为：

$$\begin{aligned}E\prod_{R,F}^{DS}(Q_{DS,R}^*)=&(p-w+g_R)Q_{DS,R}^*-(p-v\\&+g_R)\left(\int_0^{Q_{DS,R}^*}F(x)\mathrm{d}x\right)-g_R\mu\end{aligned} \tag{12-9}$$

对于制造商而言，如果零售商的订货量为 $Q_{DS,R}^*$，则其会依此确定自己的柔性产能的投资量，其面临的问题是：

$$\max_{K\geqslant 0}E\prod_{M,F}^{DS}(K)=E\left[(w-c)Q_{DS,R}^*-\frac{1}{2}b\,(K-Q_{DS,R}^*)^2-\delta K\right] \tag{12-10}$$

即上游制造商的期望利润为：

$$E\prod_{M,F}^{DS}(K)=(w-c)Q_{DS,R}^*-\frac{1}{2}b\,(K-Q_{DS,R}^*)^2-\delta K \tag{12-11}$$

令 $K_{DS}^*$ 为上述问题的最优解，则可有如下命题：

命题 12-3 $E\prod_{M,F}^{DS}(K)$是 $K$ 的凹函数，分散系统中制造商柔性产能投资量的最优决策为：

$$K_{DS}^{*}=Q_{DS,R}^{*}-\frac{\delta}{b} \tag{12-12}$$

且有约束条件 $F^{-1}\left(\frac{p-w+g_R}{p-v+g_R}\right)>\frac{\delta}{b}$。

证明见本章附录。

上述命题 12-3 表明，分散系统中上游制造商会根据下游零售商的订货量来确定其最优柔性产能，且始终比订货量少 $\delta/b$。这主要是制造商在柔性生产成本和柔性产能投资成本之间权衡所得到的结果。由于在分散决策下，零售商的决策会偏离系统最优的数量决策，因此制造商只能在给定零售商决策的情况下，做出最优的柔性产能投资决策。

则此时制造商的期望收益可以表示为：

$$E\prod\nolimits_{M,F}^{DS}(K_{DS}^{*})=(w-c-\delta)Q_{DS,R}^{*}+\frac{\delta^2}{2b} \tag{12-13}$$

命题 12-4 (1) 分散系统中零售商的订货量决策和制造商的柔性产能投资决策要低于集中系统中的数量决策和柔性产能投资决策，即 $Q_{DS,R}^{*}\leqslant Q_{CS}^{*}$，$K_{DS}^{*}\leqslant K_{CS}^{*}$；

(2) 分散系统中柔性产能投资成本的可行范围变小，即 $\delta_{\max}^{DS}<\delta_{\max}^{CS}$。

证明见本章附录。

上述命题 12-4 符合前面的直观判断，即：在分散结构下，零售商的订货量要低于集中系统下的数量决策。这也导致制造商的柔性产能决策低于集中系统下的决策，即制造商的柔性产能优势未能完全体现。对于这种非最优化的决策结果，制造商有动机刺激零售商多订货，从而尽可能利用其柔性产能。

## 12.3　双层供应链中柔性产能决策的协调机制分析

在分散系统下，双重边际效应导致制造商和零售商的决策偏离了系统最优决策。对比分析分散和集中系统中的柔性产能和数量决策，我们发现两种情况下的决策在结构上具有相似性质。首先，在分散系统下零售商会根据自身相关参数（例如批发价、残值、缺货成本等）进行数量决策，在双重边际效应下由于参数差异性导致其决策偏离集中系统下的生产量；然后，对于柔性产能决策，集中和分散系统下的决策都与数量决策之间存在一个 $\delta/b$ 的差值。因此，当分散和集中系统下的数量决策保持一致时，即可实现渠道的协调。

由命题 12-4 可知，为实现系统最优决策，制造商需要对零售商的订货决策进行激励。对于渠道协调常用的机制，例如收益共享或批发价折扣，都可以实现供应链系统的数量协调。在数量协调的前提下，虽然可以实现整个系统期望收益的最大化，但无法保证双方都能够获得更多期望收益，最终无法实现协调。例如当批发价 $w$ 偏低时，制造商本身的利润偏低，如果制造商采用收益共享或批发价折扣，则该契约向零售商转移的利润要远大于数量增加为制造商带来的利润增量，从而导致利润降低，此时制造商是没有动机实施这类契约的。换言之，由于事先无法知道协调后双方的期望收益变化情况，因此所设计的协调机制，一方面要解决数量协调的问题，另一方面要解决双方对额外利润的分配问题。基于上述分析，为了激励零售商多订货，制造商可以对零售商的残值部分进行补贴，同时，对零售商的缺货部分进行惩罚，从而平衡因补贴带来的损失，即：基于“残值补贴＋缺货惩罚”的协调策略。制造商制定如下契约：对零售商的单位残值补贴 $\lambda$，对零售商的单位缺货惩罚 $\beta$，且存在约束 $v+\lambda<w$，否则零售商会无节制地增加订货量。

因此，协调后的分散系统（CDS）中零售商和制造商的收益问题可以表示为：

$$\max_{Q\geqslant 0} E\prod\nolimits_{R,\lambda\beta}^{CDS}(Q)=E[p\min(Q,D)-wQ-(g_R+\beta)\max(D-Q,0)+(\lambda+v)\max(Q-D,0)] \tag{12-14}$$

$$\max_{K\geqslant 0} E\prod\nolimits_{M,\lambda\beta}^{CDS}(K)=E\{wQ-cQ+\beta\max(D-Q,0)-\lambda\max(Q-D,0)-[b(K-Q)^2/2+\delta K]\} \tag{12-15}$$

零售商的期望收益可表示为：

$$E\prod_{R,\lambda\beta}^{CDS}(Q)=[p-w+(g_R+\beta)]Q-(g_R+\beta)\mu-[p-(\lambda+v)+(g_R+\beta)]\int_0^Q F(x)\mathrm{d}x \tag{12-16}$$

制造商的期望收益可表示为：

$$E\prod_{M,\lambda\beta}^{CDS}(K)=(w-c-\beta)Q+\beta\mu+(\beta-\lambda)\int_0^Q F(x)\mathrm{d}xf-[b(K-Q)^2/2+\delta K] \tag{12-17}$$

令$(Q_{CDS}^*,K_{CDS}^*)$为上述问题的最优解，则有如下命题：

命题 12-5 零售商的期望收益 $E\prod_{R,\lambda\beta}^{CDS}(Q)$是关于其订货量 $Q$ 的凹函数，制造商的期望收益 $E\prod_{M,\lambda\beta}^{CDS}(K)$是关于其产能投资量 $K$ 的凹函数，可求得最优决策为：

$$Q_{CDS}^*=F^{-1}\left[\frac{p-w+g_R+\beta}{p-(\lambda+v)+g_R+\beta}\right] \tag{12-18}$$

$$K_{CDS}^*=Q_{CDS}^*-\frac{\delta}{b} \tag{12-19}$$

且有约束条件 $F^{-1}\left[\frac{p-w+g_R+\beta}{p-(\lambda+v)+g_R+\beta}\right]>\frac{\delta}{b}$。

证明见本章附件。

上述命题 12-5 的形式与前述命题 12-1、12-2 和 12-3 类似，这主要是由于在本书所假定的决策框架下，产能和订货量决策都具有相似的性质。这种直观的性质为后文协调机制的实现提供了便利。

命题 12-6 下游零售商确定订货量 $Q$ 之后，上游制造商会将柔性产能投资量 $K$ 设置在比 $Q$ 少 $\delta/b$ 的水平。

证明：从命题 12-1、12-2 和 12-4 中可直接得出。

上述命题 12-6 表明，制造商通过投资物联网技术获得柔性产能之后，会充分利用该产能柔性的优势以应对需求的不确定性。同时，还会在柔性产能投资成本与柔性生产成本之间进行权衡：如果投资量过高，虽然可以降低柔性生产成本，但是是以增加投资成本为代价的；如果投资量过低，虽然可以节省投资成本，但是会增加柔性生产成本。因此，制造商将柔性产能投资水平保持在与零售商的订货量水平低 $\delta/b$ 的位置，从而在两种成本间得到一种折中，即为产能柔性所带来的杠杆作用。

当 $Q_{CDS}^* < \delta/b$ 时，$K_{CDS}^* = 0$，即意味着当零售商的订货量偏低时（如低于 $\delta/b$），上游制造商会放弃柔性产能的投资，而采取外部采购的方法满足下游企业的订货需求。由于本章主要考虑柔性产能投资下的供应链协调问题，因此，在后文中我们仅考虑 $Q_{CDS}^* \geqslant \delta/b$ 的情况。

根据协调机制下的最优决策，零售商和制造商的最优期望收益分别可以表示为：

$$E\prod_{R,\lambda\beta}^{CDS} = (p - w + g_R + \beta)Q_{CDS}^* - (g_R + \beta)\mu - [p - (\lambda + v) + (g_R + \beta)]\int_0^{Q_{CDS}^*} F(x)\mathrm{d}x \tag{12-20}$$

$$E\prod_{M,\lambda\beta}^{CDS}(K_{CDS}^*) = (w - c - \beta - \delta)Q_{CDS}^* + \beta\mu + (\beta - \lambda)\int_0^{Q_{CDS}^*} F(x)\mathrm{d}x + \frac{\delta^2}{2b} \tag{12-21}$$

实现分散系统的协调，即意味着零售商和制造商的期望收益之和等于集中决策下系统的期望收益，且两个企业都要比协调之前好，至少不会变差。接下来我们将分两步实现渠道协调。第一步是让分散结构下的决策与集中系统下的决策一致；第二步是保证每个成员的收益至少不比协调前差。

### 12.3.1　分散决策结构下的企业决策协调机制

由上文分析可知集中系统下的订货量为：

$$Q_{CS}^* = F^{-1}\left(\frac{p - c + g_R - \delta}{p - v + g_R}\right) \tag{12-22}$$

协调后的分散系统中的订货量为：

$$Q_{CDS}^{*}=F^{-1}\left[\frac{p-w+g_R+\beta}{p-(\lambda+v)+g_R+\beta}\right] \tag{12-23}$$

由于 $F(\cdot)$ 是关于 $x$ 的单调增函数，所以其反函数 $F^{-1}(\cdot)$ 也是单调增函数，因此，如果有 $Q_{CS}^{*}=Q_{CDS}^{*}$，即意味着有：

$$\frac{p-w+g_R+\beta}{p-(\lambda+v)+g_R+\beta}=\frac{p-(c+\delta)+g_R}{p-v+g_R} \tag{12-24}$$

因此，要实现分散系统下的数量决策协调，则 $\lambda$ 和 $\beta$ 之间需满足如下命题：

命题 12-7 当参数和 $\beta$ 满足如下条件时，分散渠道可以实现数量协调：

$$\beta=\frac{p+g_R-v}{c+\delta-v}[w-(c+\delta)-\lambda F(Q_{CS}^{*})] \tag{12-25}$$

且其中

$$0\leqslant\lambda\leqslant\frac{[w-(c+\delta)]}{F(Q_{CS}^{*})} \tag{12-26}$$

证明见本章附录。

这也就意味着，要实现分散结构的协调，残值补贴 $\lambda$ 和缺货惩罚 $\beta$ 之间应该呈反向变化的关系。换言之，如果残值补贴和缺货惩罚都太低，则该激励的效果不明显，难以实现数量上的协调；如果残值补贴和缺货惩罚都太高，则该激励效果太强，虽然可以实现数量上的增加，但可能会导致供应链中某一方利益受损，最终仍难以实现协调。

## 12.3.2　决策协调后零售商和制造商收益的帕累托改进

上述命题 12-7 只能保证分散决策下整体收益等于集中决策下的整体收益，但还是无法保证协调后个体收益优于协调前分散决策下各个体的期望收益。因此，在实现系统期望收益最大化的同时，确保双方的期望收益都不会变差，需同时满足：$E\prod_{R,\lambda\beta}^{CDS}\geqslant E\prod_{R}^{DS}$，$E\prod_{M,\lambda\beta}^{CDS}\geqslant E\prod_{M}^{DS}$。

为满足上述条件，需满足如下命题：

命题 12-8 在分散决策下零售商和制造商的期望收益都不会变差时，残值补贴 $\lambda$ 应满足条件：$\lambda_R \leqslant \lambda \leqslant \lambda_M$，其中：

$$\lambda_R = \frac{(w-v)\int_0^{Q_{CS}^*} xf(x)\mathrm{d}x - [(c+\delta)-v]\int_0^{Q_{DS,R}^*} xf(x)\mathrm{d}x - \mu[w-(c+\delta)]}{\int_0^{Q_{CS}^*}(x-\mu)f(x)\mathrm{d}x} \tag{12-27}$$

$$\lambda_M = (w-c-\delta)\frac{(p-v+g_R)\left(\int_0^{Q_{CS}^*} xf(x)\mathrm{d}x - \mu\right) + (c+\delta-v)Q_{DS,R}^*}{(p-v+g_R)\left[\int_0^{Q_{CS}^*}(x-\mu)f(x)\mathrm{d}x\right]} \tag{12-28}$$

证明见本章附录。

上述命题 12-8 表明，协调机制发挥作用需要满足一定的条件。这些条件与随机需求变量本身的分布形式、市场参数（批发价、零售价、残值、缺货成本）以及物联网技术参数（柔性产能投资成本）有关，它们共同决定了协调机制中残值补贴 $\lambda$（缺货惩罚 $\beta$）的边界。残值补贴 $\lambda$（缺货惩罚 $\beta$）对制造商和零售商期望利润的影响作用是不同的。对于零售商而言，在需求不确定的情况下，虽然残值补贴可以激励其增加订购量，但是订购量的增加会导致过量库存概率的增加。一旦出现过量库存，即使有上游制造商的残值补贴，零售商仍然会出现损失，因此其增加订购量的动机并不强烈。在向零售商提供残值补贴的同时，通过缺货惩罚的方式，给予零售商足够的动机增加必要的订购量，从而维持在系统最优订购量水平上。残值补贴 $\lambda$ 和缺货惩罚 $\beta$ 之间的反向变化关系，可以将渠道协调后的额外利润在制造商和零售商之间进行分配和转移。随着 $\lambda$ 的增加，渠道额外利润逐渐从制造商向零售商转移。但对于制造商而言，过高的残值补贴 $\lambda$ 会导致其期望利润变差，因此其会将残值补贴 $\lambda$ 设置在不超过 $\lambda_M$ 的水平。即残值补贴 $\lambda$ 的选定并非越大（小）越好，而应根据具体的需求分布形式、市场参数以及物联网技术参数等确定。

## 12.4　柔性产能下供应链企业决策及利润的数值分析

下面通过数值实验以验证上述各种结论，并通过敏感性分析，分析各种参数对制造商和零售商的决策，以及对他们期望收益的影响。假设随机需求在(0,150)上服从均匀分布，即 $D \sim U(0,150)$，相关参数取如下值：$p = 80$，$w = 50$，$c = 20$，$v = 10$，$g_R = 10$，$b = 0.5$，$\delta = 10$。

图 12-1 表示残值补贴参数 $\lambda$(缺货惩罚 $\beta$) 取不同值时，协调前后两个企业期望利润的变化情况。由命题 12-7 可知，残值补贴 $\lambda$ 和缺货惩罚 $\beta$ 之间呈反向变化关系，当 $\lambda = 0$ 时，$\beta = \left\{(p + g_R - v)[w - (c + \delta)] - \lambda[p + g_R - (c + \delta)]\right\} / c + \delta - v = 80$，此时制造商不对零售商的过量库存进行补贴，而是对其缺货进行高额的惩罚。

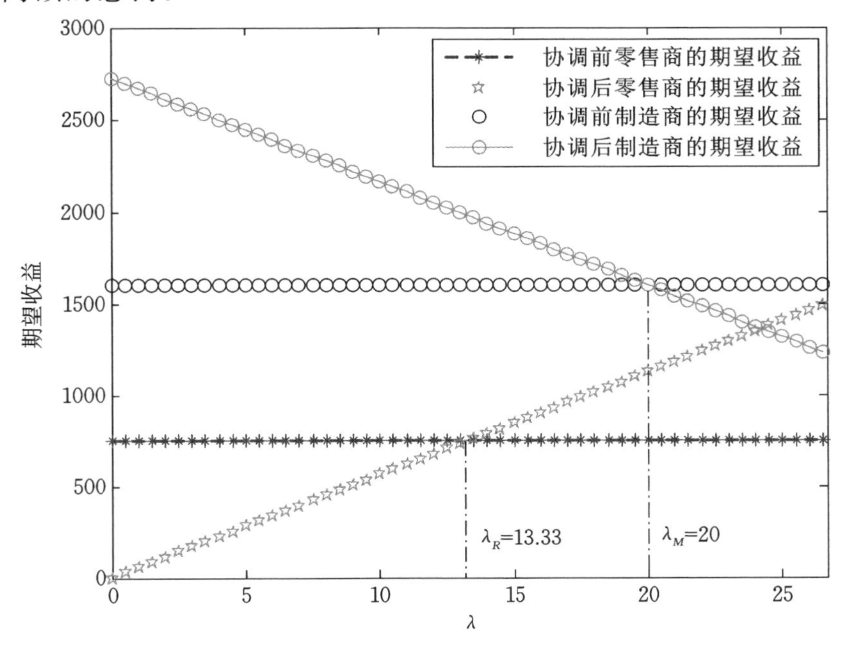


**图 12-1　补贴参数 $\lambda$ 的变化对制造商和零售商期望收益的影响**

为规避高额惩罚，零售商会尽可能增加订货量，从而实现集中系统中的数量决策，但是潜在的高额惩罚对零售商非常不利，从图12-1可以看到，协调后零售商的期望收益比协调前低，换言之，此时零售商并不会接受该协调措施。当$\lambda=[w-(c+\delta)]/F(Q_{CS}^{*})=26.67$时，$\beta=0$。此时制造商仅对零售商的过量库存进行补贴，不对缺货进行惩罚。在较高补贴的刺激下，零售商会尽可能多地订货，从而实现集中系统中的数量决策。但是这种高额的补贴对制造商非常不利，从图12-1中可以看到，此时制造商的期望收益要低于协调前的期望收益。根据命题12-8可知，实现渠道协调的条件是：$\lambda_R=13.33$，$\lambda_M=20$，即当$\lambda_R\leqslant\lambda\leqslant\lambda_M$时，可以实现供应链的协调，换言之，在上述区间内，制造商和零售商都获得了比协调前更高的期望利润。

由图12-1可知，$\lambda\in[13.33,20]$内变化时，两企业的期望收益是呈反方向变化的，例如当$\lambda$变大时，制造商的期望收益递减，而零售商的期望收益递增。这说明，协调后制造商和零售商的期望收益都比协调前高，且它们的期望收益之和等于集中决策下的系统期望收益，但是当$\lambda$取不同值时，它们所占有的额外收益的比例是不同的。如图12-2所示，当$\lambda=13.33$时，制造商占有100％的额外期望收益；当$\lambda=20$时，零售商占有100％的额外收益。当$13.33<\lambda<20$时，制造商和零售商具体占有多少额外收益，由具体的$\lambda$值所确定，而$\lambda$值的确定则取决于它们之间的议价能力，由于篇幅限制，这里不做深入分析。

前文都是在假定$\delta=10$的情况下所做的分析，接下来将分析$\delta$的变化对参数$\lambda$、企业的决策及期望收益的影响。

图12-3中反映的是柔性产能投资成本$\delta$的变化对协调机制中参数$\lambda$的影响。当$\delta$越大（小）时，$\lambda$的可行域越小（大），且可行域的上界和下界越小（大）。例如，当$\delta=0$时，$\lambda$的可行域为[17.14,30]，即意味着$\lambda$在此区域内都可以实现供应链的协调。当$\delta=30$时，在较高的柔性产能投资成本下$\lambda=0$，即意味着此时有协调和无协调效果都是一样的。换言之，此时集中系统的期望收益等于未协调时

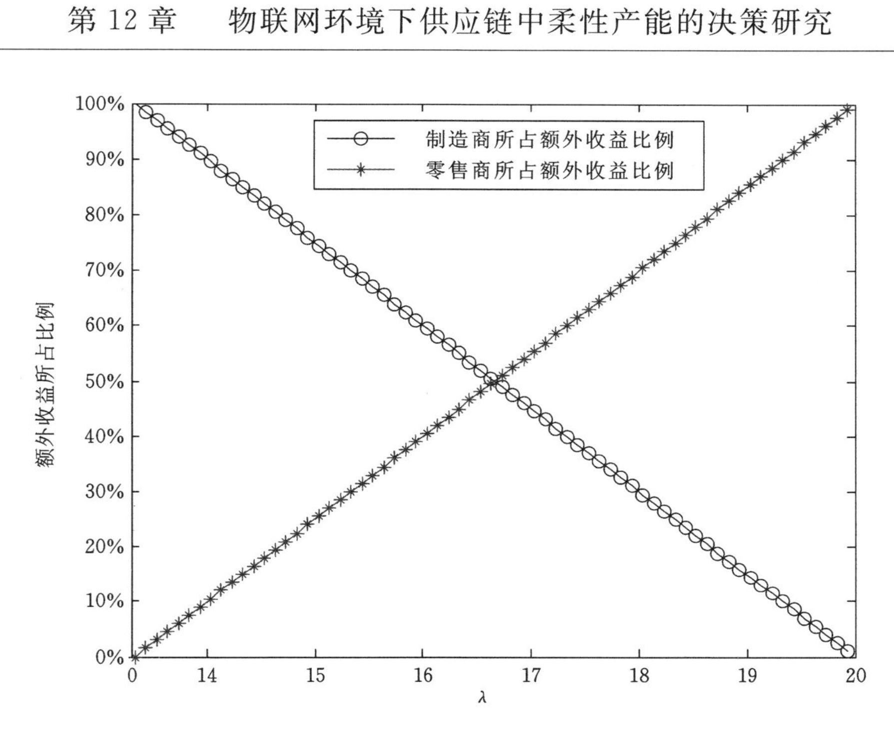


**图 12-2　残值补贴 $\lambda$ 的变化对制造商和零售商额外收益所占比例的影响**

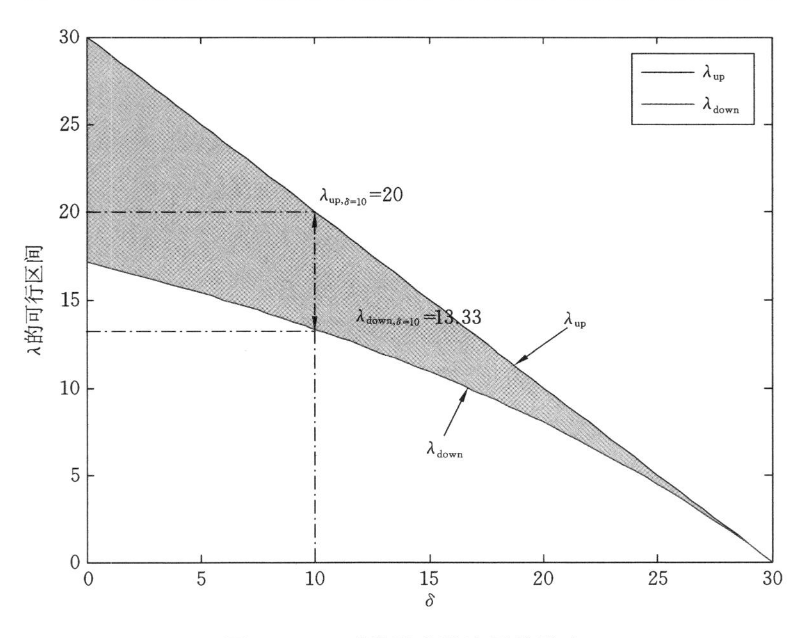


**图 12-3　$\delta$ 对补贴参数边界的影响**

分散系统下的总期望收益。当 $\delta = 10$ 时，$\lambda$ 的上下界即为图 12-1、

12-2 和 12-3 中的可行区域的边界。

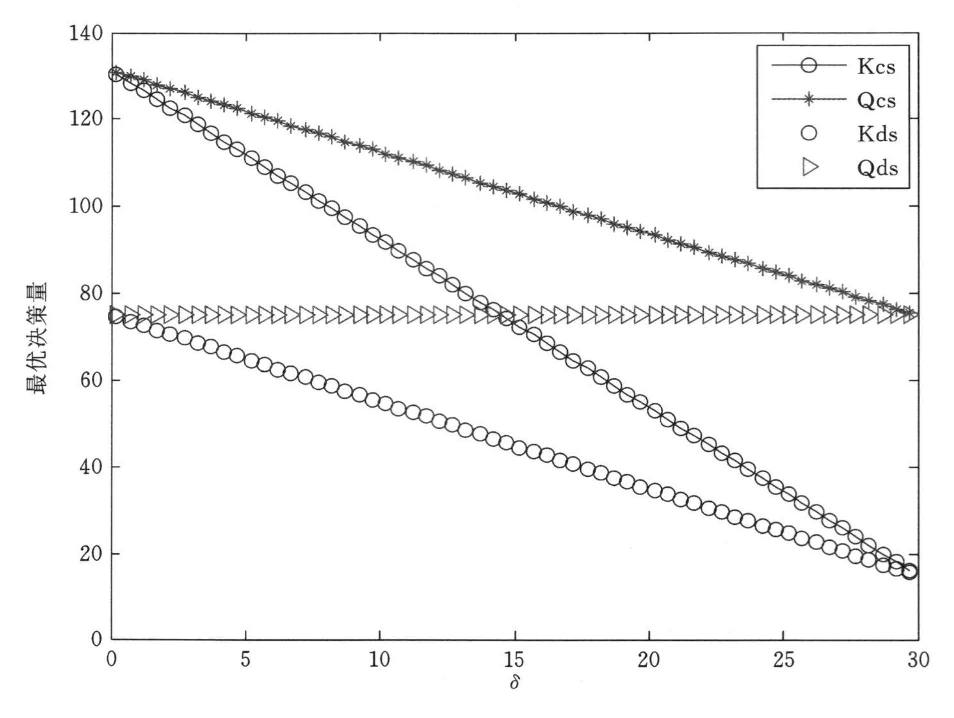


**图 12-4　δ 对集中和分散系统中企业决策的影响**

图 12-4 展示的是企业决策在不同 $\delta$ 下的变化。在集中系统中，当 $\delta=0$ 时，即意味着柔性产能投资是无成本的，集中决策者为降低柔性产能生产成本，会将数量决策和柔性产能投资决策保持一致。随着 $\delta$ 的增大，数量决策会逐渐降低，为了实现与柔性生产成本之间的权衡，柔性产能的投资会低于数量决策，且差距为 $\delta/b$，即随着 $\delta$ 的增大，数量决策与柔性产能投资决策之间的差距越来越大。在分散系统中，零售商仅基于自身考虑，因此 $\delta$ 的变化并不会影响其订货量决策。制造商的柔性产能投资决策与集中系统下的决策类似，随 $\delta$ 递减，并与订货量之间保持 $\delta/b$ 的差距。当 $\delta=30$ 时，无须协调，分散系统与集中系统下的决策一致，这也意味着无法通过协调机制实现期望收益的增加，这与图 12-3 中 $\lambda=0$ 是一致的。

图 12-5 展示的是随 $\delta$ 的变化，两个企业的期望收益的变化。在分散系统中，对于零售商而言，其期望收益并不会随制造商的柔性

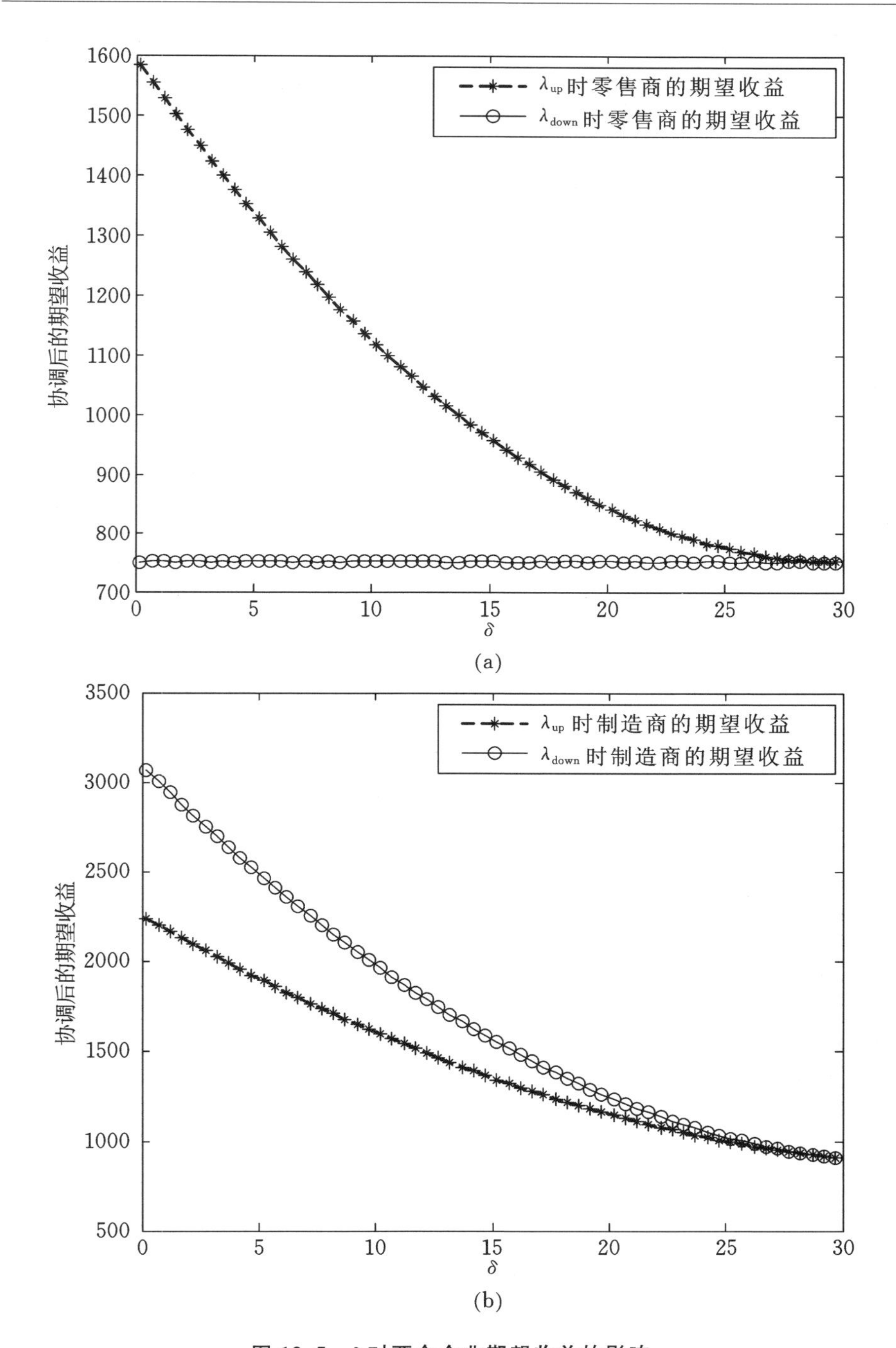


**图 12-5　$\delta$ 对两个企业期望收益的影响**

(a) 零售商的期望收益变化；(b) 制造商的期望收益变化

产能投资成本的变化而变化。因此，当 $\lambda$ 取下界时，零售商的期望收益等于其在分散系统中的期望收益，随着 $\lambda$ 的增大，其期望收益递增，然后这种递增的效果随着 $\delta$ 的增大而降低；当 $\lambda$ 取上界时，其取得协调机制下的最大期望收益。对于制造商而言，当 $\lambda$ 取下界时，制造商获得协调机制下的最大期望收益，随着 $\lambda$ 的增大，其期望收益递减，然后这种递减的效果随着 $\delta$ 的增大而降低；当 $\lambda$ 取上界时，其获得协调机制下的最低收益。换言之，随着 $\lambda$ 的增大，期望收益从制造商向零售商转移，这与图 12-1 和图 12-2 中的结果是一致的。但是这种可转移的期望收益会随着 $\delta$ 的增加而递减，最后变为 0。

在当前制造业转型升级的大背景下，随着物联网技术的不断发展和成熟，应用物联网技术从而获得柔性产能，成为制造企业的必然选择。构建柔性产能不仅可以应对外部风险，甚至还是企业获得竞争优势的一种方式。在不考虑产能的情况下，相关学者主要从定价和（或）库存[6-7]、收益共享或风险分担[8]、订货量[9-10]、期权[11-13]的角度研究渠道协调问题；在考虑产能时，相关学者所研究的也大多是专用性产能的投资决策问题[14-16]；有关柔性产能投资的问题，相关学者主要基于实物期权理论研究了柔性产能投资的时机、规模等决策问题[17-18]，而本章则属于上述三个研究领域的交叉领域，在一个双层供应链中考虑上游制造商在单周期中对柔性产能的投资决策以及下游零售商的订货决策问题。由于双重边际效应，在分散结构下零售商基于自身利益考虑的决策可能导致双方的期望收益之和要低于集中决策下的系统期望收益，即是非最优的，制造商投入物联网获得的柔性产能的优势也未充分体现出来。基于此，本章设计了基于“残值补贴＋缺货惩罚”的协调机制，从而让分散结构下两个企业的期望收益之和等于集中决策下的期望收益，且都比协调前的期望收益要高，从而充分体现物联网在柔性产能中的价值。

主要结论有：第一，“残值补贴＋缺货惩罚”协调机制可以对柔性产能下零售商订货量不足的问题进行协调。不同参数组合最终会导致两个企业对额外期望收益分配比例的不同，但两参数之间呈反向变化关系，且需要满足一定的边界约束。对于额外利润分配问题，现有研究[19-20]也有类似结论。第二，上游制造商投资物联网获得柔性产能的决策与下游企业的订货量决策以及柔性产能投资成本系数与生产成本系数之间的比值有关。

基于上述结论可以得到如下企业管理启示：第一，渠道协调后，残值补贴和缺货惩罚之间的反向变化关系，意味着制造商在设计契约时，残值补贴和缺货惩罚不能同时太低或太高，否则会导致动机不足或过度调整，从而仍然偏离集中系统下的最优决策。缺货惩罚与残值补贴的大小会影响上下游双方对额外期望收益的占有比例，制造商可以将契约参数设置在边界条件上，让零售商获得可接受的最低期望收益，从而获得最大额外期望收益。如果零售商在渠道商上有一定的话语权（或其他的谈判能力），则制造商可以适当调节参数，增加零售商对额外期望收益的占有比例。第二，上游制造商是否利用物联网获得柔性产能，应根据下游零售商的订货量进行决策，且仅当订货量超过一定阈值时，制造商才会投资柔性产能。对于订货量，制造商可以通过设置契约参数让零售商做出系统最优的订货量决策；对于上述阈值，柔性产能投资成本系数和生产成本系数分别会对该阈值施加正向和反向影响。较高的柔性产能投资成本不仅会降低系统期望收益，也会导致该阈值过高，从而降低对柔性产能投资的动机。随着物联网技术的规模化发展和成熟，其成本也必将逐渐降低，因此，制造商应用物联网技术获得产能柔性的动机会随物联网技术本身的发展而逐渐加强。柔性产能生产成本过高，会降低该阈值，即会迫使制造商尽可能接近下游企业的订货量进行柔性产能的投资。换言之，制造商应在柔性产能投资成本与生产成本之间进行权衡，从而获得最优决策。

**附录：相关命题证明**

**(1) 命题 12-1 的证明**

令 $\pi(K,Q)=(p-c+g_R)Q-g_R\mu-\frac{1}{2}b(K-Q)^2-\delta K-(p-v+g_R)\int_0^Q F(x)\mathrm{d}x$，由$\frac{\partial\pi}{\partial K}=0$和$\frac{\partial\pi}{\partial Q}=0$可求得函数 $\pi(K,Q)$

的唯一驻点 $M\left[F^{-1}\left(\frac{p-c+g_R-\delta}{p-v+g_R}\right)-\frac{\delta}{b},F^{-1}\left(\frac{p-c+g_R-\delta}{p-v+g_R}\right)\right]$。又因为 $\pi$ 关于 $(K,Q)$ 的 Hessian 矩阵为：

$$\boldsymbol{H}=\begin{bmatrix}\frac{\partial^2\pi}{\partial K^2} & \frac{\partial^2\pi}{\partial K\partial Q}\\ \frac{\partial^2\pi}{\partial Q\partial K} & \frac{\partial^2\pi}{\partial Q^2}\end{bmatrix}=\begin{bmatrix}-b & b\\ b & -(p-v+g_R)f(Q)-b\end{bmatrix}$$

其一阶和二阶顺序主子式分别为 $\Delta_1=-b<0,\Delta_2=(p-v+g_R)f(Q)b>0$，则可知 $\boldsymbol{H}$ 为负定矩阵，即 $\pi$ 存在极大值，且驻点 $M$ 是 $\pi(K,Q)$ 的极大值点，可有 $(K^*,Q^*)=M$。又由约束条件 $K\geqslant 0,Q\geqslant 0$，当 $K\leqslant 0$ 时，即 $F^{-1}\left(\frac{p-c+g_R-\delta}{p-v+g_R}\right)\leqslant\frac{\delta}{b}$，企业无法进行生产即产量为 0，此时取 $(K^*,Q^*)=(0,0)$。因此，当 $F^{-1}\left(\frac{p-c+g_R-\delta}{p-v+g_R}\right)>\frac{\delta}{b}$ 时，$(K_{CS}^*,Q_{CS}^*)=M\left[F^{-1}\left(\frac{p-c+g_R-\delta}{p-v+g_R}\right)-\frac{\delta}{b},F^{-1}\left(\frac{p-c+g_R-\delta}{p-v+g_R}\right)\right]$。当 $F^{-1}\left(\frac{p-c+g_R-\delta}{p-v+g_R}\right)\leqslant\frac{\delta}{b}$ 时，$(K_{CS}^*,Q_{CS}^*)=M(0,0)$。由于本章仅考虑存在柔性产能情况下的决策协调问题，因此仅考虑 $F^{-1}\left(\frac{p-c+g_R-\delta}{p-v+g_R}\right)>\frac{\delta}{b}$ 的情况。命题得证。

**（2）命题 12-2 的证明**

分散系统下零售商期望收益关于 $Q$ 的一阶和二阶导数分别可以表示为 $\frac{\mathrm{d}E\prod_{R,F}^{DS}(Q)}{\mathrm{d}Q}=(p-w+g_R)-(p-v+g_R)F(Q)$，$\frac{\mathrm{d}^2E\prod_{R,F}^{DS}(Q)}{\mathrm{d}Q^2}=-(p-v+g_R)f(Q)<0$。令其一阶导数等于 0，可有 $Q_{DS,R}^*=F^{-1}\left(\frac{p-w+g_R}{p-v+g_R}\right)$。命题得证。

**(3) 命题 12-3 的证明**

制造商期望利润关于 $K$ 的一阶和二阶导数分别为：$\frac{\partial E\prod_{M,F}^{DS}(K)}{\partial K}=-b(K-Q_{DS,R}^{*})-\delta$ 和 $\frac{\partial^2 E\prod_{M,F}^{DS}(K)}{\partial K^2}=-b<0$。令一阶导数为 0，可有：$K_{DS}^{*}=Q_{DS,R}^{*}-\delta/b$。命题得证。

**(4) 命题 12-4 的证明**

根据前文的假设，$p>w>c>v$，$p-w>v$，以及 $\delta\leqslant w-c$，易知 $\frac{p-w+g_R}{p-v+g_R}\leqslant\frac{p-(c+\delta)+g_R}{p-v+g_R}$，且由 $F(\cdot)$ 的单调性可知，$F^{-1}(\cdot)$ 在定义域内也是单调递增的，即 $Q_{DS,R}^{*}=F^{-1}\left(\frac{p-w+g_R}{p-v+g_R}\right)\leqslant F^{-1}\left(\frac{p-(c+\delta)+g_R}{p-v+g_R}\right)=Q_{CS}^{*}$，即分散系统中的订货量决策要低于集中系统中的数量决策。集中系统下的约束条件为 $F^{-1}\left(\frac{p-c+g_R-\delta}{p-v+g_R}\right)\geqslant\frac{\delta}{b}$，令 $s_{CS}(\delta)=F^{-1}\left(\frac{p-c+g-\delta}{p-v+g}\right)-\frac{\delta}{b}$，则 $s_{CS}(\delta=0)=F^{-1}\left(\frac{p-c+g_R}{p-v+g_R}\right)>0$ 且 $s_{CS}(\delta)$ 随 $\delta$ 递减。令 $s_{CS}(\delta=\delta_{\max}^{CS})=0$，则易知 $\delta\in(0,\delta_{\max}^{CS}]$ 时，$s_{CS}(\delta)\geqslant 0$，其中 $\delta_{\max}^{CS}$ 满足：$F^{-1}\left(\frac{p-c+g-\delta_{\max}^{CS}}{p-v+g}\right)-\frac{\delta_{\max}^{CS}}{b}=0$。同理，在分散系统下有 $F^{-1}\left(\frac{p-w+g_R}{p-v+g_R}\right)-\frac{\delta_{\max}^{DS}}{b}=0$。由 $c+\delta<w$ 可知，$\delta_{\max}^{DS}<\delta_{\max}^{CS}$，即在分散系统中，$\delta$ 的取值范围变窄。命题得证。

**(5) 命题 12-5 的证明**

协调后的分散系统(CDS)中零售商的期望利润可以表示为 $E\prod_{R,\lambda\beta}^{CDS}(Q)=[p-w+(g_R+\beta)]Q-(g_R+\beta)\mu-[p-(\lambda+v)+(g_R+\beta)]\int_0^Q F(x)\mathrm{d}x$，其关于 $Q$ 的一阶和二阶导数分别为

$$\frac{\mathrm{d}E\prod_{R,\lambda\beta}^{CDS}(Q)}{\mathrm{d}Q}=[p-w+(g_R+\beta)]-[p-(\lambda+v)$$

$$+(g_R+\beta)]F(Q)$$

$$\frac{\mathrm{d}^2 E\prod_{R,\lambda\beta}^{CDS}(Q)}{\mathrm{d}Q^2}=-[p-(\lambda+v)+(g_R+\beta)]f(Q)<0$$

制造商的期望收益可表示为:

$$E\prod_{M,\lambda\beta}^{CDS}(K)=(w-c-\beta)Q+\beta\mu+(\beta-\lambda)\int_0^Q F(x)\mathrm{d}x$$

$$-\left[\frac{1}{2}b(K-Q)^2+\delta K\right]$$

制造商的期望收益对产能投资 $K$ 的一阶和二阶导数分别为: $\frac{\mathrm{d}E\prod_{M,\lambda\beta}^{CDS}(K)}{\mathrm{d}K}=-b(K-Q)-\delta$, $\frac{\mathrm{d}^2 E\prod_{M,\lambda\beta}^{CDS}(K)}{\mathrm{d}K^2}=-b<0$。即零售商的期望收益是关于其订货量 $Q$ 的凹函数,制造商的期望收益是关于其产能投资量 $K$ 的凹函数,可求得最优决策为: $Q_{CDS}^*=F^{-1}\left[\frac{p-w+g_R+\beta}{p-(\lambda+v)+g_R+\beta}\right]$, $K_{CDS}^*=Q_{CDS}^*-\delta/b$ ,且有约束条件 $Q_{CDS}^*>\delta/b$ 。命题得证。

**(6) 命题 12-7 的证明**

数量要保持一致时,需满足 $\frac{p-w+g_R+\beta}{p-(\lambda+v)+g_R+\beta}=\frac{p-(c+\delta)+g_R}{p-v+g_R}$, 可有 $\beta=\frac{[p+g_R-v)(w-(c+\delta)]-\lambda[p+g_R-(c+\delta)]}{c+\delta-v}=\frac{p+g_R-v}{c+\delta-v}[w-(c+\delta)-\lambda F(Q_{CS}^*)]$。由前文假设可知,为保证不会过度补贴,存在约束 $\lambda\leqslant w-v$。同时,为保证 $\beta$ 的非负性,有约束 $\lambda\leqslant\frac{w-(c+\delta)}{F(Q_{CS}^*)}$。且因 $w-v-\frac{(p+g_R-v)[w-(c+\delta)]}{p+g_R-(c+\delta)}=\frac{(p+g_R-w)(c+\delta-v)}{p+g_R-(c+\delta)}>0$,因此可有 $0\leqslant\lambda\leqslant\frac{[w-(c+\delta)]}{F(Q_{CS}^*)}$。命题得证。

**(7) 命题 12-8 的证明**

对于零售商而言,协调后与协调前期望利润差值为: $\Delta\prod_R=$

$E\prod_{R,\lambda\beta}^{CDS}(Q_{CS}^{*})-E\prod_{R,F}^{DS}(Q_{DS,R}^{*})$，将 $\beta(\lambda)$ 代入上式，并化简可有

$$\Delta\prod_{R}=\frac{p-v+g_R}{c+\delta-v}\left\{\begin{aligned}&(w-v)\int_0^{Q_{CS}^{*}}xf(x)\mathrm{d}x\\&-(c+\delta-v)\int_0^{Q_{DS,R}^{*}}xf(x)\mathrm{d}x(p-w+g_R)\\&-\mu[w-(c+\delta)]-\lambda\int_0^{Q_{CS}^{*}}(x-\mu)f(x)\mathrm{d}x\end{aligned}\right.$$

若要 $\Delta\prod_R\geqslant 0$，则需：

$\lambda\left[\int_0^{Q_{CS}^{*}}(x-\mu)f(x)\mathrm{d}x\right]\leqslant(w-v)\int_0^{Q_{CS}^{*}}xf(x)\mathrm{d}x-(c+\delta-v)$ $\int_0^{Q_{DS,R}^{*}}xf(x)\mathrm{d}x-\mu[w-(c+\delta)]$。令 $y(t)=\int_0^{t}(x-\mu)f(x)\mathrm{d}x$，则 $y'(t)=(t-\mu)f(t)$，当 $t\in[0,\mu]$ 时，$y(t)$ 是关于 $t$ 的减函数，当 $t\in(\mu,+\infty)$ 时，$y(t)$ 是关于 $t$ 的增函数。又易知 $y(0)=0$，$\lim\limits_{t\to+\infty}y(t)=0$，故在 $t\in(0,+\infty)$ 上，可有 $y(t)=\int_0^{t}(x-\mu)f(x)\mathrm{d}x<0$，即 $\int_0^{Q_{CS}^{*}}(x-\mu)f(x)\mathrm{d}x<0$。因此，由 $\Delta\prod_R\geqslant 0$，可有：

$$\lambda\geqslant\frac{(w-v)\int_0^{Q_{CS}^{*}}xf(x)\mathrm{d}x-(c+\delta-v)\int_0^{Q_{DS,R}^{*}}xf(x)\mathrm{d}x-\mu[w-(c+\delta)]}{\int_0^{Q_{CS}^{*}}(x-\mu)f(x)\mathrm{d}x}$$

$=\lambda_R$。

同理，对于制造商而言，由 $\Delta\prod_M\geqslant 0$，我们可以推导出：

$$\lambda\leqslant(w-c-\delta)\frac{(p-v+g_R)\left[\int_0^{Q_{CS}^{*}}xf(x)\mathrm{d}x-\mu\right]+(c+\delta-v)Q_{DS,R}^{*}}{(p-v+g_R)\left[\int_0^{Q_{CS}^{*}}(x-\mu)f(x)\mathrm{d}x\right]}$$

$=\lambda_M$。

综上，可以得到实现渠道协调的契约参数范围为：$\lambda_R\leqslant\lambda\leqslant\lambda_M$。

## 参 考 文 献

[1] 赵道致，杜其光. 供应链中需求信息更新对制造能力共享

的影响[J]. 系统管理学报，2017，26(2):374-380,389.

[2] 赵道致，杜其光，徐春明. 物联网平台上两制造商间的制造能力共享策略[J]. 天津大学学报（社会科学版），2015，17(2):97-102.

[3] 战德臣，赵曦滨，王顺强，等. 面向制造及管理的集团企业云制造服务平台[J]. 计算机集成制造系统，2011，17(3):487-494.

[4] 工业和信息化部电子科学技术情报研究所. 中国物联网发展报告(2014—2015)[M]. 北京：电子工业出版社，2015.

[5] 郭琼，杨德礼，迟国泰. 基于期权的供应链契约式协调模型[J]. 系统工程，2005，10:1-6.

[6] PASTERNACK B A. Optimal pricing and return policies for perishable commodities[J]. Marketing Science，2008，27 (1): 133-140.

[7] LARIVIERE M A. Supply chain contracting and coordination with stochastic demand[M]. Quantitative Models for Supply Chain Management. Barlin:Springer，1999:233-268.

[8] CACHON G P. Supply chain coordination with contracts[J]. Handbooks in Operations Research and Management Science. Elsevier，2003:227-339.

[9] TSAY A A，LOVEJOY W S. Quantity flexibility contracts and supply chain performance[J]. Manufacturing & Service Operations Management，1999，1 (2):89-111.

[10] LI J，LIU L. Supply chain coordination with quantity discount policy[J]. International Journal of Production Economics，2006，101 (1):89-98.

[11] CACHON G P，LARIVIERE M A. Contracting to assure supply：how to share demand forecasts in a supply chain[J]. Management Science，2001，47 (5):629-646.

[12] WANG Q，TSAO D-b. Supply contract with

bidirectional options: the buyer's perspective[J]. International Journal of Production Economics, 2006, 101 (1):30-52.

[13] WANG X, LIU L. Coordination in a retailer-led supply chain through option contract[J]. International Journal of Production Economics, 2007, 110 (1):115-127.

[14] TOMLIN B. Capacity investments in supply chains: sharing the gain rather than sharing the pain[J]. Manufacturing & Service Operations Management, 2003, 5 (4):317-333.

[15] ERKOC M, WU S D. Managing high-tech capacity expansion via reservation contracts[J]. Production and Operations Management, 2005, 14 (2):232-251.

[16] JIN M, WU S D. Capacity reservation contracts for high-tech industry[J]. European Journal of Operational Research, 2007, 176 (3):1659-1677.

[17] HAGSPIEL V, HUISMAN K J, KORT P M. Volume flexibility and capacity investment under demand uncertainty[J]. International Journal of Production Economics, 2016, 178:95-108.

[18] DE GIOVANNI D, MASSABÒ I. Capacity investment under uncertainty: the effect of volume flexibility[J]. International Journal of Production Economics, 2018, 198:165-176.

[19] MATHUR P P, SHAH J. Supply chain contracts with capacity investment decision: two-way penalties for coordination[J]. International Journal of Production Economics, 2008, 114 (1):56-70.

[20] 邵晓峰，季建华. 基于补偿合约的供应链定价与能力设计的协调问题研究[J]. 中国管理科学，2008(4):62-68.

第
13
章
Chapter 13

# 物联网环境下物流组织网络的结构优化研究

## 13.1 多式联运组织结构关系低效问题

在物流组织网络中，节点之间的关系、联系方式、价值的实现过程，皆不同于具有固定合作关系的契约企业。在物联网系统中，各节点处于对等的地位，整个网络通过一种自我调节功能，即各节点间通过相互的信息交流，迅速整合资源，参与物流业务运作。我们以多式联运为例构建多式联运组织网络，在物联网的作用下，将运输方式与组织类型统一起来，以期对物流路径、物流服务需求、物流资源管理和解决方案等现实问题进行抽象，并建立多目标数学模型，来优化物流组织网络结构。

多式联运是指运用两种或两种以上运输方式把货物从起始地运送到目的地的配送模式，为国内外贸易、经济发展提供了畅通、安全、高效的便捷式服务，是加快物流流转效率的重要手段，在我国“一带一路”“长江经济带”和“京津冀协同发展”等重大战略实施中扮演了重要角色[1]。多式联运组织不是一个抽象的组织，而是多式联运经营人按照一定的方式，将多式联运网络中各个具体运输要素综合起来看，其组织结构包括了多式联运经营人、各类承运人（公路承运人、铁路承运人、海运承运人、航空承运人）、转运点场站管理人、托运人和收货人（图 13-1）。经营人与运输承运人之间因各组织利益不一致、信息技术发展不同步、信息不对称等原因，其系统存在“连而不畅”“连而不接”等众多问题，造成了各运输企业之间诸多的矛盾和冲突，使得整个多式联网运输网络效率降低，无法及时有效地满足客户的需求[2]。

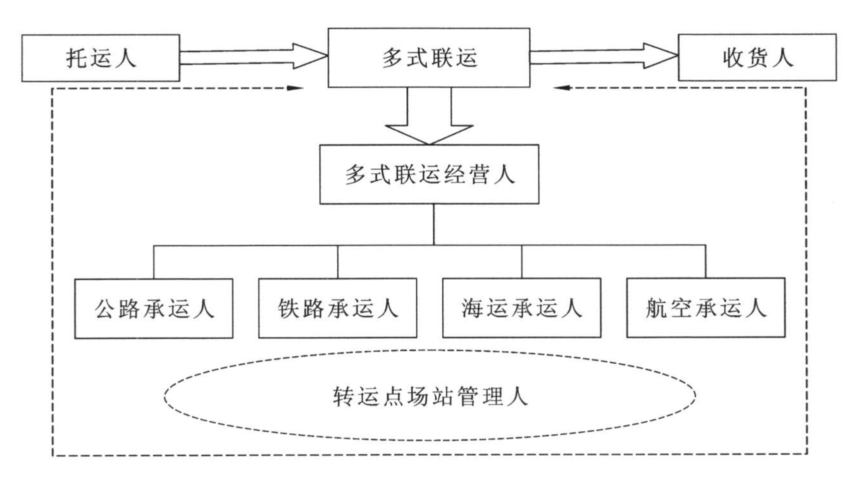


**图 13-1　多式联运系统的组织结构**

物联网的出现和飞速发展则带来了一种新契机，即通过RFID、条码识别、环境温度感知、GPS、图像识别等先进技术，实时感知、定位和追踪货物与车辆的信息，建立多式联运物联网系统[3]，使各类信息能够无缝、实时、敏捷地在公路、水路、铁路等承运人和经营人之间共享及流通，帮助多式联运经营人对不同承运人进行组织协调和决策（不同运输服务承运人需要在恰当的时间、空间配置恰当的资源数量，即确保运输活动实现时、空、物的耦合），从而实现不同运输方式管理的一体化，以期多种运输方式“无缝衔接”，提高运输效率，降低运输成本及货物丢失率，实现多式联运运输效益的最优化。

通过对国内多处多式联运示范区的调研发现，实际应用中可将运输承运人与多式联运经营人之间的组织关系分为两类：一类是经营人通过并购、重组等方式将承运人归为已有，组建合资公司，即科层型；另一类是经营人与各运输承运人签订长期的合同，即契约型。我们认为随着物联网技术的发展和应用可使多式联运的组织关系发生极大转变，形成真正意义上的联盟，有效实现资源的互通互联，即联盟型。当然，上述两类组织关系都不同程度地受到生产成本、交易费用、战略收益和公共政策制度的影响，现实中也并不存在唯一最优的组织关系，各种不同的组织关系合作共生，其决策在于评估不同因素影响下的综合收益。

本章从多式联运经营人的视角，以多式联运经营人与各运输方式（公、铁、海、航）承运人之间的组织关系（科层型、契约型、联盟型）为研究对象，建立混合整数规划模型，将组织关系选择的这一战略问题下放到运作层面做决策，以期在不同规模的运输网络下，以运输总成本最小为决策目标，选择最优的组织关系及运输方式。通过分析不同组织关系中物联网发挥的作用及对运输成本的影响，进而对多式联运组织结构的依存关系进行对比，为物流企业在不同情景下做出最优决策提供操作性良好的技术支持和相关管理建议，更好地应对物联网带来的挑战和机遇。

## 13.2　基于不用物流组织结构关系的多式联运网络优化建模

设 $G(V,A,K)$ 是一个区域内多式联运网络，$V$ 表示节点的集合（即网络图中各城市的集合），$|V|=v$；$A$ 表示弧的集合[即相邻城市 $(i,j)$ 的路段集合]，$|A|=a$；$K$ 表示相邻两城市之间运输方式的集合。其中 $S=\{1,2,3,\cdots,S\}$ 是供应点的集合，$T=\{1,2,3,\cdots,T\}$ 是需求点的集合，且 $S\cap T=\varnothing$。下面通过在企业科层、企业关系和战略联盟三种不同的多式联运组织关系的情景下，以总成本最小为目标，建立线性整数规划模型，整合优化运输方式以及运输路径的选择。

### 13.2.1　模型参数设置

$s\in V$ 是供应点，$t\in V$ 是需求点，$i\in V$ 是转运节点（$i\neq s$，且 $i\neq t$），$j\in V$ 是与节点 $i$ 相邻转运节点（此处相邻是指至少有一种运输方式 $k$ 可直达），$k,h\in K$ 是运输模式，可选普通公路、高速公路、铁路、水路、空运等；$r,g \in R$ 是经营人与承运人的组织关系类型，可选科层型、契约型、联盟型等；$M_s$ 表示供应点 $s$ 的供应能力，$D_t$ 表示需求点 $t$ 的需求量，$M_{ij}^{kr}$ 表示两节点 $(i,j)$ 之间采用运输方式 $k$、组织关系 $r$ 的最大运输能力，$l_{ij}^{kr}$ 表示两节点 $(i,j)$ 之间采用运输方式 $k$ 组织关系 $r$ 的距离；$c_{ij}^{kr}$ 表示两节点 $(i,j)$ 之间采用运输方式 $k$ 组织关系 $r$ 的单位运输成本，$c_i^{krhg}$ 表示运输方式 $k$ 组织关系 $r$ 进入转运节点 $i$ 又以 $(h,g)$ 转出的单位转运成本，$M$ 表示一个大数。

### 13.2.2　模型决策变量

$x_{ij}^{kr}$ 表示两节点 $(i,j)$ 之间采用运输方式 $k$ 组织关系 $r$ 的运输量；

$y_{ij}^{kr}=(0,1)$ 表示两节点 $(i,j)$ 之间是否采用运输方式 $k$ 组织关系 $r$，1 为是，0 为否；

$q_i^{krhg}$ 表示运输方式 $k$ 组织关系 $r$ 进入转运节点 $i$ 又以 $(h,g)$ 转出的转运量；

$z_i^{krhg}=(0,1)$ 表示节点 $i$ 处运输方式组织关系是否从 $(k,r)$ 转换为 $(h,g)$，1 为是，0 为否。

### 13.2.3　目标函数及约束

$$\min f=\sum_{i\in V}\sum_{j\in V}\sum_{k\in K}\sum_{r\in R}x_{ij}^{kr}c_{ij}^{kr}l_{ij}^{kr}y_{ij}^{kr}+\sum_{i\in V}\sum_{k\in K}\sum_{r\in R}\sum_{h\in K}\sum_{g\in R}z_i^{krhg}q_i^{krhg}c_i^{krhg} \tag{13-1}$$

$$\sum_{k\in K}\sum_{r\in R}y_{ij}^{kr}\leqslant |k||r| \quad \forall i,j\in V \tag{13-2}$$

$$M_{ij}^{kr}(y_{ij}^{kr}-1)\leqslant x_{ij}^{kr}\leqslant My_{ij}^{kr} \quad \forall i,j\in V,\forall k\in K,\forall r\in R \tag{13-3}$$

$$M(z_i^{krhg}-1)\leqslant q_i^{krhg}\leqslant Mz_i^{krhg} \quad \forall i\in V,\forall k,h\in K,\forall r,g\in R \tag{13-4}$$

$$\sum_{i\in V}\sum_{k\in K}\sum_{r\in R}x_{si}^{kr}\leqslant M_s \quad \forall s\in V,i\neq s \tag{13-5}$$

$$\sum_{i\in V}\sum_{k\in K}\sum_{r\in R}x_{it}^{kr}\leqslant D_t \quad \forall t\in V,i\neq t \tag{13-6}$$

$$\sum_{j\in V}\sum_{k\in K}\sum_{r\in R}x_{ji}^{kr}-\sum_{j\in V}\sum_{k\in K}\sum_{r\in R}x_{ij}^{kr}=0 \quad \forall i\in V,i\neq s,t \tag{13-7}$$

$$\sum_{j\in V}x_{ji}^{kr}=\sum_{h\in K}\sum_{g\in R}q_i^{krhg}\quad \forall i\in V,\forall k\in K,\forall r\in R \tag{13-8}$$

$$\sum_{j\in V}x_{ij}^{hg}=\sum_{k\in K}\sum_{r\in R}q_i^{krhg}\quad \forall i\in V,\forall h\in K,\forall g\in R \tag{13-9}$$

$$x_{ij}^{kr}\geqslant 0,y_{ij}^{kr}\in(0,1)\quad \forall i,j\in V,\forall k\in K,\forall r\in R \tag{13-10}$$

$$q_i^{krhg}\geqslant 0,z_i^{krhg}\in(0,1)\quad \forall i\in V,\forall k,h\in K,\forall r,g\in R \tag{13-11}$$

式(13-1)是成本最小化的目标函数，等于各路段运输成本之和加转运节点转运成本之和，具体内容同概念模型。在约束条件中，式(13-2)表示在运送路径上每个路段选择的运输模式与组织关系的组合数不超过其最大组合数，即每个路段允许选择一种及以上的运输模式与组织关系的组合；式(13-3)表示决策变量 $x_{ij}^{kr}$ 和 $y_{ij}^{kr}$ 之间的逻辑关系约束，保证选择该条路径时，其运输量不为零，且不能超过其最大运输能力，其中 $M$ 是一个大数；式(13-4)表示决策变量 $q_i^{krhg}$ 和 $z_i^{krhg}$ 之间的逻辑关系约束，保证选择该转运节点时，其转运量不为零；式(13-5)表示供应点转出的运输量不能超过其供应能力；式(13-6)表示转入需求点的运输量不能小于其需求量，即必须满足需求，不存在缺货情况；式(13-7)表示转运节点流量守恒，转入转运点的所有运输量需等于转出该点的所有运输量；式(13-8)表示所有采用$(k,r)$组合进入节点 $i$ 的运输量等于其转化的所有采用$(h,g)$组合转出的转运量；式(13-9)表示所有采用$(h,g)$组合离开节点 $i$ 的运输量等于其来源是所有采用$(k,r)$组合转入的转运量；式(13-10)和式(13-11)分别表示决策变量 $x_{ij}^{kr}$ 和 $q_i^{krhg}$ 为非负，决策变量 $y_{ij}^{kr}$ 和 $z_i^{krhg}$ 是(0,1)整数变量。

## 13.3　基于物流网络多式联运组织结构优化的广东省案例分析

本节以广东省多式联运网络为例，选择地级市以上的城市作为需求点、供应点及转运节点，共有 21 座城市，其中 1 代表湛江，2 代表茂名，3 代表阳江，4 代表云浮，5 代表江门，6 代表珠海，7 代表肇庆，8 代表佛山，9 代表中山，10 代表广州，11 代表清远，12 代表东莞，13 代表深圳，14 代表惠州，15 代表韶关，16 代表河源，17 代表汕尾，18 代表揭阳，19 代表汕头，20 代表潮州，21 代表梅州。该物流网络中有普通公路、高速公路、铁路和水路 4 种运输方式，每种运输方式的承运人与经营人之间存在子公司、契约和联盟 3 种组织关系，物流网络图如图 13-2 所示。

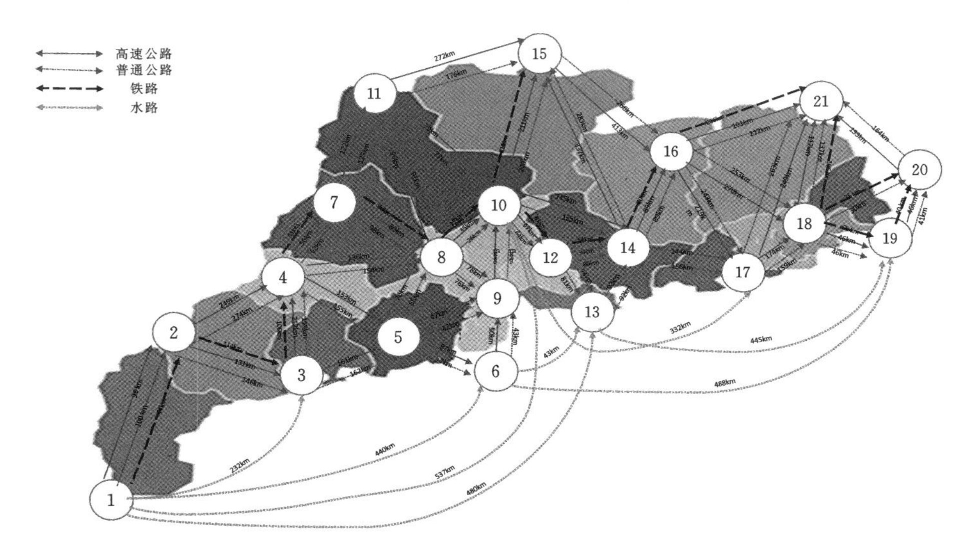


图 13-2　广东省多式联运网络

## 13.3.1　参数取值

假设运输距离只与运输模式 $k$ 有关，即不同的运输方式（普通公路、高速公路、铁路、水路）对应不同的运输距离，而与经营人、承运人之间的组织关系 $r$（子公司、契约、联盟）的选择无关。通过对谷歌地图系统数据的整理分析可得，广东省物流网络中相邻的两个节点之间采用运输方式 $k$ 的距离，如表 13-1 所示。

**表 13-1　两节点$(i,j)$之间采用$r$关系下运输方式$k$的距离**　（单位：千米）

| 两节点$(i,j)$ | 两节点$(i,j)$之间采用$r$关系下运输方式$k$的距离$l_{ij}^{kr}$ | | | |
|---|---|---|---|---|
| | 普通公路 | 高速公路 | 铁路 | 水路 |
| 1—2 | 100 | 96 | 61 | — |
| 1—3 | — | — | — | 232 |
| 1—6 | — | — | — | 440 |
| 1—10 | — | — | — | 537 |
| 1—13 | — | — | — | 480 |
| 2—3 | 146 | 131 | 114 | — |
| 2—4 | 274 | 249 | — | — |
| 3—4 | 158 | 213 | 106 | — |
| 3—5 | 162 | 161 | — | — |
| 4—5 | 155 | 153 | — | — |
| 4—7 | 62 | 56 | 41 | — |
| 4—8 | 154 | 136 | — | — |
| 5—6 | 77 | 87 | — | — |
| 5—8 | 65 | 70 | — | — |
| 5—9 | 42 | 47 | — | — |
| 6—9 | 43 | 50 | — | — |
| 6—13 | — | — | — | 43 |
| 6—19 | — | — | — | 488 |
| 7—8 | 98 | 89 | 66 | — |
| 7—11 | 125 | 122 | — | — |
| 8—9 | 76 | 78 | — | — |
| 8—10 | 26 | 35 | 13 | — |
| 8—11 | 91 | 96 | — | — |
| 9—10 | 92 | 83 | — | — |
| 10—11 | 77 | 79 | — | — |
| 10—12 | 64 | 67 | 81 | — |
| 10—14 | 135 | 145 | — | — |

**续表 13-1**

| 两节点$(i,j)$ | 两节点$(i,j)$之间采用 $r$ 关系下运输方式 $k$ 的距离 $l_{ij}^{kr}$ | | | |
|---|---|---|---|---|
| | 普通公路 | 高速公路 | 铁路 | 水路 |
| 10—15 | 240 | 211 | 211 | — |
| 10—17 | — | — | — | 332 |
| 11—15 | 176 | 272 | — | — |
| 12—13 | 81 | 74 | — | — |
| 12—14 | 89 | 94 | 58 | — |
| 13—14 | 92 | 93 | — | — |
| 13—19 | — | — | — | 445 |
| 14—15 | 283 | 337 | — | — |
| 14—16 | 89 | 89 | 80 | — |
| 14—17 | 156 | 14 | — | — |
| 15—16 | 266 | 413 | — | — |
| 16—17 | 243 | 219 | — | — |
| 16—18 | 253 | 270 | — | — |
| 16—21 | 212 | 191 | 206 | — |
| 17—18 | 159 | 174 | — | — |
| 17—21 | 263 | 249 | — | — |
| 18—19 | 46 | 46 | 65 | — |
| 18—20 | 30 | — | 25 | — |
| 18—21 | 137 | 112 | 106 | — |
| 19—20 | 41 | 46 | 40 | — |
| 20—21 | 164 | 135 | — | — |

契约关系中普通公路运输成本 0.33 元/千克·千米，高速公路运输成本 0.26 元/千克·千米，铁路运输成本 0.3 元/千克·千米，水路运输成本 0.18 元/千克·千米[4]。而经营人与承运人之间的子公司属于自建公司，其公路运输的成本相比契约关系要减少 10%～20%，水路运输因为购买或租赁船舶，成本反而会成倍增加。联盟关系容易达到规模效应，故成本也比契约关系要减少

5% ～15%。具体数值如表 13-2 所示。

**表 13-2　每一段路径上采用 $r$ 关系下运输方式 $k$ 的单位运输成本**（单位：元／千克·千米）

| | 普通公路 | 高速公路 | 铁路 | 水路 |
| --- | --- | --- | --- | --- |
| 科层公司 | 0.30 | 0.21 | — | 0.5 |
| 合同公司 | 0.33 | 0.26 | 0.3 | 0.18 |
| 联盟公司 | 0.31 | 0.22 | 0.26 | 0.17 |

同时，公路、铁路和水路几种运输方式之间的单位转运成本[4]，即由于运输方式 $k$ 改变而产生的相应数值如表 13-3 所示。

**表 13-3　节点处由于运输方式 $k$ 改变而产生的单位转运成本**（单位：元／千克）

| | 普通公路 | 高速公路 | 铁路 | 水路 |
| --- | --- | --- | --- | --- |
| 普通公路 | 2 | 2 | 8 | 8.5 |
| 高速公路 | 2 | 2 | 8 | 8.5 |
| 铁路 | 8 | 8 | 9 | 10 |
| 水路 | 8.5 | 8.5 | 10 | 7 |

又因为经营人与承运人之间关系的改变（如从科层公司运营换成联盟公司，需要卸货和重新装货等操作）也会产生相应的转运成本，对其进行合理假设，其数值如表 13-4 所示。

**表 13-4　节点处由于关系 $r$ 改变而产生的单位转运成本**　（单位：元／千克）

| | 科层公司 | 合同公司 | 联盟公司 |
| --- | --- | --- | --- |
| 科层公司 | 0.8 | 1.2 | 1 |
| 合同公司 | 1.2 | 1.2 | 1.2 |
| 联盟公司 | 1 | 1.2 | 1 |

## 13.3.2　模型求解

下面采用 IBM WebSphere ILOG CPLEX（以下简称 CPLEX）软件对模型进行求解，为对比分析城市规模的扩大是否会对求解产生影响，本书分别以 4 个城市、7 个城市、10 个城市以及 21 个城市为运输网络，分别如图 13-3、图 13-4、图 13-5 以及图 13-6 所示。假设供应点是城市 1，其供应产能 $D_t$ 为 650 千克，4 个城市网络图中需求点是城市 4，7 个城市网络图中需求点是城市 8，10 个城市网络图中需求点是城市 10,21 个城市网络图中需求点是城市 21,其需求量 $M_s$ 均为 600 千克。其中,运输方式 $k=1$ 是普通公路、$k=2$ 是高速公路、$k=3$ 是铁路、$k=4$ 是水路,组织关系 $r=1$ 是子公司关系、$r=2$ 是契约关系、$r=3$ 是联盟关系。

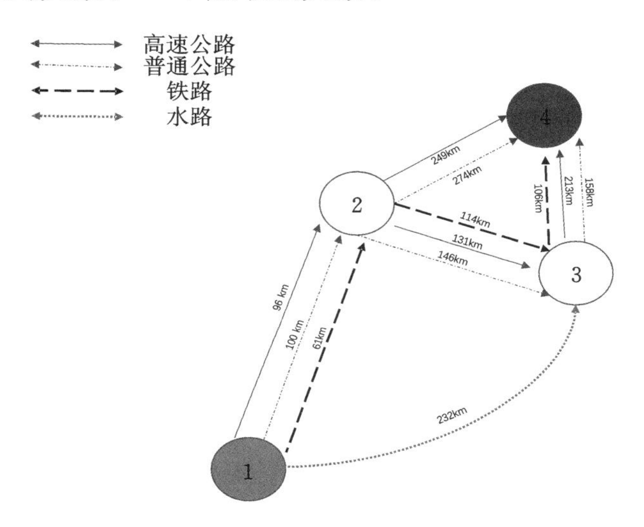


图 13-3　4 个城市的运输网络图

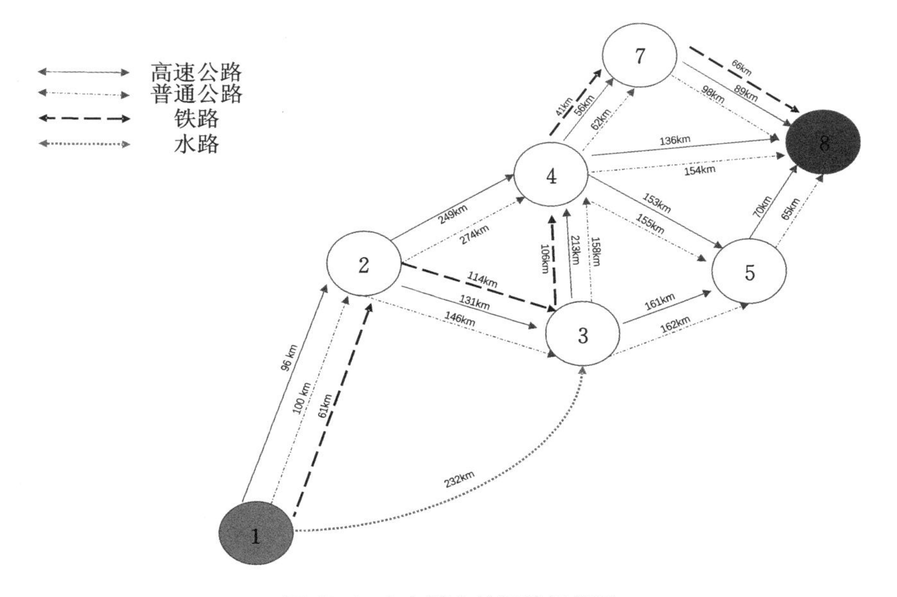


图 13-4　7 个城市的运输网络图

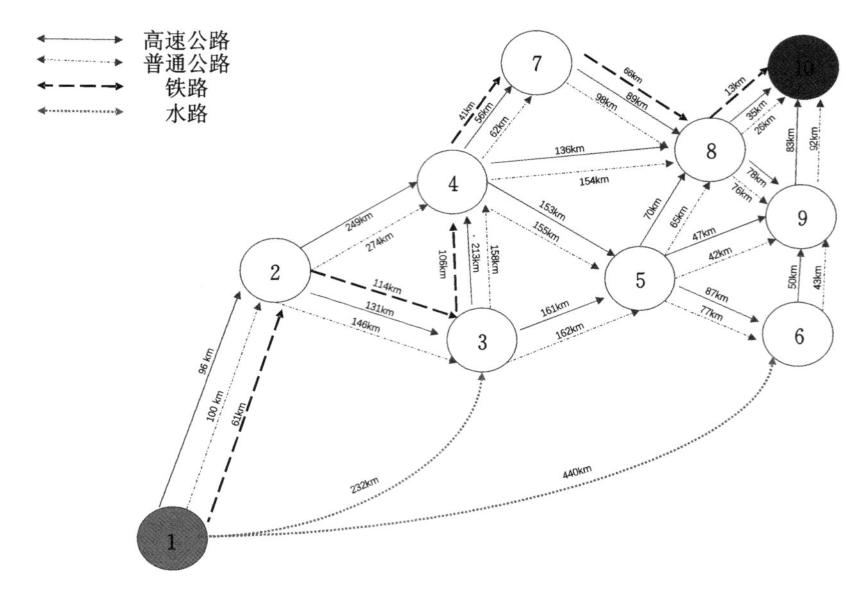


图 13-5　10 个城市的运输网络图

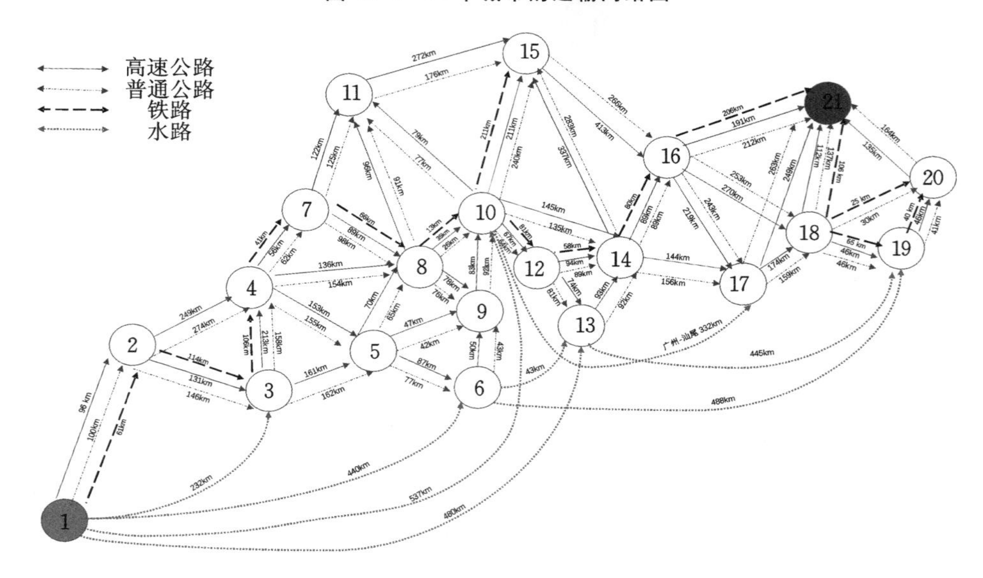


图 13-6　21 个城市的运输网络图

为了更直观地对不同城市规模下的模型求解结果进行描述，将模型求解结果数据画成相关运输路线图，其中两节点 $i,j$ 间路段上数字$(i,j)-x_{ij}^{kr}$ 表示在该段路上选择运输方式$k$ 以及此种方式下多式联运经营人与承运人之间的关系 $r$，其运输量为 $x_{ij}^{kr}$。

4 个城市的模型结果如图 13-7 所示，表示选择的运输路径是 1—2—4，从城市 1 到城市 2 是采用高速公路运输的方式，经营人与高速公路承运人之间的关系为子公司关系；从城市 2 到城市 4 也是同样的方式，此时多式联运的组织结构如图 13-8 所示。

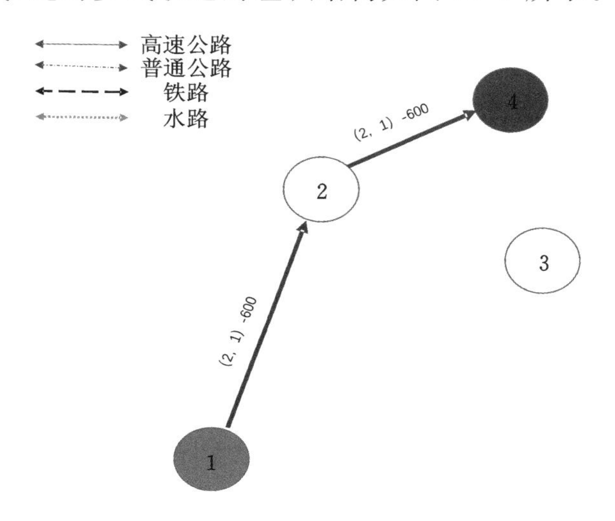


**图 13-7　4 个城市的运输路径**

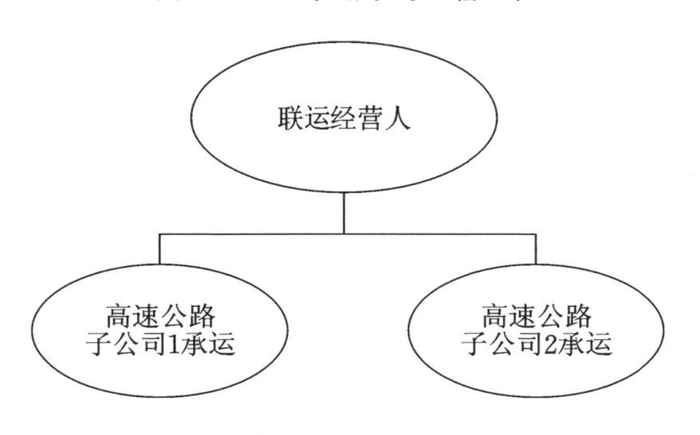


**图 13-8　4 个城市的多式联运组织结构**

7 个城市的模型结果如图 13-9 所示，表示选的运输路径是 1—3—5—8，从城市 1 到城市 3 采用水路运输的方式，经营人与水路承运人的关系为联盟关系；从城市 3 到城市 5，再从城市 5 到城市 8 都是采用高速公路运输的方式，经营人与高速公路承运人之间的关系为子公司关系，此时多式联运的组织结构如图 13-10 所示。

10 个城市的模型结果如图 13-11 所示，表示选的运输路径是 1—3—5—8—10，从城市 1 到城市 3 采用水路运输的方式，经营人

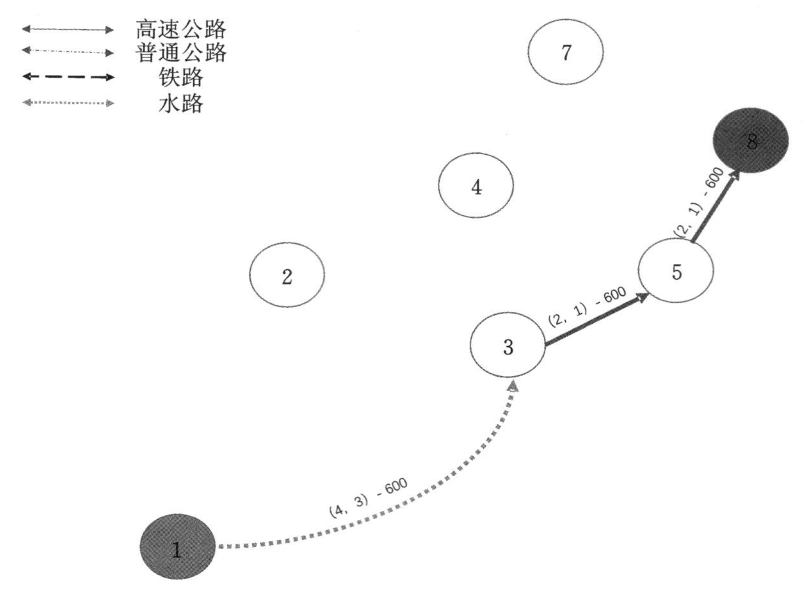


图 13-9　7 个城市的运输路径

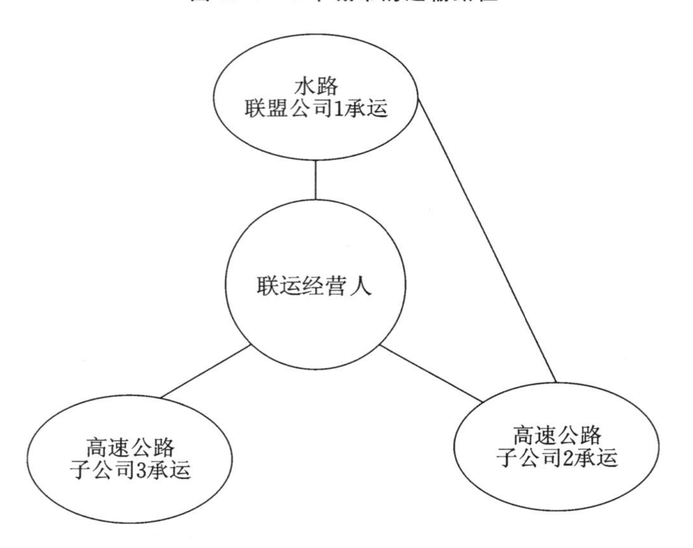


图 13-10　7 个城市的多式联运组织结构

与水路承运人的关系为联盟关系；从城市 3 到城市 5，城市 5 到城市 8，再从城市 8 到城市 10 都是采用高速公路运输的方式，经营人与高速公路承运人之间的关系为子公司关系，此时多式联运的组织结构如图 13-12 所示。

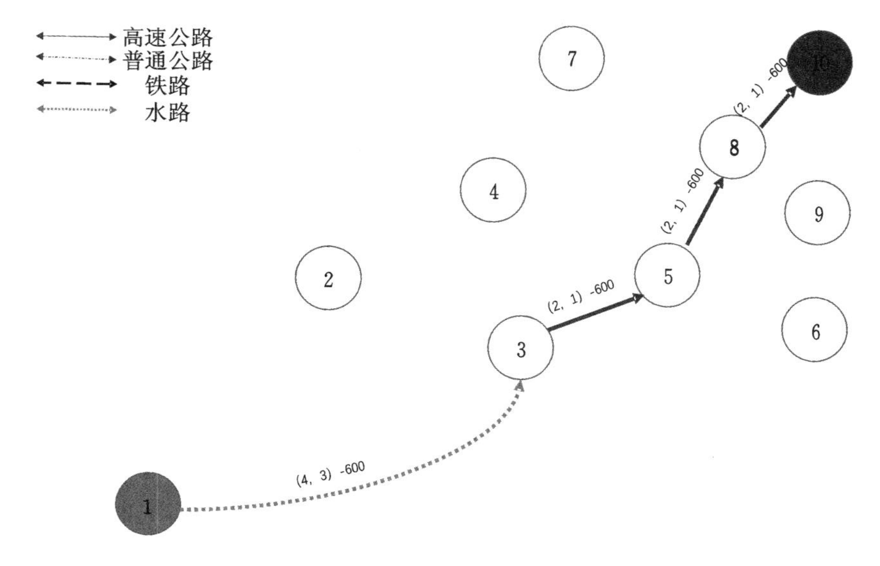


**图 13-11　10 个城市的运输路径**

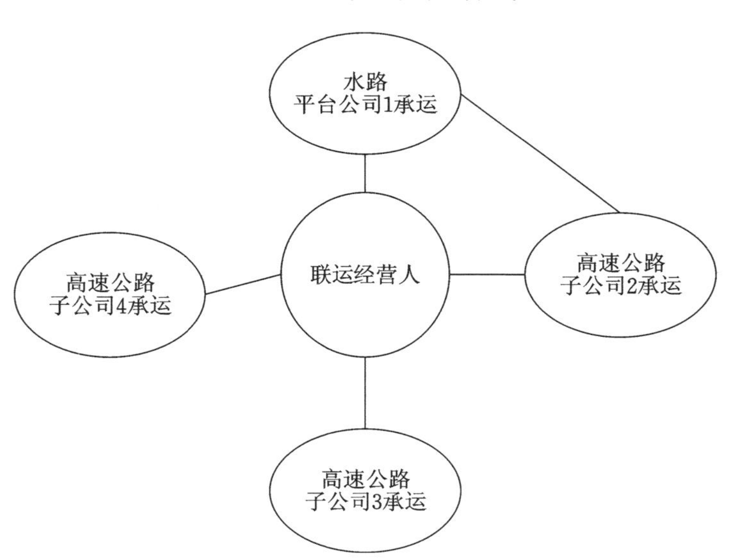


**图 13-12　10 个城市的多式联运组织结构**

21 个城市的模型结果如图 13-13 所示，表示选的运输路径是 1—13—19—20—21，从城市 1 到城市 13，再从城市 13 到城市 19 均采用水路运输的方式，经营人与水路承运人的关系为联盟关系；从城市 19 到城市 20，采用铁路运输的方式，经营人与铁路承运人之间的关系为联盟关系；从城市 20 到城市 21，采用高速公路运输的方式，经营人与高速公路承运人之间的关系为子公司关系，此时多式联运的组织结构如图 13-14 所示。

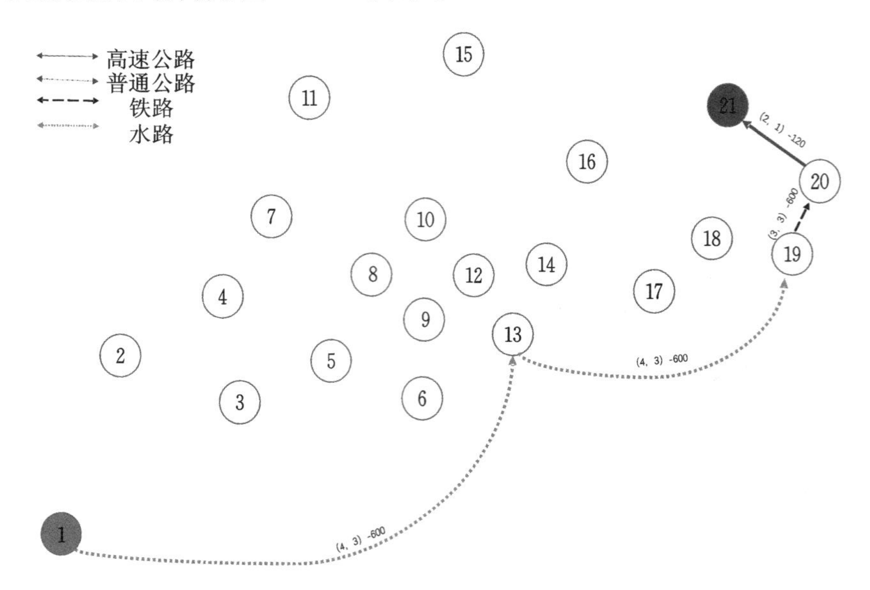


图 13-13　21 个城市的运输路径

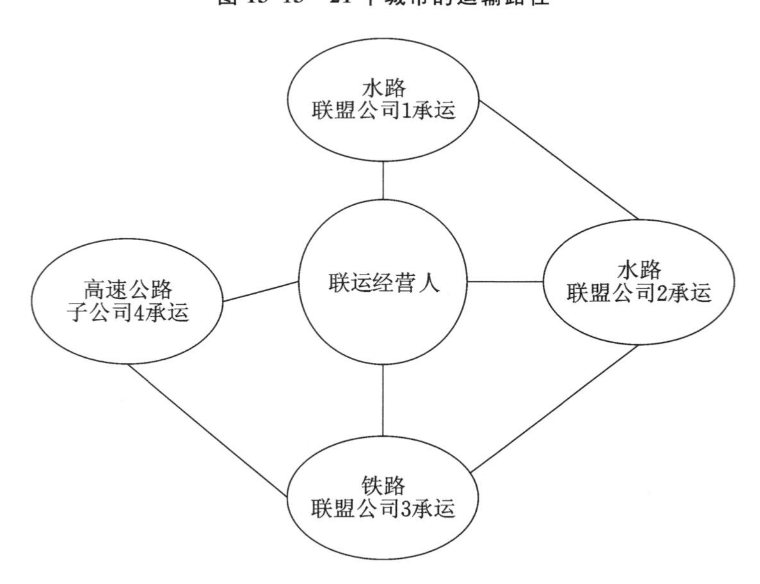


图 13-14　21 个城市的多式联运组织结构

### 13.3.3　结果分析

对以上结果进行对比发现，在小规模运输网络中，企业偏向于选择高速公路运输，且组织关系为科层型。这一方面是因为短途水路运输航线建设不完善，导致转换成本过高；另一方面自营公路运输公司投建成本低，营运风险可规避，且运输时间短，能快速满足需求。此时物联网相对于传统的 ERP 系统，没有发挥优势。随着网络规模的增加，企业偏向于选择水路运输，且组织关系为联盟型。这一方面是因为采用长途水路将航线的固定成本以及转运成本均摊在运输距离上，从而使其单位运输成本大大减少；另一方面是在物联网的作用下，联盟打通了企业壁垒，不仅能选择运输成本最低的联盟企业，也使得转运成本相应降低 。

在计算过程中，随着城市数量规模的增加，求解花费的时间也呈现出指数爆炸的趋势。如表 13-5、图 13-15 所示，符合模型的复杂度 $O(k^{3n-2})$，因此也证明了该问题是 NP 难题。

**表 13-5　不同城市数量下 CPLEX 求解花费的时间**

| 城市数量 | 4 | 7 | 10 | 21 |
| --- | --- | --- | --- | --- |
| 成本最小化求解时间 | 1.20 秒 | 2.38 秒 | 5.66 秒 | 26.3 秒 |
| 变量个数 | 1440 | 3924 | 7056 | 24084 |
| 约束个数 | 1220 | 3380 | 6206 | 22266 |

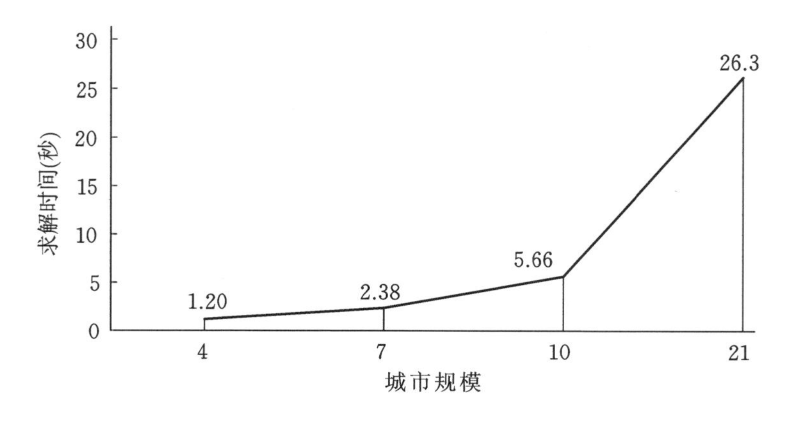


**图 13-15　CPLEX 求解花费的时间**

本章分别对多式联运的组织结构特征，及多式联运经营人与各运输承运人之间的关系进行了归纳整理，并对物联网系统在其中发挥的作用进行了比较分析。在此基础上，从多式联运经营人的视角，以多式联运经营人与各运输方式（公、铁、海、航）承运人之间的组织关系（科层型、契约型、联盟型）为研究对象，建立了混合整数规划模型，将组织关系选择的这一战略问题下放到运作层面做决策，在不同规模的运输网络下，以运输总成本最小为决策目标，选择最优的组织关系及运输方式。最后以广东省实际交通物流网络为基础设计了一套实验，验证了模型的功能及有效性，并对求解花费的时间进行了评价。结果表明，虽然求解时间随着问题规模（网络中的城市数量）的增加而显著增加，但对于许多实际应用来说，仍然在一个合理的范围内。此外，多式联运组织网络是各类物流企业合作共生的产物，存在各种不同的组织关系，在小规模运输网络中经营人往往偏爱科层型组织关系，但随着物联网技术的成熟及网络规模的增加，在未来的市场中，各类物流企业只有根据市场需要和自身特长，细分市场，明确定位，做专做精自己的核心业务，才能够从总体上形成分工合作的多式联运服务体系，在组织联盟中体现自己的价值，实现双赢的结果。

虽然本模型的有效性在实际运输网络中得到了验证，但在建模上仍然存在决策目标单一、影响分析不够细等问题。在未来的研究中，将考虑服务时间及绿色碳排放等决策目标，以及多个供需点、多种产品的约束；随着跨国多式联运的发展，问题规模将更大，开发更有效的算法也是一种方向。

## 参考文献

[1] 张国伍."一带一路"的多式联运服务体系研究："交通7+1论坛"第四十四次会议纪实[J]. 交通运输系统工程与信息，2016，16(5)：1-13.

[2] 黄娟. 多式联运组织构建与利益分配研究[D]. 西南交通大学，2018.

[3] HARRIS I, WANG Y, WANG H. ICT in multimodal transport and technological trends: unleashing potential for the future[J]. International Journal of Production Economics, 2015, 159:88-103.

[4] 沈志军，杨斌. 考虑碳排放下的集装箱物流运作策略研究[J]. 武汉理工大学学报，2012，34(5):70-75.

第14章 Chapter 14

# 物联网环境下供应链组织的结构优化研究

## 14.1 基于追溯的供应链网络结构优化问题

在过去20年中，制造型企业不断追求高度精益化和深度全球化的供应链运作模式，诸如JIT、供应商管理库存、外包和全球采购等主流的供应链管理方式，使得制造商得以高效率运作并大幅度节约成本。但这种管理方式也导致了库存缓冲作用失效和供应链复杂性、脆弱性剧烈增加等问题，继而引发了一系列供应链中断危机。供应链中断是指由于共同性(自然灾害、战争、国际贸易摩擦)或个体性(生产设备故障、原材料污染)意外事件而造成的供应链正常货物、信息、资金流通发生中断的现象，其中由供货商问题造成的供应中断近年来在严重程度和发生频次上不断加剧，对企业效益、供应链运转乃至社会价值实现均造成了巨大损失。例如2011年日本东北部海域发生的里氏9.0级大地震，致使丰田汽车公司在长达6个月的时间里遭遇了多达400种零部件的缺货；2018年国内凉茶品牌“加多宝”由于两片罐供应中断而出现大面积停产缺货，对其品牌信誉和市场占有度造成了极大的打击。

智能技术为供应链中断难题提供了新的思路，可以利用物联网追溯技术来弥补现有多渠道结构等解决方案的不足。这种新型的作用机制和物联网追溯系统的特征紧密相关。

我们知道物联网追溯技术能够实现对供应链各个环节的实时检测，快速精准识别货物来源、及时反馈产品状态、监测全流程的生产运输设备，同时打通各个环节的信息沟通。这种典型的实时追踪、精准追溯的特点，恰好可以帮助供应链管理者从源头上及时发觉小批量原材料污染或生产设备损坏等情况，并迅速进行信息公告，以使问题在小范围内得到妥善的解决，综合体现了物联网追溯系统预警供应中断的能力；此外，可追溯系统还可以作为维护高质量信任关系的工具，使供应链维持在高质量合作的状态，从而减少繁杂的协调机制，体现了物联网系统的预防机制。因此，作为对个体性中断事故具有如此良好响应能力的手段，可追溯技术替代复杂协调机制成为企业增强供应链适应性、预防供给中断风险的新措施是非常可能的。

但是，如果将可追溯性替代合作博弈机制来保障供应链的快速响应能力和适应性，那么渠道结构上的冗余措施是否还有必要呢？如果有必要保留多渠道结构，那可追溯系统是否会像协调机制那样受到渠道结构的影响？渠道资源的冗余程度是否会和可追溯性在绩效上发生交互影响？

针对上述背景和问题，下面就渠道结构和追溯系统两类中断应对方法的作用特征进行探究，将两类方法两两搭配，形成单渠道无追溯系统、单渠道有追溯系统、双渠道无追溯系统、双渠道有追溯系统等四种策略组合，并在四种策略组合下建立供应中断供应链决策模型，通过对四个模型的对比分析和数值计算，剖析渠道结构和物联网追溯系统在抵御供给中断风险时的作用效果和交互作用机制，最后将基于追溯性对供应链网络的组织结构进行优化，并给出相应的管理对策建议。

## 14.2　基于追溯的供应链网络结构建模

拟研究由不对称的不可靠供应商群体和制造商组成的二级供应链系统，探究存在单一产品供给中断问题时，该系统如何利用物联网追溯特性进行渠道结构优化。

假设制造商M可以从两个供应商$S_m$、$S_b$处同步采购同一原材料，且后两者提供原材料的数量、质量、交付都符合制造商的要求。但两个集中供应商都是不可靠供应商，处于随机发生突发事件以致供应中断的状态，其中供货商 $S_m$、$S_b$ 都面临大规模大批量的共同型中断（例如在食品行业由大规模传染性牲畜疾病造成的地区性食品源污染），这种中断类型将同时造成两个供应商都无法成功配送材料。而供货商 $S_m$ 还会受到由于个别上游供货商的外部行为造成的个性中断事件的影响，当这种障碍发生时 $S_m$ 无法成功地配送货物，这两种类型的事件独立发生。但是供货商 $S_m$ 相较于 $S_b$ 在质量和成本上均存在优势，所以制造商还是愿意在 $S_m$ 处订购原材料。在这种设定下，制造商从两个供应商处采购原材料制造最终产品，如果没有发生中断，供应商会按照订单按时配送；如果发生了共同型中断，将没有订单被配送；如果发生了个性中断，由该供应商提供的订单将缺失。同时，由于存在备货时间等因素，这部分订单无法由正常运作的另一个供应商弥补。

下文拟研究渠道结构设计和物联网追溯策略这两种策略在缓解供应链中断风险和提高预期收益上的联合效果，因此同时设定单渠道情景作为对照，即制造商可以从 $S_m$ 处购买所有的原材料，这被称为单渠道结构。而如果原材料被两家供应商同时提供，那么供应链组织采用的渠道结构称为双渠道结构。

与此同时，在不同的渠道结构下，再分别设置两个追溯性对照组，探究在四种策略组合下供应链的优化决策和收益问题。

因为可追溯性可以促使供应链维持高度合作的状态，同时为尽量减小除渠道结构和可追溯性外其他因素对供应链总体利润、订货策略的影响，将构建在集中模式下的供应链系统（即所有的决策）都以供应链整体利益最大化为目标。

（1）模型符号及参数设定

针对问题描述和提出的模型，进行了相关符号及参数的设定，如表 14-1。

**表 14-1　模型符号及参数设定**

| 符号 | 参数 |
| --- | --- |
| $p$ | 制造商单位销售价格 |
| $c_m$ | 供应商 $S_m$ 的单位生产成本 |
| $c_b$ | 供应商 $S_b$ 的单位生产成本 |
| $l$ | 单位缺货成本 |
| $h$ | 单位持有成本 |
| $c_q$ | 单位质量成本 |
| $\alpha$ | 共性中断不发生概率 |
| $\beta$ | 特性中断不发生概率 |
| $T$ | 追溯系统的追溯系数 |
| $\mu$ | 需求分布函数均值 |
| $\partial$ | 需求分布函数标准差 |
| 符号 | 随机变量 |
| $x$ | 市场需求的常态分布变量 |
| $f(x)$ | 需求变量的密度分布函数 |
| $F(x)$ | 需求变量的累积分布函数 |
| 符号 | 决策变量 |
| $Q^{s-n}$ | 单渠道结构无追溯系统策略组合下供应商 $S_m$ 的订单量 |
| $Q^{s-T}$ | 单渠道结构有追溯系统策略组合下供应商 $S_m$ 的订单量 |
| $Q^{m-n}$ | 双渠道结构无追溯系统策略组合下供应商总订单量 |
| $Q^{m-T}$ | 双渠道结构有追溯系统策略组合下供应商总订单量 |
| $Q_m^{m-n}$ | 双渠道结构无追溯系统策略组合下供应商 $S_m$ 的订单量 |
| $Q_b^{m-n}$ | 双渠道结构无追溯系统策略组合下供应商 $S_b$ 的订单量 |
| $Q_m^{m-T}$ | 双渠道结构有追溯系统策略组合下供应商 $S_m$ 的订单量 |
| $Q_b^{m-T}$ | 双渠道结构有追溯系统策略组合下供应商 $S_b$ 的订单量 |

(2) 基于追溯的供应链组织网络结构模型

① 无追溯情景下单一渠道结构模型

在单一采购渠道和无可追溯系统策略下，制造商 M 只从供货商 $S_m$ 处采购原材料，单一周期内供货商 $S_m$ 没有发生共性故障的概

率为 $\alpha$，没有发生特殊故障的概率为 $\beta$，两类事件相互独立。因此，供货商 $S_m$ 成功配送的概率是 $\alpha\beta$，供给中断发生的概率是 $1-\alpha\beta$，而供应链整体预期利润为概率系数（$\alpha\beta$、$1-\alpha\beta$）与其对应的预期利润函数的乘积之和。因此可以得到单渠道无追溯系统策略组合下供应链期望收益函数如下：

$$\max\pi^{s-n}(Q^{s-n})$$
$$=\alpha\beta\left\{\left(\int_0^{Q^{s-n}}[px-c_mQ^{s-n}-h(Q^{s-n}-x)]f(x)\mathrm{d}x\right.\right.$$
$$\left.+\int_{Q^{(s-n)}}^{+\infty}[pQ^{(s-n)}-c_mQ^{(s-n)}-l(x-Q^{(s-n)})]f(x)\mathrm{d}x\right\}\quad(14\text{-}1)$$
$$+(1-\alpha\beta)\int_0^{+\infty}(-lx)f(x)\mathrm{d}x$$

在式(14-1)中，不管供给中断发生与否，其对应的预期利润子函数均可由“报童模型”[1] 得出，即利润函数等于销售收入减去采购原材料的成本、缺货成本以及销售剩余原材料的库存成本。只是当供给中断发生时，$Q^{s-n}$ 为零，此时销售收入、原材料成本和库存成本均为零，只有缺货成本 $-lx$ 一项。此时模型还存在决策变量非负性这一约束。

**定理 1**　依据式(14-1)可得单采购渠道无可追溯性下制造商的最优订货量如下：

$$Q^{(s-n)}=F^{(-1)}[(p-c_m+l)/(p+h+l)]\qquad(14\text{-}2)$$

将式(14-2)带入式(14-1)可以得到供应链整体最大预期利润如下：

$$\pi^{s-n}=\alpha\beta(p+h+l)\int_0^{Q^{s-n}}xf(x)\mathrm{d}x-l\mu\qquad(14\text{-}3)$$

可以证得上述预期利润函数式(14-3)是凹函数，因此可以利用该函数对订购量的一阶导数式(14-4)求解最优订购量如下：

$$\partial\pi^{s-n}(Q^{s-n})/\partial Q^{s-n}=\alpha\beta\left[(p-c_m+l)-(p+h+l)\int_0^{Q^{(s-n)}}f(x)\mathrm{d}x\right]$$
$$(14\text{-}4)$$

令 $\partial\pi^{s-n}(Q^{s-n})/\partial Q^{s-n}=0$，可得

$$Q^{(s-n)}=F^{(-1)}[(p-c_m+l)/(p+h+l)] \tag{14-5}$$

**命题 1**　由定理 1 可以得出单一结构无追溯策略下供应链订单量及利润等方面的命题观点如下：

第一，在单一采购渠道且无可追溯系统状态下，制造商最优订单量由销售价格以及各项成本的参数值决定。也就是说，当产品需求函数、销售价格和供应链各项成本确定时，制造商最优订购量是固定不变的，与供给成功概率 $\alpha$、$\beta$ 均无关。

第二，供应链整体的最大预期收益与供给中断是否发生的概率密切相关。当产品需求函数、销售价格和供应链各项成本确定时，供应链最大预期利润与两种供给成功概率 $\alpha$、$\beta$ 均呈正比例关系。当供给中断发生概率越高时，配送成功概率越低，供应链利润会成比例地降低，中断造成的利润损失也就愈严重，利润甚至会变为负数，供应链处于亏损状态。因此越大程度上遏制供给中断的发生就可以越大程度地消除中断造成的利润损失。

② 有追溯性情境下单一渠道结构模型

为了探究在采购渠道结构保持单一且不变时供应链追溯系统对供给中断的缓解作用，在上一模型中加入追溯性系数，即两个模型间的唯一不同点在于追溯体系的引入，从而特殊性供给中断没有发生的概率转变为 $\gamma=\beta+T(1-\beta)$。因此可得单一采购渠道且有追溯系统策略组合下供应链预期利润函数如下：

$$\begin{aligned}\max\pi^{(s-T)}(Q^{(s-T)})=\alpha\gamma\Big\{&\int_0^{Q^{(s-T)}}[px-c_mQ^{(s-T)}-h(Q^{(s-T)}-x)]f(x)\mathrm{d}x\\&+\int_{Q^{(s-T)}}^{+\infty}[pQ^{(s-T)}-c_mQ^{(s-T)}-l(x-Q^{(s-T)})]f(x)\mathrm{d}x\Big\}\\&+(1-\alpha\gamma)\int_0^{+\infty}(-lx)f(x)\mathrm{d}x\end{aligned} \tag{14-6}$$

**定理 2**　由式(14-6)可得单采购渠道有可追溯性下制造商的

最优订货量为：

$$Q^{(s-T)} = F^{(-1)}[(p - c_m + l)/(p + h + l)] \quad (14\text{-}7)$$

将式(14-7) 带入式(14-6) 可以得到供应链整体最大利润为：

$$\pi^{s-T} = \alpha\gamma(p + h + l)\int_0^{Q^{s-T}} xf(x)\mathrm{d}x - l\mu \quad (14\text{-}8)$$

类似式(14-1)，可以通过利润函数的一阶导数式(14-9) 求得最优订购量如下：

$$\partial\pi^{s-T}(Q^{s-T})/(\partial Q^{s-T}) = \alpha\gamma[(p - c_m + l) - (p + h + l)\int_0^{Q^{(s-T)}} f(x)\mathrm{d}x] \quad (14\text{-}9)$$

令 $\partial\pi^{s-T}(Q^{s-T})/\partial Q^{s-T} = 0$，可得

$$Q^{(s-T)} = F^{(-1)}[(p - c_m + l)/(p + h + l)] \quad (14\text{-}10)$$

**命题 2**　由定理 2 可以得出单一结构有追溯策略下供应链订单量及利润等方面的命题观点如下：

第一，单一采购渠道有追溯系统策略组合下，制造商最优订单量也只与产品需求函数、销售价格和供应链各项成本参数有关，并不会受到供给中断概率的影响，也与追溯系数无关。产生这一结果的根本原因在于订单量不受中断概率影响，因此只对中断概率有作用的追溯系统亦不会对其产生影响。

第二，不同于最优订单量，供应链预期最大收益会随着供给中断概率和追溯系数的变化而发生变化，与前者呈反比例关系，与后者呈正比例关系。这是由于可追溯系统能力越强、追溯系数越高时，相当一部分特殊性预发风险会被隐形消除，从而使得预期利润增加。

③ 无追溯性情境下双渠道结构模型

双采购渠道无可追溯性策略下，制造商 M 从两个供货商 $S_m$ 和 $S_b$ 处均可采购原材料。供货商 $S_m$、$S_b$ 并非对称供应商，共性障碍同时影响 $S_m$、$S_b$ 的正常配送，而特殊障碍只发生在供货商 $S_m$ 上。因此，供应链存在三种可能的供给 / 中断状态：a. 没有突发事件发生，此时两个供货商都正常提供原材料；b. 共性障碍不发生且特殊障

碍发生，此时只有供货商 $S_b$ 可以正常配送；c. 共性障碍发生，此时整个供应链全部中断。三种状态的分布概率分别为 $\alpha\beta$、$\alpha(1-\beta)$ 和 $(1-\alpha)$。因此可以得到双采购渠道无可追溯性策略组合下供应链整体期望收益函数为：

$$\begin{aligned}\max\pi^{(m-n)}[Q_m^{(m-n)},Q_b^{(m-n)}] = \alpha\beta\Big\{&\int_0^{(Q_m^{(m-n)}+Q_b^{(m-n)})}[px - c_mQ_m^{(m-n)}\\&- c_bQ_b^{(m-n)} - c_qQ_b^{(m-n)} - h(Q_m^{(m-n)} + Q_b^{(m-n)} - x)]f(x)\mathrm{d}x\Big\}\\&+ \int_{(Q_m^{(m-n)}+Q_b^{(m-n)})}^{+\infty}\Big\{p(Q_m^{(m-n)} + Q_b^{(m-n)} - c_mQ_m^{(m-n)} - c_bQ_b^{(m-n)}\\&- c_qQ_b^{(m-n)} - l[x - (Q_m^{(m-n)} + Q_b^{(m-n)})]f(x)\mathrm{d}x\Big\}\\&+ \alpha(1-\beta)\Big\{\int_0^{(Q_b^{(m-n)})}[px - c_bQ_b^{(m-n)} - c_qQ_b^{(m-n)} - h(Q_b^{(m-n)}\\&- x)]f(x)\mathrm{d}x + \int_{(Q_b^{(m-n)})}^{+\infty}[pQ_b^{(m-n)} - c_bQ_b^{(m-n)} - c_qQ_b^{(m-n)}\\&- l(x - Q_b^{(m-n)})]f(x)\mathrm{d}x\Big\} + (1-\alpha)\int_0^{+\infty}(-lx)f(x)\mathrm{d}x\end{aligned} \tag{14-11}$$

在式(14-11)中，每个概率状态对应的预期利润子函数也均由报童模型得出。由于供货商 $S_m$ 较之 $S_b$ 在成本上存在优势，所以模型存在约束条件 $c_m < c_b$。此外本模型与上述模型一致，都存在决策变量非负性约束。

**定理 3**　由式(14-11)可以得到制造商最优订货量为：

$$[Q_m^{(m-n)},Q_b^{(m-n)}] = \begin{cases}[(F^{(-1)}(A) - F^{(-1)}(B),F^{(-1)}(B)], & \text{if } C \leqslant c_m\\ [F^{(-1)}(A),0], & \text{if } c_m < C\end{cases} \tag{14-12}$$

$$Q^{(m-n)} = Q_m^{(m-n)} + Q_b^{(m-n)} = F^{(-1)}(A) \tag{14-13}$$

其中

$$A = (p - c_m + l)/(p + h + l) \tag{14-14}$$

$$B=[\alpha\beta c_q+\alpha(\beta-1)(p-c_b-c_q+l)]/\alpha(\beta-1)(p+h+l) \tag{14-15}$$

$$C=(p+l)-(p-c_b-c_q+l)/\beta \tag{14-16}$$

将最优订单量带入式(14-11),得到供应链最大预期利润为:

$$\pi^{m-n}=\alpha\beta(p+h+l)\int_0^{Q_m^{(m-n)}+Q_b^{(m-n)}} xf(x)\mathrm{d}x+\alpha(1-\beta)(p+h+l)\int_0^{Q_b^{(m-n)}} xf(x)\mathrm{d}x-l\mu \tag{14-17}$$

可以证得利润函数式(14-17)是凹函数,因此可以通过该利润函数对主流供货商订购量和补充供货商订购量的一阶偏倒数,得到两种最优订购量的公式组合。然后在公式中加入拉格朗日乘数,求得最优订购量的值。

**命题3** 从定理3可以得出双渠道结构无追溯策略下供应链订单量及利润等方面的命题观点如下:

第一,在双采购渠道且无追溯系统策略组合下,如果需求函数和各项参数值不变,那么制造商总体最优订购量与单一渠道下订购量相同,总体最优订购量依旧不会受供应中断的影响。

第二,制造商在两个供货商内部的采购决策相对复杂一些,采购均衡取决于主流供货商 $S_m$ 原材料生产成本 $c_m$ 和补充供货商 $S_b$ 的生产成本的比较结果。具体来说,当主要供货商生产成本 $c_m$ 大于由补充供货商生产成本、质量成本、缺货成本、销售价格和中断概率计算出的 $C$ 时,制造商需要同时从两个供货商处订购产品,而当主要供货商原材料生产成本 $c_m$ 小于 $C$ 时,制造商只从主要供货商处订购原材料即可达到最优解决方案。就 $C$ 的表达公式进行进一步分析,当特殊供给中断发生概率趋近于1时(即 $\beta\to 0$),$c_m$ 会大于 $C$,两个供货商都会得到来自制造商的订单,而随着特殊供给阻碍发生概率逐渐降低(即 $\beta\to 1$),$c_m$ 将逐渐接近并最终变为小于 $C$ 的值,此时制造商只从 $S_m$ 处采购。总结来说,制造商双渠道订购策略会随着 $\beta$ 值的增大而失效,出现从双渠道向单渠道的退化。

第三，整体预期利润也是受中断概率影响的，但是影响机制变得极为复杂。深入分析可以发现，预期利润函数是由 3 部分组成的，第 3 部分相对于中断概率来说是恒定的，而第 1、2 部分的值会随着 $\beta$ 发生变化：当 $c_m$ 大于 $C$，即 $0<\beta<(p-c_b-c_q+l)/(p+l-c_m)$ 时，$\int_0^{(Q_b^{(m-n)})} xf(x)\mathrm{d}x>0$，但其值会始终小于 $\int_0^{(Q_m^{(m-n)}+Q_b^{(m-n)})} xf(x)\mathrm{d}x$ 的值，因此，预期利润函数关于 $\beta$ 单调递增；当 $c_m$ 大于 $C$ 时，即 $(p-c_b-c_q+l)/(p+l-c_m)<\beta<1$ 时，$\int_0^{(Q_b^{(m-n)})} xf(x)\mathrm{d}x=0$，所以预期最大利润 $\pi^{m-n}$ 依旧是 $\beta$ 的单调递增函数，且两者之间呈正比例关系；而 $\beta=(p-c_b-c_q+l)/(p+l-c_m)$ 处函数 $\pi^{m-n}$ 的左右极限并不相等，计算可得左极限大于右极限。

总结来说，在双渠道结构且无追溯系统策略下，当其他参数固定不变时，供应链预期最大利润函数在区间 $\beta\in[0,(p-c_b-c_q+l)/(p+l-c_m)]$ 和 $\beta\in[(p-c_b-c_q+l)/(p+l-c_m),1]$ 上分别呈单调递增趋势，即在两个区间里供应链利润均会随着中断概率的降低而升高，而 $\beta=(p-c_b-c_q+l)/(p+l-c_m)$ 是其跳跃间断点，且左极限大于右极限。

④ 有追溯性情境下双渠道结构模型

和双渠道无追溯系统供给中断模型相比，此模型引入了追溯系统，因此在模型公式(14-11) 的基础上加入追溯系数，将个体性事件配送成功概率更改为 $\gamma=\beta+T(1-\beta)$，据此可以得到预期利润函数为：

$$\max\pi^{(m-T)}[Q_m^{(m-T)},Q_b^{(m-T)}]=\alpha\gamma\Big\{\int_0^{(Q_m^{(m-T)}+Q_b^{(m-T)})}[px-c_mQ_m^{(m-T)}-c_bQ_b^{(m-T)}-c_qQ_b^{(m-T)}-h(Q_m^{(m-T)}+Q_b^{(m-T)}-x)]f(x)\mathrm{d}x$$

$$+\int_{(Q_m^{(m-T)}+Q_b^{(m-T)})}^{+\infty}p(Q_m^{(m-T)}+Q_b^{(m-T)}-c_mQ_m^{(m-T)}-c_bQ_b^{(m-T)}$$

$$- c_q Q_b^{(m-T)} - l[x - (Q_m^{(m-T)} + Q_b^{(m-T)})]f(x)\mathrm{d}x\Big\}$$

$$+ \alpha(1-\gamma)\Big\{ \int_0^{(Q_b^{(m-T)})} [px - c_b Q_b^{(m-T)} - c_q Q_b^{(m-T)}$$

$$- h(Q_b^{(m-T)} - x)]f(x)\mathrm{d}x + \int_{(Q_b^{(m-T)})}^{+\infty} [pQ_b^{(m-T)} - c_b Q_b^{(m-T)}$$

$$- c_q Q_b^{(m-T)} - l(x - Q_b^{(m-T)})]f(x)\mathrm{d}x\Big\}$$

$$+ (1-\alpha)\int_0^{+\infty} (-lx)f(x)\mathrm{d}x \tag{14-18}$$

**定理 4**　由式(14-18)可以得到制造商最优订货量为：

$$(Q_m^{(m-T)}, Q_b^{(m-T)}) = \begin{cases} [F^{(-1)}(A) - F^{(-1)}(B), F^{(-1)}(B)], & \text{if } C \leqslant c_m \\ [F^{(-1)}(A), 0], & \text{if } c_m < C \end{cases} \tag{14-19}$$

$$Q^{(m-T)} = Q_m^{(m-T)} + Q_b^{(m-T)} = F^{(-1)}(A) \tag{14-20}$$

其中

$$A = (p - c_m + l)/(p + h + l) \tag{14-21}$$

$$B = [\alpha\gamma c_q + \alpha(\gamma - 1)(p - c_b - c_q + l)]/\alpha(\gamma - 1)(p + h + l) \tag{14-22}$$

$$C = (p + l) - (p - c_b - c_q + l)/\gamma \tag{14-23}$$

将最优订单量带入式(14-18)得到供应链最大预期利润为：

$$\pi^{m-T} = \alpha\gamma(p + h + l)\int_0^{Q_m^{(m-T)} + Q_b^{(m-T)}} xf(x)\mathrm{d}x$$

$$+ \alpha(1-\gamma)(p + h + l)\int_0^{Q_b^{(m-T)}} xf(x)\mathrm{d}x - l\mu \tag{14-24}$$

证明过程与策略组合 3 相同，此处不再重复。

**命题 4**　从定理 4 可以得出双渠道结构有追溯策略下供应链订单量及利润等方面的命题观点如下：

第一，在双渠道结构并有追溯系统策略组合下，制造商总体最优订单量、预期最大利润均与第 3 种策略组合具有相同的表达形式。因此与策略组合 3 的结论类似，制造商最优订购量不会发生改变，只是两个供货商内部订单均衡点以及最大预期利润函数的间断点会发生变化。

第二，因为总体订单量与 $\alpha$、$\beta$、$T$ 均不相干，但决定内部供货平衡点的 $C$ 值则会受到 $\alpha$、$\beta$、$T$ 的影响。随着 $\beta$ 的增大，供应链也会出现从双渠道向单渠道的转化，只是在其他参数与无追溯系统全部相同时，系数 $T$ 的引入使得 $C$ 值变大，从而使得转化会更早地到来。

# 14.3　基于追溯性的供应链组织渠道策略及网络结构优化分析

以上模型探究了各策略组合对供给中断情况下供应链收益的作用规律，但是每种策略的单独作用，以及策略叠加时交互的作用机制并不清晰。因此为了达到深入分析的目的，本部分将通过交叉对比重点研究渠道结构和追溯系统的交互影响机制。

由于四种策略组合下最优总订购量不变，因此只对比不同策略组合下的预期收益，以分析每种策略对故障消除以及损失挽回的作用。由于采购渠道结构和有无可追溯系统对最优订单量均无影响，因此可以设 $Q^{(s-n)}=Q^{(s-T)}=Q^{(m-n)}=Q^{(m-T)}=Q^{*}$，而策略组合 $i$、$j$ 之间的预期收益差设为 $\Delta\pi_j^i(i\neq j)$。

## 14.3.1　单采购渠道结构下的供应链策略优化

策略组合 1 和策略组合 2 均为单采购渠道结构，但追溯系统情况不同，因此分析单一结构下追溯系统的作用就需要对比策略组合 1、2 的最优收益的差值，即式(14-25)。

$$\Delta\pi_1^2=\pi^{s-T}-\pi^{s-n}=[1-(1-\alpha)](1-\beta)T(p+h+l)\int_0^{Q^*}xf(x)\mathrm{d}x \tag{14-25}$$

由式(14-25)可以得到命题 5。

**命题 5**　由函数表达式(14-25)可以得到如下命题观点。

第一，$\Delta\pi_1^2 > 0$，即单渠道结构下建立可追溯系统策略优于无追溯系统策略，可追溯系统能够提高供应中断状况下供应链预期收益、减少中断损失。

第二，单渠道结构下，可追溯系统提高的预期收益与追溯系数 $T$、特殊型中断发生概率$(1-\beta)$均呈正相关关系，但与共性中断发生概率$(1-\alpha)$呈反相关关系。也就是说，当企业的采购渠道单一化程度较高，且其上游供应商经常发生个体化风险事件，而不易发生规模性供应中断事件时，应该建立可追溯系统，且系统的追溯精度越高越好。

第三，这种策略情景试用的案例很多。例如食品行业，由于较强的卫生防疫措施而不易爆发无法控制的大规模动物瘟疫或植物病变，但因为运输贮藏等原因生鲜食材小批量污染腐坏却不断出现；或是能源行业，供应商较为集中固定且易于发生由能源价格波动而引起的供应中断。这些类似情景下的中断问题均可以通过追溯系统的建立而得到较好的预警，可以缓和中断损失。

## 14.3.2　双采购渠道结构下的供应链策略优化

策略组合 3 和策略组合 4 均为双采购渠道结构但追溯系统情况不同，因此分析多样结构下追溯系统的作用就需要对比策略组合 3、4 的最优收益的差值，即式(14-26)。

$$
\begin{aligned}
\Delta\pi_3^4 &= \pi^{m-T} - \pi^{m-n} \\
&= \alpha(1-\beta)T(p+h+l)\int_0^{Q_m^*} xf(x)\mathrm{d}x + \alpha(1-\gamma)(p+h \\
&\quad + l)\int_0^{Q_b^{(m-T)}} xf(x)\mathrm{d}x - \alpha(1-\beta)(p+h+l)\int_0^{Q_b^{(m-n)}} xf(x)\mathrm{d}x
\end{aligned}
\tag{14-26}
$$

可以看到 $\Delta\pi_3^4$ 由三部分组成，因为双渠道结构下利润函数跳跃间断点的存在，上述 $\Delta\pi_3^4$ 的表达式会随着 $\beta$ 的变化而出现某一项突变为 0 的状况。因此，可以将 $\beta$ 改写为分段函数形式，即式(14-27)。

$$\Delta\pi_3^4=\begin{cases}\alpha(1-\beta)T(p+h+l)\int_0^{Q_m^*}xf(x)\mathrm{d}x+\alpha(1-\gamma)(p+h \\ +l)\int_0^{Q_b^{(m-T)}}xf(x)\mathrm{d}x-\alpha(1-\beta)(p+h+l)\int_0^{Q_b^{(m-n)}}xf(x)\mathrm{d}x, \\ 0<\beta<[(p-c_b-c_q+l)/(p+l-c_m)-T]/(1-T) \\ \alpha(1-\beta)T(p+h+l)\int_0^{Q_m^*}xf(x)\mathrm{d}x-\alpha(1-\beta)(p+h \\ +l)\int_0^{Q_b^{(m-n)}}xf(x)\mathrm{d}x,[(p-c_b-c_q+l)/(p+l-c_m) \\ -T]/(1-T)<\beta<(p-c_b-c_q+l)/(p+l-c_m) \\ \alpha(1-\gamma)(p+h+l)\int_0^{Q_b^{(m-T)}}xf(x)\mathrm{d}x,(p-c_b-c_q \\ +l)/(p+l-c_m)<\beta<1\end{cases}\tag{14-27}$$

分析式(14-27)可以得到命题 6。

**命题 6**　由式(14-27)可以得到如下命题观点。

第一，$\Delta\pi_3^4>0$，即双渠道结构下，有追溯系统对供应链收益有积极影响，追溯系统在复杂渠道结构下依旧有减轻中断损失的作用。

第二，$\beta=[(p-c_b-c_q+l)/(p+l-c_m)-T]/(1-T)$、$\beta=(p-c_b-c_q+l)/(p+l-c_m)$ 分别是双渠道结构下有追溯系统和无追溯系统的跳跃间断点，这两个跳跃间断点的存在使得追溯系统造成的利润提升幅度和中断概率之间并没有显著的相关关系，即 $\beta$ 值在双渠道结构下对追溯系统和利润增长之间关系的调节作用并不显著。

第三，双渠道结构下，当 $\beta$ 值较低，即 $\beta<[(p-c_b-c_q+l)/(p+$

$l-c_m)-T]/(1-T)$，特殊中断风险较大时，通过函数 $\Delta\pi_3^4$ 对 $T$ 的一阶偏导数可知，追溯系统对供应链利润的提升作用会随着 $T$ 的增长而增加，因此特殊中断概率高的供应链应尽可能地提高追溯系数，从而更加凸显追溯系统的优势。当 $\beta$ 处于中等水平时，$T$ 从较低水平的一个微小升高就会使得间断点 $\beta<[(p-c_b-c_q+l)/(p+l-c_m)-T]/(1-T)$ 发生浮动，从而导致利润差值从分段函数的第一段突变到第二段，从而使追溯系统对利润的提升作用出现忽然的下降，这是由于追溯系数的升高使得双渠道退化到单渠道的点提前到来；但如果在 $\beta$ 为中等水平时，极大地提高 $T$ 值，函数 $\Delta\pi_3^4$ 会跃过间断点 $\beta=[(p-c_b-c_q+l)/(p+l-c_m)-T]/(1-T)$，根据其第二段表达式，利润差值反而会随着 $T$ 值变大而持续升高，因此中断概率处于中等水平的供应链需要谨慎考虑追溯系统的精度系数，并非越精确高效的追溯系统越会使得供应链收益增加，追溯系统从低水平向高水平发展时会出现先导致效益极速下降而后逐渐上升的情景。当 $\beta$ 值很高，即中断风险很小时，$\Delta\pi_3^4$ 越过了第二个间断点 $\beta=(p-c_b-c_q+l)/(p+l-c_m)$，按照分段函数第三段表达，此时利润差继续随着 $T$ 值增加而迅速增加。

第四，当供应链结构比较复杂的时候，虽然引入追溯系统会提高供应链收益和应对中断的能力，但是这种效益会因为中断风险不同而呈现出波浪式变化。尤其是特殊供给中断概率大致处于中等水平时，需要谨慎地引入追溯系统，若建立的追溯系统不够完善，反而会和复杂的渠道结构形成不协调，从而导致供应链的震动以及中断应对能力下降。因此结构复杂的供应链必须引入追溯精确度足够高的追溯系统，才能避免间断点干扰带来的供应震动。

第五，这一类策略情景大多适用于服装等快消行业或手机、电脑等高端电子产品行业，这些行业因为产品生命周期短、市场需求瞬息万变而倾向于拥有多个备用供货商，供应链结构复杂，同时易于因为小批量零部件问题而造成产品召回问题，行业供应中断概率较高。在这些行业建立追溯系统时必须尽力保证追溯体系的精确性、高效性，否则不完善的追溯系统会造成复杂渠道结构的震动而无法发挥其应有的中断损失挽回效果。

### 14.3.3　无追溯系统情况下的供应链结构优化

策略组合 1 和策略组合 3 均为无追溯系统，但渠道结构不同，因此分析无追溯系统时多样性结构的作用就需要对比策略组合 1、3 的最优收益的差值，即式(14-28)。

$$\Delta\pi_1^3 = \begin{cases} \alpha(1-\beta)(p+h+l)\int_0^{Q_b^{(m-n)}} xf(x)\mathrm{d}x, 0<\beta<(p-c_b-c_q+l)/(p+l-c_m) \\ 0, (p-c_b-c_q+l)/(p+l-c_m)<\beta<1 \end{cases} \tag{14-28}$$

由此可以得到命题 7。

**命题 7**　由式(14-28)可以得到如下命题观点。

第一，$\Delta\pi_1^3>0$，在无追溯系统情形下，增加渠道对供应链中断状况下的利润具有正向影响，但是这一作用关系会受到中断概率的调节。

第二，中断概率越低，$\beta$ 值越大，双渠道对比于单渠道对供应链收益的正向影响就越低，最终会随着渠道退化而变为 0。

第三，无追溯系统下双渠道作用影响的临界点即为退化点 $\beta=(p-c_b-c_q+l)/(p+l-c_m)$。

### 14.3.4　有追溯系统情况下的供应链结构优化

策略组合 2 和策略组合 4 均为有追溯系统，但渠道结构不同，因此分析有追溯系统时多样性结构的作用就需要对比策略组合 2、4 的最优收益的差值，即式(14-29)。

$$\Delta\pi_2^4 = \begin{cases} \alpha(1-\gamma)(p+h+l)\int_0^{Q_b^{(m-T)}} xf(x)\mathrm{d}x, 0<\beta<[(p-c_b-c_q+l)/(p+l-c_m)-T]/(1-T) \\ 0, [(p-c_b-c_q+l)/(p+l-c_m)-T]/(1-T)<\beta<1 \end{cases} \tag{14-29}$$

由此可以得到命题8。

**命题8**　由式(14-29)可以得到如下命题观点。

第一，有追溯系统情况下，双渠道对比单渠道依旧可以提升供应链中断情况下的预期收益。

第二，双渠道对供应链收益的提升作用也受到中断概率的调节，中断概率越低，$\beta$值越大，这种作用就越低，最终会随着渠道退化而变为0。

第三，有追溯系统下双渠道作用影响的临界点为退化点$\beta=[(p-c_b-c_q+l)/(p+l-c_m)-T]/(1-T)$。

第四，对比于无追溯系统，有追溯系统下双渠道对供应链收益的提升作用在幅度($\Delta\pi_2^4\leqslant\Delta\pi_1^3$)和范围(退化点的值更小)上均变小。也就是说，双渠道和追溯系统的作用不是叠加的，当引入追溯系统后，双渠道的作用会在很大情况下被削弱。因此应该尽可能地简化供应链的结构，以避免不必要的资源浪费和资金分散。

### 14.3.5　交叉作用分析

相比于单渠道结构，双渠道结构下追溯系统的作用变得不稳定，结构简单时引入系统就会增加效益，结构有冗余时引入系统反而会使得效益下降。这是因为冗余的结构会受追溯系统影响发生震动，使得协调复杂。结构的不稳定导致了追溯系统作用的不稳定，因此引入系统最好保持供应链结构的简洁；当结构复杂无法简化的时候，就必须保证系统的完善程度比较高，或者坚持到系统变得完善，以跳过结构震动，这样效益才会又出现相应的增加。相比于无追溯系统，有追溯系统下双渠道结构对风险的冗余缓冲作用在范围和幅度上会被削弱，这都表明多渠道结构冗余策略和追溯系统策略的效益虽然叠加起来大于只使用其中一种策略，但是叠加并非线性加和，会有一部分作用消失，即：1＋1大于1但是小于2。

## 14.4　基于追溯的供应链组织网络结构优化的数值分析

针对所建立的模型和对供给中断事件的实地调研，我们设定了三组不同的模拟实验参数(表 14-2),以 MATLAB 数值仿真的方式来模拟验证上述理论分析的正确性。模拟实验分为两个部分:第一部分是针对四种策略组合进行的仿真实验,由上一节的分析可知,策略组合的作用主要受到特殊中断不发生概率 $\beta$ 的影响,因此实验中 $\beta$ 的取值间隔为 0.05,以分别验证四种策略组合应对供给中断的效果;第二部分是对比分析实验和敏感性分析实验,实验中 $\beta$ 的取值间隔为 0.01,以进一步求证策略间的交互作用以及中断概率的调节作用。

表 14-2　三组不同的模拟实验参数

| 问题 | $p$ | $\mu$ | $\partial$ | $c_m$ | $c_b$ | $c_q$ | $l$ | $h$ | $\alpha$ | $T$ |
|---|---|---|---|---|---|---|---|---|---|---|
| Ⅰ | 70 | 100 | 20 | 4 | 7 | 12 | 30 | 18 | 0.9 | 0.7 |
| Ⅱ | 120 | 200 | 35 | 10 | 16 | 20 | 50 | 35 | 0.9 | 0.7 |
| Ⅲ | 45 | 500 | 50 | 2 | 3 | 2 | 15 | 8 | 0.9 | 0.7 |

## 14.4.1　参数取值

首先是就四种策略组合进行的模型实验结果,将每种策略组合下的最优订购量($Q^{(s-n)}$、$Q^{(s-T)}$、$Q^{(m-n)}$、$Q^{(m-T)}$)和最大预期利润($\pi^{s-n}$、$\pi^{s-T}$、$\pi^{m-n}$、$\pi^{m-T}$)分别列出(表 14-3),且双渠道结构下的内部订货均衡和各策略组合下的最大预期利润随着 $\beta$ 的变动趋势,也通过图得到了更为直观的展示(图 14-1)。

表 14-3　每种策略组合下的最优订购量和最大预期利润

| $\beta$ | $Q^{s-n}$ | $Q^{s-T}$ | $Q^{m-n}$ | $Q_m^{m-n}$ | $Q_b^{m-n}$ | $Q^{m-T}$ | $Q_m^{m-T}$ | $Q_b^{m-T}$ | $\pi^{s-n}$ | $\pi^{s-T}$ | $\pi^{m-n}$ | $\pi^{m-T}$ |
|---|---|---|---|---|---|---|---|---|---|---|---|---|
| 问题Ⅰ | | | | | | | | | | | | |
| 0.05 | 117.82 | 117.82 | 117.82 | 8.41 | 109.41 | 117.82 | 21.28 | 96.54 | −2596.48 | 2770.27 | 3554.46 | 3837.81 |
| 0.10 | 117.82 | 117.82 | 117.82 | 8.74 | 109.08 | 117.82 | 22.30 | 95.53 | −2192.97 | 2891.32 | 3572.14 | 3848.09 |
| 0.15 | 117.82 | 117.82 | 117.82 | 9.11 | 108.72 | 117.82 | 23.44 | 94.38 | −1789.45 | 3012.38 | 3590.03 | 3859.02 |
| 0.20 | 117.82 | 117.82 | 117.82 | 9.52 | 108.30 | 117.82 | 24.76 | 93.07 | −1385.94 | 3133.43 | 3608.17 | 3870.73 |
| 0.25 | 117.82 | 117.82 | 117.82 | 9.98 | 107.84 | 117.82 | 26.28 | 91.54 | −982.42 | 3254.49 | 3626.61 | 3883.40 |
| 0.30 | 117.82 | 117.82 | 117.82 | 10.50 | 107.32 | 117.82 | 28.09 | 89.73 | −578.91 | 3375.54 | 3645.39 | 3897.26 |

**续表 14-3**

| $\beta$ | $Q^{s-n}$ | $Q^{s-T}$ | $Q^{m-n}$ | $Q_m^{m-n}$ | $Q_b^{m-n}$ | $Q^{m-T}$ | $Q_m^{m-T}$ | $Q_b^{m-T}$ | $\pi^{s-n}$ | $\pi^{s-T}$ | $\pi^{m-n}$ | $\pi^{m-T}$ |
|---|---|---|---|---|---|---|---|---|---|---|---|---|
| 0.35 | 117.82 | 117.82 | 117.82 | 11.10 | 106.73 | 117.82 | 30.28 | 87.54 | －175.39 | 3496.60 | 3664.61 | 3912.66 |
| 0.40 | 117.82 | 117.82 | 117.82 | 11.78 | 106.04 | 117.82 | 33.05 | 84.77 | 228.12 | 3617.65 | 3684.36 | 3930.12 |
| 0.45 | 117.82 | 117.82 | 117.82 | 12.59 | 105.23 | 117.82 | 36.76 | 81.06 | 631.64 | 3738.71 | 3704.79 | 3950.47 |
| 0.50 | 117.82 | 117.82 | 117.82 | 13.54 | 104.28 | 117.82 | 117.82 | 0.00 | 1035.15 | 3859.76 | 3726.07 | 3859.76 |
| 0.55 | 117.82 | 117.82 | 117.82 | 14.69 | 103.13 | 117.82 | 117.82 | 0.00 | 1438.67 | 3980.82 | 3748.50 | 3980.82 |
| 0.60 | 117.82 | 117.82 | 117.82 | 16.12 | 101.70 | 117.82 | 117.82 | 0.00 | 1842.18 | 4101.87 | 3772.47 | 4101.87 |
| 0.65 | 117.82 | 117.82 | 117.82 | 17.94 | 99.88 | 117.82 | 117.82 | 0.00 | 2245.70 | 4222.92 | 3798.63 | 4222.92 |
| 0.70 | 117.82 | 117.82 | 117.82 | 20.38 | 97.44 | 117.82 | 117.82 | 0.00 | 2649.21 | 4343.98 | 3828.08 | 4343.98 |
| 0.75 | 117.82 | 117.82 | 117.82 | 23.86 | 93.96 | 117.82 | 117.82 | 0.00 | 3052.73 | 4465.03 | 3862.83 | 4465.03 |
| 0.80 | 117.82 | 117.82 | 117.82 | 29.50 | 88.32 | 117.82 | 117.82 | 0.00 | 3456.25 | 4586.09 | 3907.33 | 4586.09 |
| 0.85 | 117.82 | 117.82 | 117.82 | 117.82 | 0.00 | 117.82 | 117.82 | 0.00 | 3859.76 | 4707.14 | 3859.76 | 4707.14 |
| 0.90 | 117.82 | 117.82 | 117.82 | 117.82 | 0.00 | 117.82 | 117.82 | 0.00 | 4263.28 | 4828.20 | 4263.28 | 4828.20 |
| 0.95 | 117.82 | 117.82 | 117.82 | 117.82 | 0.00 | 117.82 | 117.82 | 0.00 | 4666.79 | 4949.25 | 4666.79 | 4949.25 |
| 1.00 | 117.82 | 117.82 | 117.82 | 117.82 | 0.00 | 117.82 | 117.82 | 0.00 | 5070.31 | 5070.31 | 5070.31 | 5070.31 |
| 问题 Ⅱ | | | | | | | | | | | | |
| 0.05 | 227.08 | 227.08 | 227.08 | 13.74 | 213.35 | 227.08 | 35.15 | 191.94 | －8655.48 | 9226.64 | 11802.79 | 12811.86 |
| 0.10 | 227.08 | 227.08 | 227.08 | 14.27 | 212.81 | 227.08 | 36.87 | 190.21 | －7310.96 | 9630.00 | 11868.70 | 12845.50 |
| 0.15 | 227.08 | 227.08 | 227.08 | 14.87 | 212.21 | 227.08 | 38.83 | 188.26 | －5966.44 | 10033.36 | 11935.17 | 12880.98 |
| 0.20 | 227.08 | 227.08 | 227.08 | 15.54 | 211.55 | 227.08 | 41.07 | 186.01 | －4621.92 | 10436.71 | 12002.31 | 12918.68 |
| 0.25 | 227.08 | 227.08 | 227.08 | 16.29 | 210.80 | 227.08 | 43.69 | 183.40 | －3277.40 | 10840.07 | 12070.25 | 12959.11 |
| 0.30 | 227.08 | 227.08 | 227.08 | 17.14 | 209.94 | 227.08 | 46.80 | 180.29 | －1932.88 | 11243.42 | 12139.15 | 13002.98 |
| 0.35 | 227.08 | 227.08 | 227.08 | 18.12 | 208.97 | 227.08 | 50.59 | 176.49 | －588.36 | 11646.78 | 12209.22 | 13051.26 |
| 0.40 | 227.08 | 227.08 | 227.08 | 19.24 | 207.84 | 227.08 | 55.40 | 171.68 | 756.16 | 12050.14 | 12280.76 | 13105.48 |
| 0.45 | 227.08 | 227.08 | 227.08 | 20.57 | 206.52 | 227.08 | 61.90 | 165.19 | 2100.68 | 12453.49 | 12354.13 | 13168.11 |
| 0.50 | 227.08 | 227.08 | 227.08 | 22.15 | 204.94 | 227.08 | 227.08 | 0.00 | 3445.21 | 12856.85 | 12429.88 | 12856.85 |
| 0.55 | 227.08 | 227.08 | 227.08 | 24.06 | 203.02 | 227.08 | 227.08 | 0.00 | 4789.73 | 13260.21 | 12508.77 | 13260.21 |
| 0.60 | 227.08 | 227.08 | 227.08 | 26.44 | 200.64 | 227.08 | 227.08 | 0.00 | 6134.25 | 13663.56 | 12591.95 | 13663.56 |
| 0.65 | 227.08 | 227.08 | 227.08 | 29.50 | 197.58 | 227.08 | 227.08 | 0.00 | 7478.77 | 14066.92 | 12681.25 | 14066.92 |

**续表 14-3**

| $\beta$ | $Q^{s-n}$ | $Q^{s-T}$ | $Q^{m-n}$ | $Q_m^{m-n}$ | $Q_b^{m-n}$ | $Q^{m-T}$ | $Q_m^{m-T}$ | $Q_b^{m-T}$ | $\pi^{s-n}$ | $\pi^{s-T}$ | $\pi^{m-n}$ | $\pi^{m-T}$ |
|---|---|---|---|---|---|---|---|---|---|---|---|---|
| 0.70 | 227.08 | 227.08 | 227.08 | 33.61 | 193.47 | 227.08 | 227.08 | 0.00 | 8823.29 | 14470.27 | 12779.76 | 14470.27 |
| 0.75 | 227.08 | 227.08 | 227.08 | 39.54 | 187.55 | 227.08 | 227.08 | 0.00 | 10167.81 | 14873.63 | 12893.28 | 14873.63 |
| 0.80 | 227.08 | 227.08 | 227.08 | 49.23 | 177.85 | 227.08 | 227.08 | 0.00 | 11512.33 | 15276.99 | 13034.60 | 15276.99 |
| 0.85 | 227.08 | 227.08 | 227.08 | 227.08 | 0.00 | 227.08 | 227.08 | 0.00 | 12856.85 | 15680.34 | 12856.85 | 15680.34 |
| 0.90 | 227.08 | 227.08 | 227.08 | 227.08 | 0.00 | 227.08 | 227.08 | 0.00 | 14201.37 | 16083.70 | 14201.37 | 16083.70 |
| 0.95 | 227.08 | 227.08 | 227.08 | 227.08 | 0.00 | 227.08 | 227.08 | 0.00 | 15545.89 | 16487.05 | 15545.89 | 16487.05 |
| 1.00 | 227.08 | 227.08 | 227.08 | 227.08 | 0.00 | 227.08 | 227.08 | 0.00 | 16890.41 | 16890.41 | 16890.41 | 16890.41 |
| 问题 Ⅲ | | | | | | | | | | | | |
| 0.05 | 552.46 | 552.46 | 552.46 | 9.06 | 543.40 | 552.46 | 21.05 | 531.41 | −6230.20 | 10658.08 | 16441.52 | 16782.70 |
| 0.10 | 552.46 | 552.46 | 552.46 | 9.37 | 543.08 | 552.46 | 21.92 | 530.54 | −4960.41 | 11039.02 | 16466.61 | 16790.99 |
| 0.15 | 552.46 | 552.46 | 552.46 | 9.72 | 542.73 | 552.46 | 22.88 | 529.57 | −3690.61 | 11419.96 | 16491.72 | 16799.37 |
| 0.20 | 552.46 | 552.46 | 552.46 | 10.11 | 542.34 | 552.46 | 23.95 | 528.50 | −2420.82 | 11800.90 | 16516.88 | 16807.86 |
| 0.25 | 552.46 | 552.46 | 552.46 | 10.55 | 541.91 | 552.46 | 25.15 | 527.31 | −1151.02 | 12181.84 | 16542.08 | 16816.47 |
| 0.30 | 552.46 | 552.46 | 552.46 | 11.05 | 541.41 | 552.46 | 26.50 | 525.96 | 118.78 | 12562.78 | 16567.33 | 16825.24 |
| 0.35 | 552.46 | 552.46 | 552.46 | 11.62 | 540.84 | 552.46 | 28.03 | 524.43 | 1388.57 | 12943.71 | 16592.66 | 16834.19 |
| 0.40 | 552.46 | 552.46 | 552.46 | 12.27 | 540.19 | 552.46 | 29.79 | 522.67 | 2658.37 | 13324.65 | 16618.07 | 16843.37 |
| 0.45 | 552.46 | 552.46 | 552.46 | 13.04 | 539.42 | 552.46 | 31.84 | 520.62 | 3928.16 | 13705.59 | 16643.59 | 16852.84 |
| 0.50 | 552.46 | 552.46 | 552.46 | 13.95 | 538.51 | 552.46 | 34.25 | 518.21 | 5197.96 | 14086.53 | 16669.24 | 16862.67 |
| 0.55 | 552.46 | 552.46 | 552.46 | 15.04 | 537.42 | 552.46 | 37.13 | 515.32 | 6467.76 | 14467.47 | 16695.08 | 16872.98 |
| 0.60 | 552.46 | 552.46 | 552.46 | 16.38 | 536.08 | 552.46 | 40.68 | 511.78 | 7737.55 | 14848.41 | 16721.15 | 16883.93 |
| 0.65 | 552.46 | 552.46 | 552.46 | 18.07 | 534.39 | 552.46 | 45.15 | 507.31 | 9007.35 | 15229.35 | 16747.57 | 16895.78 |
| 0.70 | 552.46 | 552.46 | 552.46 | 20.26 | 532.20 | 552.46 | 51.02 | 501.43 | 10277.14 | 15610.29 | 16774.49 | 16908.96 |
| 0.75 | 552.46 | 552.46 | 552.46 | 23.23 | 529.23 | 552.46 | 59.24 | 493.22 | 11546.94 | 15991.23 | 16802.19 | 16924.26 |
| 0.80 | 552.46 | 552.46 | 552.46 | 27.50 | 524.96 | 552.46 | 71.99 | 480.47 | 12816.74 | 16372.16 | 16831.18 | 16943.30 |
| 0.85 | 552.46 | 552.46 | 552.46 | 34.25 | 518.21 | 552.46 | 552.46 | 0.00 | 14086.53 | 16753.10 | 16862.67 | 16753.10 |
| 0.90 | 552.46 | 552.46 | 552.46 | 46.92 | 505.54 | 552.46 | 552.46 | 0.00 | 15356.33 | 17134.04 | 16900.00 | 17134.04 |
| 0.95 | 552.46 | 552.46 | 552.46 | 552.46 | 0.00 | 552.46 | 552.46 | 0.00 | 16626.12 | 17514.98 | 16626.12 | 17514.98 |
| 1.00 | 552.46 | 552.46 | 552.46 | 552.46 | 0.00 | 552.46 | 552.46 | 0.00 | 17895.92 | 17895.92 | 17895.92 | 17895.92 |

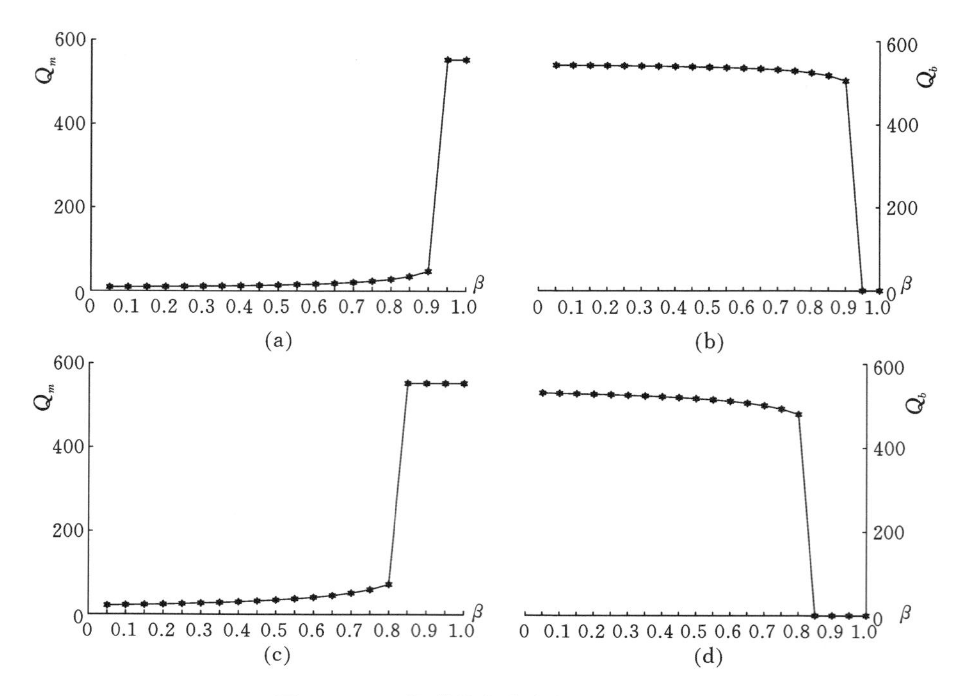


**图 14-1　双渠道供货商内部订货量分配**

(a) 无追溯下 $S_m$ 订单量；(b) 无追溯下 $S_b$ 订单量；(c) 有追溯下 $S_m$ 订单量；(d) 有追溯下 $S_b$ 订单量

## 14.4.2　结果分析

表 14-3 列出的数据可以验证如下观点。

第一，最优订单量始终保持不变，不会受到策略组合以及供给中断概率的影响。

第二，最大预期利润始终处于变动之中，应对管理策略和中断概率的变化均会对供应链收益造成影响。

第三，单渠道无追溯系统情景下利润会出现负值，而其他策略组合均可以使利润保持在大于零的水平，因此无论是双渠道措施还是追溯系统措施，都具有减少中断损失，提高供应链收益的效果。

从图 14-1 中可以看到，三组参数下双渠道结构内部订货量的分配规律相似，可以验证如下观点。

第一，不管有无追溯系统，也不管 $\beta$ 值如何变化，主流供货商始终会分配到订单，订单的分配受 $\beta$ 值的影响。$\beta$ 越小，特殊中断概率越大，补充供货商的贡献越大，主流供货商贡献越小，这体现了双渠道以冗余抵抗风险的机制。

第二，不管有无追溯系统，当 $\beta$ 足够大时，都会出现双渠道向单渠道的退化，双渠道作用失效，其有追溯系统情况下失效更快。

接下来是四种策略的交叉对比和敏感性分析，这部分实验只就问题 Ⅰ 进行了计算。但为了更好地检验各策略对中断概率和追溯系数的敏感性，将 $\beta$ 的取值间隔从 0.05 缩小到 0.01，将有追溯系统策略下追溯系数 $T$ 扩展取值，依次取 0.3、0.5、0.7。计算结果由图 14-2 到图 14-8 依次呈现。

图 14-2 将四种策略组合的利润变动趋势集中在一起了，综合呈现出四种策略组合的供应链利润差异：有追溯系统大于无追溯系统，双渠道结构不小于单渠道结构，有追溯系统和双渠道结构组合大于其余三个组合。这说明两种策略具有叠加优势，但这种优势不是线性叠加的。

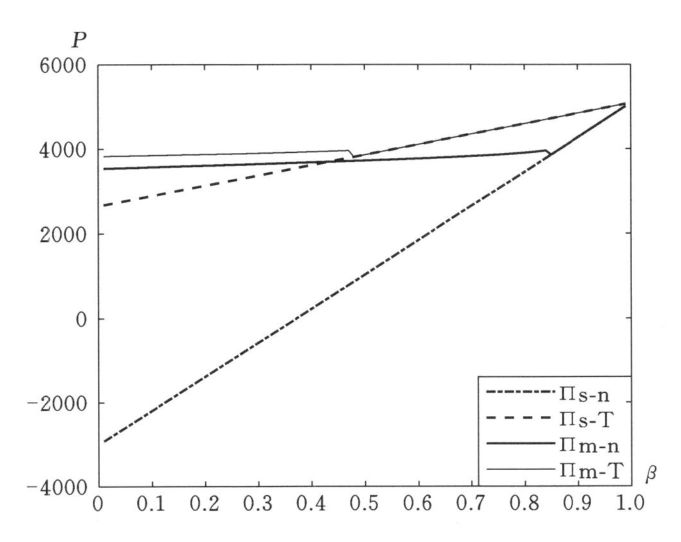


**图 14-2　四种策略组合下供应链利润随 $\beta$ 的变化趋势图**

图 14-3 和图 14-4 是单渠道结构下有追溯系统和无追溯系统的对比。其中，图 14-3 左侧是有无追溯系统的利润曲线对比、右侧是利润差值随 $\beta$ 的变化趋势，图 14-4 是追溯系数分别取 0（无追溯系统）、0.3、0.5、0.7 时的供应链利润曲线。

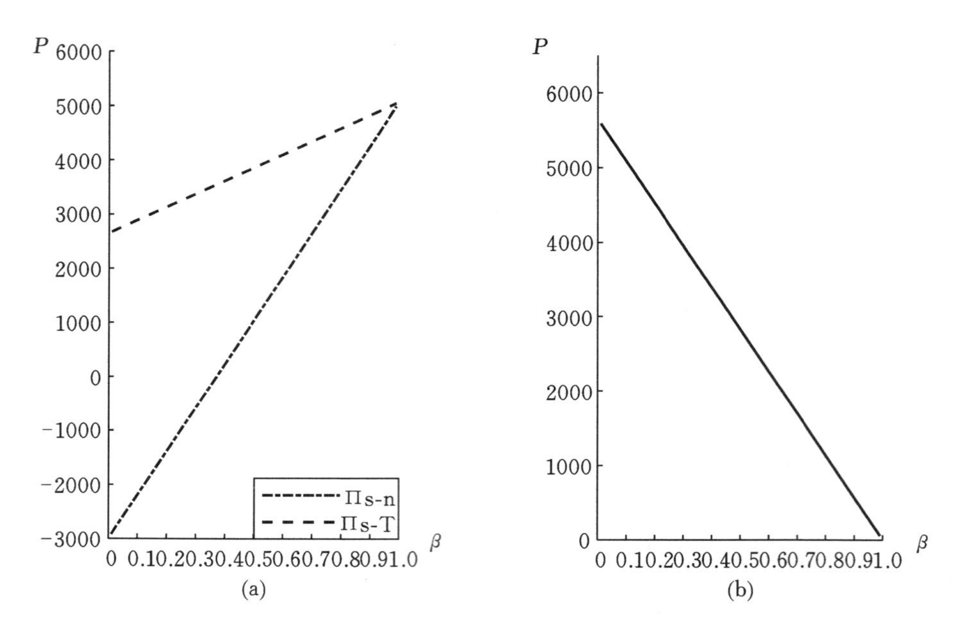


**图 14-3　单渠道结构下有无追溯系统供应链利润对比及差值**

(a) 利润比较；(b) 利润差值

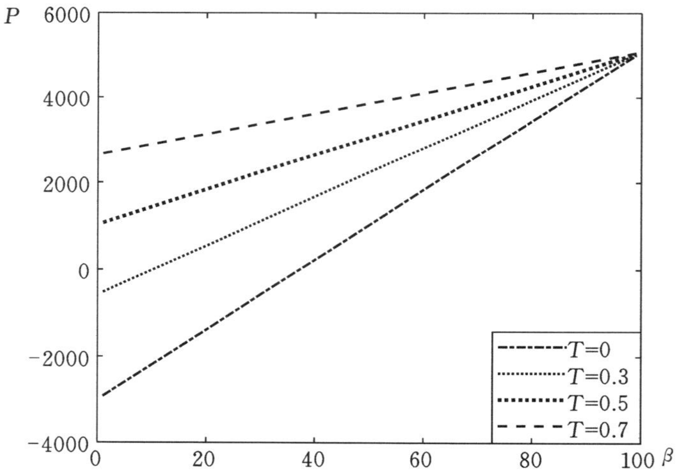

**图 14-4　单渠道结构不同追溯系数下的供应链利润**

通过曲线对比可以验证如下观点。

第一，单渠道结构下，有追溯系统的利润曲线始终位于无追溯系统曲线上方，因此追溯系统可以促进中断供应链的利润提升、损失减少，但是这种正向促进作用（利润差值）随着$\beta$的增加而不断降低，即与特殊中断概率$(1-\beta)$呈正相关关系；

第二，单渠道结构下，追溯系数越大，追溯系统的精确性、完善性越好，对供应链利润提升幅度越大。

图 14-5 和图 14-6 是双渠道结构下，有追溯系统和无追溯系统的对比。其中，图 14-5 左侧是有无追溯系统的利润曲线对比、右侧是利润差值随$\beta$的变化趋势，图 14-6 是追溯系数分别取 0（无追溯系统）、0.3、0.5、0.7 时的供应链利润曲线。

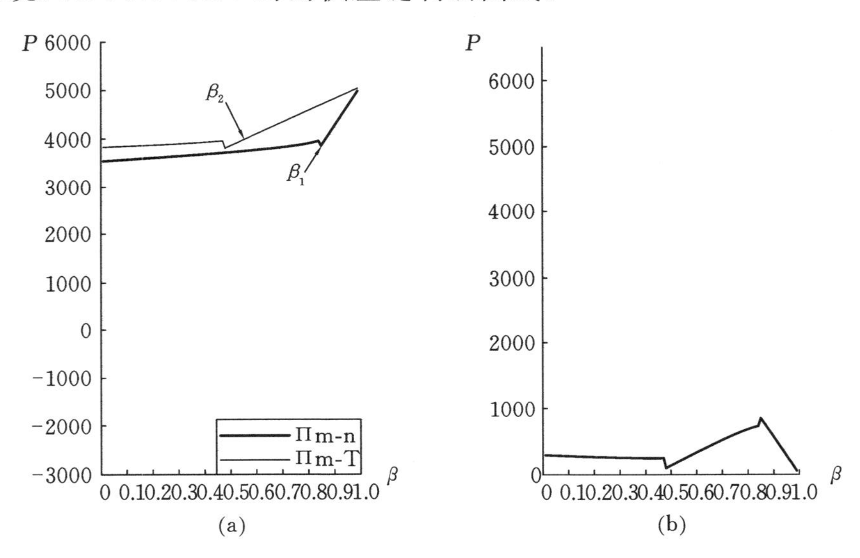


**图 14-5　双渠道结构下有无追溯系统供应链利润对比及差值**

(a) 利润比较；(b) 利润差值

通过曲线对比可以验证如下观点。

第一，双渠道结构下，有追溯系统利润曲线始终位于无追溯系统曲线上方，因此追溯系统亦对供应链中断情况下的利润具有积极影响，但是这种积极影响（利润差值）由于两个突变点的存在而呈现出无规律的波动状态，与概率$\beta$之间没有确定的相关关系；

第二，双渠道结构下，当概率$\beta$处于低等或高等水平时，追溯系数的升高可以进一步促进追溯系统对供应链利润的提升作用；当概率$\beta$处于中等水平时，由于突变点的存在，追溯系数变高反而会使得供应链利润曲线出现震动下跌。也就是说复杂结构对追溯系统的风险预警预防作用具有一定的阻碍，两者存在一定程度的不协调。

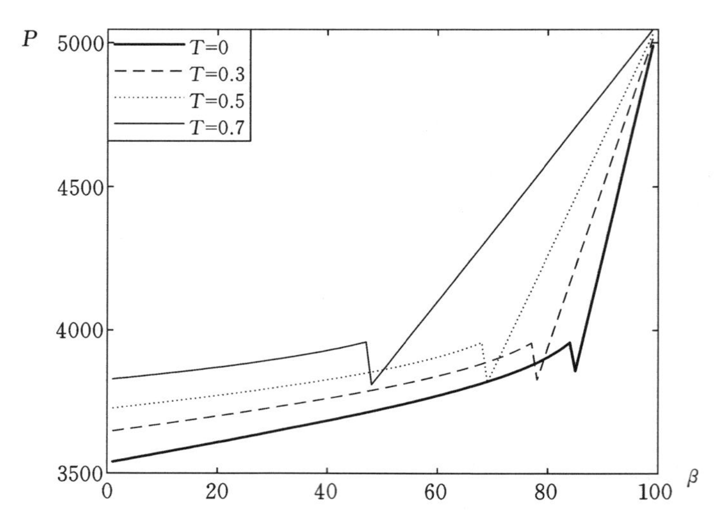


图 14-6　双渠道结构不同追溯系数下供应链利润

图 14-7 是无追溯系统下，双渠道结构和无追溯系统的对比分析。其中，图 14-7 的左侧是双渠道结构和单渠道结构供应链利润曲线对比，右侧是利润差值随 $\beta$ 的变化趋势。通过分析图中曲线走势可以验证如下观点。

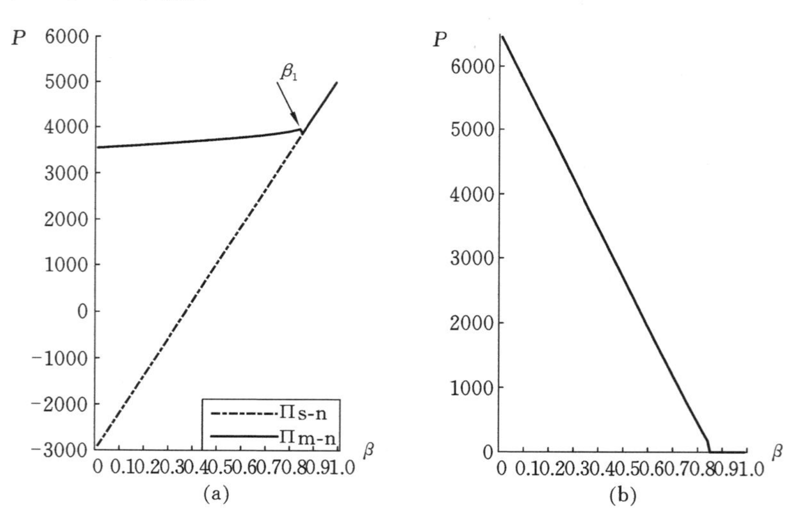


图 14-7　无追溯系统下双-单渠道结构供应链利润对比及差值

(a) 利润比较；(b) 利润差值

第一，在无追溯系统下，增加渠道可以在一定程度上抵抗供应

链中断风险,对供应链利润具有一定的提升作用;

第二,双渠道结构对比单渠道的这种正向作用会受到概率 $\beta$ 的调节:$\beta$ 越高,双渠道的风险抵抗作用越无法发挥,当 $\beta$ 高到一定程度时,双渠道将彻底失去效用。

图 14-8 是有追溯系统下,双渠道结构和单渠道结构作用效果的对比。其中,图 14-8 的左侧是双渠道结构和单渠道结构供应链利润曲线对比,右侧是利润差值随 $\beta$ 的变化趋势。通过分析图中曲线走势可以验证如下观点。

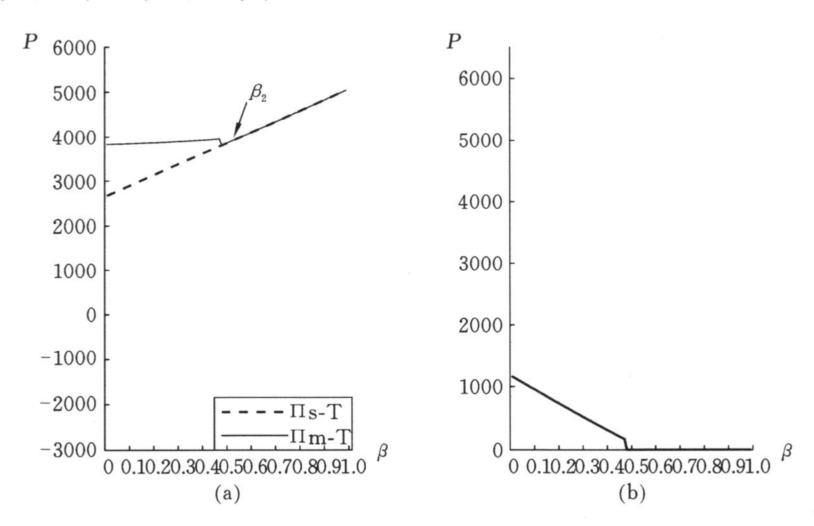


**图 14-8　有追溯系统下双-单渠道结构供应链利润对比及差值**

(a) 利润比较;(b) 利润差值

第一,在有追溯系统下,增加渠道亦可以在一定程度上抵抗供应链中断风险,对供应链利润具有一定的提升作用。

第二,在有追溯系统下,这种正向作用也会受到概率 $\beta$ 的调节,$\beta$ 越高,双渠道的风险抵抗作用越无法发挥,当 $\beta$ 高于一定程度时,双渠道将彻底失去效用。

第三,追溯系统的建立会使得双渠道作用效果降低,同时失效点提前。

本章考虑了市场需求不确定和供应中断情景下的管理对策问题,就渠道结构设计和追溯系统建设两类中断应对策略的作用特征进行了探究。通过将两类策略两两搭配,形成单渠道无追溯系统、单渠道有追溯系统、双渠道无追溯系统、双渠道有追溯系统等四种策略组合，并在四种策略情景下建立了供应中断的供应链决策模型，以研究渠道结构和物联网追溯系统抵御中断风险的效果以及交互作用机制，从而给出相应的管理建议。

双渠道结构和物联网追溯系统均可以提高供应链应对供给中断的能力，降低中断风险造成的损失，但双渠道策略通过资源冗余的方式抵抗风险，而物联网追溯系统通过预警预防的方式减少中断事件。

供应链结构单一时，只要引进追溯系统就可以提高供应链中断情景下的预期利润，尤其是供应链共性中断事件少发，而特殊中断事件频发的情况下，追溯系统的预警作用尤为显著。因此，诸如供给关系简单且固定的能源产业，或原材料小范围腐坏事件高发而大规模农产品污染由于完善的监控机制却较为少发的食品行业，可以更多地采用物联网追溯体系，提早预知小范围电力不均衡或者小批量水果腐坏，及早消除风险，通过阻止危害蔓延来遏制供应短缺问题。

供应链结构较为复杂时，需要更为谨慎地采用追溯系统。当行业的特殊供给中断很少发生或是发生频率极高时，不管引入追溯系统的完善程度如何，它依旧可以提高行业的整体利润，当然完善程度越高，利润提升越高；但是当特殊中断发生概率处于中等水平，而引入的追溯系统追溯精度不高、完善程度不强时，就会造成供应链的结构震荡，继而引发激烈的协调冲突，从而造成供应链中断时更大的利润损失。因此，诸如手机、电脑等高端电子产品行业，或是汽车、大型机械等传统制造行业，一则零部件品类繁复、产品渠道结构复杂，二则个别品类零部件问题造成的小规模召回事件时有发生，符合上述特殊中断概率处于中间水平且供应链结构复杂的情景。所以这些行业在建立物联网、引入追溯系统的过程中，一方面需要先尽可能地简化供应链渠道结构，另一方面应尽力采用精确度、完善度极高的追溯系统。当然，这对企业供应链管理能力、技术能力和经济实力都有着比较高的要求。

供应链没有追溯能力时，采用双渠道结构是应对供给中断的有效措施,但是这种措施会随着中断概率的下降而失效。因此,虽然服装、玩具和日用百货均属于低端快消品行业,对这些行业而言建立追溯系统成本太高,不具有经济可行性。但其市场需求变化很快,其产品生命周期很短而时常发生供货中断问题,需要通过与多个供货商建立合作关系来降低风险、提高收益。而日用品产品变化很小,供货渠道也因此非常稳定,引入双渠道结构不仅不会产生效益,还会增加管理成本。

供应链具有了一定程度的追溯能力时,双渠道结构抵御中断的效果反而会受到一定的削弱,因此,类似电商物流等具有了一定追溯能力但渠道结构比较繁多的行业可以一定程度上减少补充供应商的数量,以避免不必要的资源浪费。

虽然物联网追溯性和多渠道策略都有缓冲供给中断风险的能力,且这两种措施可以产生叠加效果,但是这种叠加并非线性加和,也不会产生协同效应,反而会有一部分的作用被抵消,也就是说,1＋1 并不等于 2,也不大于 2,而是小于 2。

## 参考文献

[1] MOHAMMADZADEH N, ZEGORDI S H. Coordination in a triple sourcing supply chain using a cooperative mechanism under disruption[J]. Computers & Industrial Engineering, 2016, 101: 194-215.

第15章 Chapter 15

# 物联网环境下可追溯性和渠道侵入对产品质量决策协同的影响研究

## 15.1 物联网技术下的双渠道产品质量决策问题

我国于2018年发布了中国乡村振兴战略，这对中国农业农村事业产生了深远的影响。乡村振兴战略包括产业振兴等诸多内容，农村电商、农产品质量和物联网追溯系统是其中的重要内容[1]，三者对农业农村实践也有着深远的影响。农村电商改变了供应链结构，因为借助农村电商，农产品制造商可以比较方便地在传统渠道之外构建一个直销渠道，即渠道侵入[2]。这方面的典型应用有阿里巴巴开展的村淘项目以及慧农网等电子商务平台。渠道结构的改变无疑会影响产品质量决策[3]，而农产品质量问题(包括农产品安全问题)无疑是农业农村事业中的重要话题之一。一般消费者难以准确评估农产品质量，因为农业企业的行为难以被普通消费者所完全掌握[4]。因此可追溯性被视为规范农业企业行为的有利工具[5]。美国、欧洲都建立了食品追溯系统并发布了相关法律，要求所有食品都能追溯生产过程[6]，中国的质量安全追溯系统也正在建立和完善[7]。综上所述，农村电商、农产品质量和追溯系统彼此之间相互影响，但是三者在我国的实践中也存在着一些问题。

对农村电商而言，由于我国农业基础较弱，很多农产品制造商缺乏电子商务运营经验，并且农村电子商务需要投入大量人力资源和在线运作成本，因此是否采用渠道侵入策略对我国农业企业而言是一个需要慎重考虑的问题。

就追溯系统而言，质量安全追溯系统的建设需要大量的资金，并且需要企业的配合。因此对于地方政府和地方农村农业委员会而言，质量安全追溯系统建设费时费力，看起来很美但落地很难。在财政资金不充裕的地区，虽然对农村电商比较重视，但对质量安全追溯系统的建设则相对轻视。

农产品质量不仅受制造环节影响，还受零售环节影响[4,6]，基于此我们将构建一个博弈模型，将渠道侵入、可追溯性和农产品质量决策纳入其中，以研究零售环节影响产品质量场景下渠道侵入和可追溯性如何共同影响农产品质量决策，并分析渠道侵入和可追溯性各自的作用。

## 15.2　物联网技术下的双渠道产品质量决策建模

考虑一个市场，存在一个制造商 M 和一个传统零售商 R，制造商生产一种产品并通过零售商 R 销售给消费者，制造商也有可能自建直销渠道销售产品。市场规模标准化为 1。

### 15.2.1　双渠道下消费者效用建模与分析

(1) 双渠道下消费者效用建模

借鉴本章参考文献[4] 中的设置，对消费者效用进行建模。假设消费者在传统渠道为一单位产品的支付意愿为：

$$\hat{v} = \theta[v - (1 - T)pr(e_M, e_R)A] \qquad (15\text{-}1)$$

式中，$\theta \sim U(0,1)$ 服从标准均匀分布，以体现消费者异质性；$v$ 表示消费者消费一单位高质量产品（或安全的产品）获得的效用，为不失一般性，令 $v = 1$；$T$ 表示可追溯性（即追溯系统，下同）是否存在，$T = 0$ 表示可追溯性不存在，$T = 1$ 表示可追溯性存在；$A$ 表示消费者消费低质量的产品（或不安全的食品）遭受的损失；$pr(e_M, e_R)$ 表示消费者消费低质量产品的概率，由制造商在制造环节的质量努力水平 $e_M$（质量努力水平在本章后面将简称为努力水平）和零售商在零售环节的质量努力水平 $e_R$ 决定。关于 $pr(e_M, e_R)$

的设定详见 15.3.1 中命题 1 的第(3) 点。

当直销渠道存在时，消费者在直销渠道购买一单位产品的支付意愿与传统渠道相似，为：

$$\hat{v}=\theta[v-(1-T)pr(e_M,e_S)A] \tag{15-2}$$

式中，$e_S$ 表示制造商在直销渠道零售环节的质量努力水平。消费者在两个渠道上购买一单位产品的综合支付意愿为：

$$\hat{v}=\theta[v-(1-T)pr(e_M,e_R,e_S)A] \tag{15-3}$$

$pr(e_M,e_R,e_S)$ 表示消费者在两个渠道上消费到低质量产品的综合概率。

(2) 可追溯性影响分析

如果不存在追溯系统，则 $T=0$，消费者自己承担的损失为：

$$(1-T)pr(e_M,e_R)A=pr(e_M,e_R)A \tag{15-4}$$

如果存在追溯系统，则 $T=1$，此时

$$(1-T)pr(e_M,e_R)A=0 \tag{15-5}$$

即消费者没有损失，这是因为追溯系统能够对食品进行跟踪并准确知道产品是在制造环节还是零售环节出现问题，则消费者可以向相关责任者要求赔偿。

(3) 低质量产品消费概率函数设置

$e_M,e_R,e_S\in\{0,1\}$，$e_i=0(i=M,R,S)$ 表示低努力水平，$e_i=1(i=M,R,S)$ 表示高努力水平。在传统渠道中，当制造、零售两个环节同时提供了高质量努力时(即 $e_M=1,e_R=1$)，则不会出现低质量产品，即 $pr(1,1)=0$；若制造、零售任一环节提供了低努力，则产出高质量产品的概率为 $1-p$，出现低质量产品的概率为 $p$；若制造、零售两个环节都提供了低质量努力，则产出高质量产品的概率为 $(1-p)^2\approx1-2p$(假设 $p$ 足够小)，产出低质量产品的概率为 $2p$[6]。

综上所述，传统渠道的低质量产品消费概率为：

$$pr(e_M,e_R)=(2-e_M-e_R)p \tag{15-6}$$

同理，直销渠道的低质量产品消费概率为：

$$pr(e_M,e_S)=(2-e_M-e_S)p \tag{15-7}$$

假设传统实体渠道的需求为 $q_R$，直销渠道的需求为 $q_S$，则：

$$pr(e_M, e_R, e_S) = \frac{q_R(2 - e_M - e_R)p + q_S(2 - e_M - e_S)p}{q_R + q_S} \tag{15-8}$$

## 15.2.2　零售商和制造商收益建模

零售商的收益为：

$$\pi_R = [p_R - w - c \cdot e_R - T(1 - e_R)pA]q_R \tag{15-9}$$

式中，$(p_R - w - c \cdot e_R)q_R$ 表示零售商的零售收益，$p_R$ 表示传统渠道的零售价格，$w$ 表示产品批发价格，$c$ 表示零售商在零售渠道提供高质量努力所需要付出的成本。

$T(1 - e_R)pAq_R$ 是零售商支付给消费者的赔偿。当没有追溯系统（$T = 0$）或者 $e_R = 1$ 时，

$$T(1 - e_R)pAq_R = 0 \tag{15-10}$$

这意味着零售商支付给消费者的赔偿均为 0，这是因为：当 $T = 0$ 时，消费者无法追偿；当 $e_R = 1$ 时，由于低质量产品不是由零售环节导致的，此时零售商也不用赔偿。当存在追溯系统（$T = 1$）且零售商在零售环节提供低质量努力（$e_R = 0$）时，因零售商原因会导致低质量产品的出现，零售商需要向消费者支付赔偿。

制造商的收益为：

$$\begin{aligned}\pi_M = {} & [w - c \cdot e_M - T(1 - e_M)pA]q_R + [p_S - c \cdot e_S \\ & - c \cdot e_M - T(2 - e_M - e_S)pA - o]q_S\end{aligned} \tag{15-11}$$

式中，$p_S$ 表示直销渠道的零售价格，$o$ 为直销渠道额外支付的销售成本，可以用来表征传统渠道和直销渠道的渠道差异。$T(1 - e_M)pAq_R$ 表示制造商向传统渠道消费者支付的赔偿，$T(2 - e_M - e_S)pAq_S$ 表示制造商向直销渠道消费者支付的赔偿。当没有直销渠道时，$q_S = 0$。

按照本章参考文献[3]，本章的决策时间线如下所示：(1)M 和 R 同时分别决定 $e_M$、$e_R$，如果存在渠道侵入，M 在此时还需要决定

$e_S$；(2)M 决定批发价格 $w$；(3)R 决定传统渠道的订单量 $q_R$；(4) 如果存在渠道侵入，M 决定直销渠道订单量 $q_M$。按照本章参考文献[3] 的设置，制造商和零售商为订单决策，因此有 $p_S = p_R$，即两个渠道价格一致。

为了研究渠道侵入和可追溯性的相互影响，本章共涉及四个场景：没有渠道侵入和可追溯（场景 N），仅存在可追溯性（场景 T）和渠道侵入（场景 E），同时存在可追溯和渠道侵入（场景 ET、ET1）。每种场景的设置如表 15-1 所示。

**表 15-1　本章涉及的场景说明**

| 场景 | 是否发生渠道侵入 | 是否有追溯系统 | 参数情况 |
|---|---|---|---|
| N | 否 | 否 | $T=0, q_S=0$ |
| T | | 是 | $T=1, q_S=0$ |
| E | 是 | 否 | $T=0, q_S>0$ |
| ET/ET1 | | 是 | $T=1, q_S>0$ |

# 15.3　物联网技术下产品质量决策分析

## 15.3.1　场景 N 分析：没有渠道侵入和可追溯

下面分析没有渠道侵入和可追溯性的基本场景 N。此时，消费者支付意愿为

$$\hat{v} = \theta[1-(2-e_M-e_R)pA] \tag{15-12}$$

当 $\hat{v} > p_R$ 时，消费者愿意购买，因此

$$q_R = 1 - p_R/[1-(2-e_M-e_R)pA] \tag{15-13}$$

令 $\tilde{v} = 1-(2-e_M-e_R)pA$，则有 $p_R = \tilde{v}(1-q_R)$，这里 $\tilde{v}$ 可以解读为产品真实质量水平。此时，采用逆向归纳法，首先分析零售商的决策如下：

$$\max_{q_R} \pi_R = [\tilde{v}(1-q_R) - w - c \cdot e_R]q_R \tag{15-14}$$

解得 $q_R = (\tilde{v} - w - c \cdot e_R)/(2\tilde{v})$。代入制造商收益函数，则制造商决策变为：

$$\max_{q_M} \pi_M = \frac{(w - c \cdot e_M)(\tilde{v} - w - c \cdot e_R)}{2\tilde{v}} \tag{15-15}$$

从而可以解得各决策变量和制造商和零售商收益为：

$$
\begin{aligned}
& w^N(e_M, e_R) = (\tilde{v} - c \cdot e_R + c \cdot e_M)/2 \\
& q_R^N(e_M, e_R) = (\tilde{v} - c \cdot e_M - c \cdot e_R)/(4\tilde{v}) \\
& \pi_M^N(e_M, e_R) = \frac{(\tilde{v} - c \cdot e_R - c \cdot e_M)^2}{8\tilde{v}} \\
& \pi_R^N(e_M, e_R) = \frac{(\tilde{v} - c \cdot e_R - c \cdot e_M)^2}{16\tilde{v}}
\end{aligned}
\tag{15-16}
$$

将 $\tilde{v} = 1 - (2 - e_M - e_R)pA$ 代入式(15-16) 可以得到

$$
\begin{cases}
w^N(e_M, e_R) = \dfrac{1 - (2 - e_M - e_R)pA - c \cdot e_R + c \cdot e_M}{2} \\
q_R^N(e_M, e_R) = \dfrac{1 - (2 - e_M - e_R)pA - c \cdot e_M - c \cdot e_R}{4[1 - (2 - e_M - e_R)pA]} \\
\pi_M^N(e_M, e_R) = \dfrac{[1 - (2 - e_M - e_R)pA - c \cdot e_R - c \cdot e_M]^2}{8[1 - (2 - e_M - e_R)pA]} \\
\pi_R^N(e_M, e_R) = \dfrac{[1 - (2 - e_M - e_R)pA - c \cdot e_R - c \cdot e_M]^2}{16[1 - (2 - e_M - e_R)pA]}
\end{cases}
\tag{15-17}
$$

根据式(15-17)，可求得 M 和 R 在场景 N 下关于质量努力的博弈如表 15-2 所示。假定 $1 - 2pA > 0$ 且 $1 - 2c > 0$ 以确保在表 15-2 所示的任意情况下，需求 $q_R$ 为正。

**表 15-2　场景 N 下 M 和 R 关于质量努力的博弈矩阵**

| | R：$e_R = 0$ | R：$e_R = 1$ |
|---|---|---|
| M：$e_M = 0$ | $\frac{1-2pA}{8}, \frac{1-2pA}{16}$ | $\frac{(1-pA-c)^2}{8(1-pA)}, \frac{(1-pA-c)^2}{16(1-pA)}$ |
| M：$e_M = 1$ | $\frac{(1-pA-c)^2}{8(1-pA)}, \frac{(1-pA-c)^2}{16(1-pA)}$ | $\frac{(1-2c)^2}{8}, \frac{(1-2c)^2}{16}$ |

利用剔除劣策略法，可得到命题 1。

**命题 1**　存在阈值 $\tilde{c}_1^N$ 和 $\tilde{c}_2^N > \tilde{c}_1^N$

(1) 若 $c < \tilde{c}_1^N$，$(e_M = 1, e_R = 1)$ 为唯一的纳什均衡，即 R 和 M

都将投入高质量努力；

(2) 若 $\tilde{c}_1^N < c < \tilde{c}_2^N$，博弈存在两个纳什均衡($e_M = 1, e_R = 1$)和($e_M = 0, e_R = 0$)，即 R 和 M 有可能投入高质量努力；

(3) 若 $c > \tilde{c}_2^N$，则($e_M = 0, e_R = 0$)为唯一的纳什均衡，即 R 和 M 都不会投入高质量努力。这里

$$\tilde{c}_1^N = (1 - pA) - \sqrt{(1 - pA)(1 - 2pA)} < pA$$
$$\tilde{c}_2^N = \frac{(1 - pA) - (1 - 2pA)\sqrt{1 - pA}}{3 - 4pA} < pA \tag{15-18}$$

命题1说明：努力成本 $c$ 越高，R和M选择高质量努力以提升产品质量的意愿就越低，这一点与本章参考文献[3]中没有渠道侵入时的结论一致。

### 15.3.2 场景 T 分析：仅存在可追溯性

下面将可追溯性纳入模型中。此时，消费者支付意愿为 $\hat{v} = \theta[v - (1 - T)pr(e_M, e_R)A]$，不难求得 $p_R = 1 - q_R$。利用逆向归纳法，先分析零售商的决策如下：

$$\max_{q_R} \pi_R = [1 - q_R - w - c \cdot e_R - (1 - e_R)pA]q_R \tag{15-19}$$

解得 $q_R = [1 - w - c \cdot e_R - (1 - e_R)pA]/2$。代入制造商收益函数，则制造商决策变为：

$$\max_{w} \pi_M = \frac{[w - c \cdot e_M - (1 - e_M)pA][1 - w - c \cdot e_R - (1 - e_R)pA]}{2}$$

解得各决策变量下制造商和零售商的收益分别为：

$$w^T(e_R, e_M) = \frac{1 - c \cdot e_R + c \cdot e_M + (e_R - e_M)pA}{2}$$
$$q_R^T(e_R, e_M) = \frac{1 - (2 - e_R - e_M)pA - c(e_R + e_M)}{4}$$
$$\pi_M^T(e_R, e_M) = \frac{[1 - (2 - e_R - e_M)pA - c(e_R + e_M)]^2}{8}$$
$$\pi_R^T(e_R, e_M) = \frac{[1 - (2 - e_R - e_M)pA - c(e_R + e_M)]^2}{16}$$
$$\tag{15-20}$$

根据式(15-20)，可以得到 R 和 M 在场景 T 下关于质量努力的博弈如表 15-3 所示。根据表 15-3，利用剔除劣策略法，可得到命题 2。

**命题 2**　在场景 T 下，存在阈值 $\tilde{c}^T$，使得当 $c < \tilde{c}^T$ 时，$(e_M = 1, e_R = 1)$ 为唯一的纳什均衡，即 R 和 M 都将投入高质量努力；当 $c > \tilde{c}^T$ 时，$(e_M = 0, e_R = 0)$ 为唯一的纳什均衡，即 R 和 M 都将投入低质量努力。这里 $\tilde{c}^T = pA$。

**表 15-3　场景 T 下 M 和 R 关于质量努力的博弈矩阵**

| | R：$e_R = 0$ | R：$e_R = 1$ |
|---|---|---|
| M：$e_M = 0$ | $\frac{(1-2pA)^2}{8}, \frac{(1-2pA)^2}{16}$ | $\frac{(1-pA-c)^2}{8}, \frac{(1-pA-c)^2}{16}$ |
| M：$e_M = 1$ | $\frac{(1-pA-c)^2}{8}, \frac{(1-pA-c)^2}{16}$ | $\frac{(1-2c)^2}{8}, \frac{(1-2c)^2}{16}$ |

比较命题 2 和命题 1 发现，可追溯性总是可以增加质量成本阈值，即 $\tilde{c}_1^E < \tilde{c}_2^E < \tilde{c}^T$。这意味着追溯系统的存在可以提升产品质量，与本章参考文献[4,6]结论一致。计算不同 $pA$ 值下的阈值差异(图 15-1)，发现场景 T 和 E 的阈值差异随着 $pA$ 值的增加先增加后减小，即可追溯性的作用随着 $pA$ 值的增加先增加后减小。

可追溯性为什么能增加质量成本阈值呢？为了便于分析，将 $\pi_M^N(e_M, e_R)$ 略作改动为：

$$\pi_M^N(e_M, e_R) = \frac{\left[\sqrt{1-(2-e_M-e_R)pA} - c(e_R+e_M)/\sqrt{1-(2-e_M-e_R)pA}\right]^2}{8} \tag{15-21}$$

对比 $\pi_M^N(e_M, e_R)$ 和 $\pi_M^T(e_M, e_R)$，可以发现可追溯性可以提升质量成本阈值的原因。当存在可追溯性后，质量成本的系数从 $1/\sqrt{1-(2-e_M-e_R)pA}$ 减少为 1。换句话说，质量成本对于制造商收益的冲击作用下降，从而在可追溯性存在时制造商可以承担更高的质量成本，从而提升了制造商的质量成本阈值。这一点对零售商同样成立。此外还可以发现，可追溯性的出现使得产品真实质量 $\tilde{v}$ 对在收益函数中的表达式从 $\sqrt{1-(2-e_M-e_R)pA}$ 降为 $1-(2-$

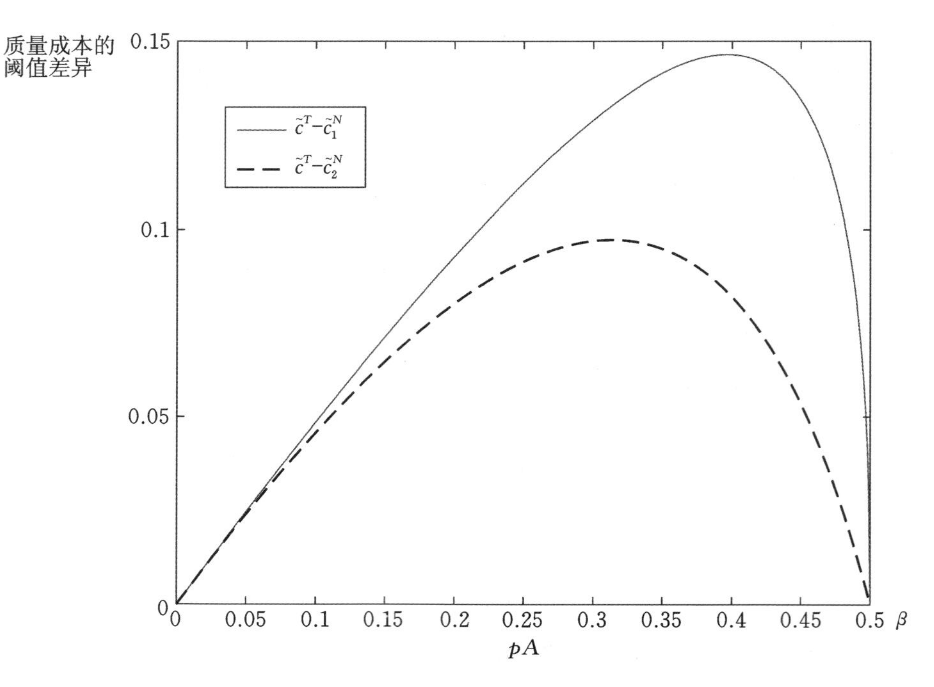


**图 15-1　场景 T 与 E 下质量成本阈值差异比较示意图**

$e_M - e_R)pA$。换句话说，可追溯性减少了真实质量对制造商或零售商收益的激励作用，背后的原因在于消费者通过可追溯性可以掌握更多的信息。这在一定程度上减少制造商和零售商的市场权力，从而减小产品真实质量对制造商、零售商的激励作用。

### 15.3.3　场景 E 分析：仅存在渠道侵入

假设 $e_R = e_S$，故

$$pr(e_M, e_R, e_S) = (2 - e_M - e_R)p \tag{15-22}$$

在场景 E 下，$\hat{v} = \theta[v - (2 - e_M - e_R)pA] = \theta\tilde{v}$，从而 $p_R = p_S = \tilde{v}(1 - q_R - q_S)$。按照逆向归纳法，先计算制造商关于 $q_S$ 的决策：

$$\max_{q_S} \pi_M = (w - c \cdot e_M)q_R + [\tilde{v}(1 - q_R - q_S) - c \cdot e_S - c \cdot e_M - o]q_S \tag{15-23}$$

解得

$$q_S = [\tilde{v}(1-q_R) - c \cdot e_S - c \cdot e_M]/(2\tilde{v}) \tag{15-24}$$

预知到制造商关于 $q_S$ 的决策，零售商 R 关于 $q_R$ 的决策变为：

$$\max_{q_R} \pi_R = \left\{\tilde{v}\left[1 - q_R - \frac{\tilde{v}(1-q_R) - c \cdot e_S - c \cdot e_M}{2\tilde{v}}\right] - w - c \cdot e_R\right\} q_R \tag{15-25}$$

解得

$$q_R = [\tilde{v} + o + c \cdot e_S - c \cdot e_R - 2w]/(2\tilde{v}) \tag{15-26}$$

此时制造商关于 $w$ 的决策变为

$$\max_{w} \pi_M = (w - c \cdot e_M) q_R + \tilde{v} q_S^2$$

最终，各决策变量、制造商收益、零售商收益如下式所示。

$$\begin{aligned} q_R^E(e_M, e_R) &= \frac{2o}{3\tilde{v}} \\ q_S^E(e_M, e_R) &= \frac{\tilde{v} - 5o/3 - c \cdot e_R - c \cdot e_S}{2\tilde{v}} \\ \pi_R^E(e_M, e_R) &= \frac{2o^2}{9\tilde{v}} \\ \pi_M^E(e_M, e_R) &= \frac{o[\tilde{v} - c \cdot e_R - c \cdot e_M - o/3]}{3\tilde{v}} \\ &\quad + \frac{(\tilde{v} - c \cdot e_R - c \cdot e_M - 5o/3)^2}{4\tilde{v}} \end{aligned} \tag{15-27}$$

场景 E 下制造商与零售商关于质量努力的博弈如表 15-4 所示。令

$$1 - 2c - 5o/3 > 0, 1 - 2pA - 5o/3 > 0 \tag{15-28}$$

以保证在任意情况下，不会出现任意一个渠道需求为负的情况。

根据表 15-4，利用剔除劣策略法，可以得到命题 3。

**命题 3：**

(1) 选择 $e_R = 0$，总是零售商的优势策略，即零售商选择低质量努力会给其带来更高收益。

(2) 存在阈值 $\tilde{c}^E < pA$，当且仅当 $c < \tilde{c}^E$ 时，制造商会在制造环节投入高质量努力为优势策略。

表 15-4　场景 E 下 M 和 R 关于质量努力的博弈矩阵

| | R：$e_R=0$ | R：$e_R=1$ |
|---|---|---|
| M：$e_M=0$ | $\pi_M^E=\frac{o(1-2pA-o/3)}{3(1-2pA)}+\frac{(1-2pA-5o/3)^2}{4(1-2pA)}$ $\pi_R^E=\frac{2o^2}{9(1-2pA)}$ | $\pi_M^E=\frac{o(1-pA-c-o/3)}{3(1-pA)}+\frac{(1-pA-c-5o/3)^2}{4(1-pA)}$ $\pi_R^E=\frac{2o^2}{9(1-pA)}$ |
| M：$e_M=1$ | $\pi_M^E=\frac{o(1-pA-c-o/3)}{3(1-pA)}+\frac{(1-pA-c-5o/3)^2}{4(1-pA)}$ $\pi_R^E=\frac{2o^2}{9(1-pA)}$ | $\pi_M^E=\frac{o(1-2c-o/3)}{3}+\frac{(1-2c-5o/3)^2}{4}$ $\pi_R^E=\frac{2o^2}{9}$ |

证明命题 3 如下：

（1）由于 $\pi_R^E(0,0)>\pi_R^E(0,1)$ 且 $\pi_R^E(1,0)>\pi_R^E(1,1)$，所以 $e_R=1$ 对零售商而言是严格劣策略。

（2）由于 $e_R=0$ 是零售商的严格优势策略，因此定义 $f_3(c)=\pi_M^E(1,0)-\pi_M^E(0,0)$。当 $f_3(c)>0$ 时，制造商在制造环节提供高质量努力，否则提供低质量努力。因为 $\mathrm{d}f_3(c)/\mathrm{d}c<0$，且 $f_3(pA)<0$，$f_3(0)>0$，所以存在唯一阈值 $\tilde{c}^E\in(0,pA)$ 使得对于 $\forall c<\tilde{c}^E$ 有 $f_3(c)>0$。

### 15.3.4　场景 ET 分析：渠道侵入和可追溯性同时存在

在 ET 场景下，$\hat{v}=\theta$，$p_R=p_S=1-q_R-q_S$。按照逆向归纳法，首先分析制造商关于 $q_S$ 的决策如下：

$$\max_{q_S}\pi_M=[w-c\cdot e_M-(1-e_M)pA]q_R+[1-q_R-q_S-c\cdot e_S-c\cdot e_M-(2-e_M-e_S)pA-o]q_S \tag{15-29}$$

求得

$$q_S=[1-q_R-c\cdot e_S-c\cdot e_M-(2-e_M-e_S)pA-o]/2 \tag{15-30}$$

将之代入 R 的决策

$$\max_{q_R} \pi_R = [1 - q_R - q_S - w - c \cdot e_R - (1 - e_R) pA] q_R \tag{15-31}$$

可求得

$$q_R = \frac{1 + c(e_S + e_M - 2e_R) + (2e_R - e_M - e_S) pA + o - 2w}{2}$$

$$q_S = \frac{1 - c(3e_S + 3e_M - 2e_R) - (4 + 2e_R - 3e_M - 3e_S) pA - 3o + 2w}{4} \tag{15-32}$$

则此时 M 关于 $w$ 的决策为：

$$\max_{w} \pi_M = [w - c \cdot e_M - (1 - e_M) pA] \left[\frac{1 + c(e_S + e_M - 2e_R) + (2e_R - e_M - e_S) pA + o}{2} - w\right] + \frac{[1 - c(3e_S + 3e_M - 2e_R) - (4 + 2e_R - 3e_M - 3e_S) pA - 3o + 2w]^2}{16} \tag{15-33}$$

最终可解得各决策变量和收益函数为：

$$\begin{cases} w^{ET} = \dfrac{3 + (-3e_M + e_S + 2e_R) pA + c(-e_S + 3e_M - 2e_R) - o}{6} \\ q_S^{ET} = \dfrac{1 + (-2 + e_M + 5e_S/3 - 2e_R/3) pA + c(2e_R/3 - 5e_S/3 - e_M) - 5o/3}{2} \\ q_R^{ET} = \dfrac{2[(c - pA)(e_S - e_R) + o]}{3} \\ \pi_M^{ET} = [1 + (-2 + e_M + e_S/3 + 2e_R/3) pA + c(-e_S/3 - e_M - 2e_R/3) - o/3] \dfrac{(c - pA)(e_S - e_R) + o}{3} \\ \qquad + \dfrac{[1 + (-2 + e_M + 5e_S/3 - 2e_R/3) pA + c(2e_R/3 - 5e_S/3 - e_M) - 5o/3]^2}{4} \\ \pi_R^{ET} = \dfrac{2[(c - pA)(e_S - e_R) + o]^2}{9} \end{cases} \tag{15-34}$$

结合式(15-32) 以及本节假定的 $e_M = e_R$，可以得出 R 和 M 关于质量努力的决策博弈(表 15-5)。根据表 15-5,不难得出命题 4。

**命题 4:**

(1) 对于零售商 R,$e_R = 0$ 与 $e_R = 1$ 没有区别。

(2) 对于制造商 M,当 $c < \tilde{c}_1^{ET} = pA$ 时,制造商将在制造环节选择高质量努力,即 $e_M = 1$。

对比命题 3 和 4,在渠道侵入情况下,可追溯性可以同时提升零售环节和制造环节的质量成本阈值,即可追溯性可以提升制造商和零售商提高产品质量的意愿。尤其当渠道差异 $o$ 和 $pA$ 比较大时,可追溯性的存在可以更大程度地促使制造商在制造环节采用高质量努力。

对比命题 4 和命题 2,当可追溯性存在时,渠道侵入不改变制造商在制造环节的质量成本阈值,即渠道侵入不改变制造商在制造环节的质量决策。但是对于零售商在零售环节的质量决策具有比较显著的影响。当 $c < pA$ 时,渠道侵入对于零售商提供高质量努力具有负面影响;当 $c > pA$ 时,渠道侵入反而会促进零售商提供高质量努力。

**表 15-5　场景 ET 下 M 和 R 关于质量努力的博弈矩阵**

| | R: $e_R = 0$ | R: $e_R = 1$ |
|---|---|---|
| M: $e_M = 0$ | $\pi_M^{ET} = (1-2pA-o/3)\frac{o}{3} + \frac{(1-2pA-5o/3)^2}{4}$<br>$\pi_R^{ET} = \frac{2o^2}{9}$ | $\pi_M^{ET} = (1-pA-c-o/3)\frac{o}{3} + \frac{(1-pA-c-5o/3)^2}{4}$<br>$\pi_R^{ET} = \frac{2o^2}{9}$ |
| M: $e_M = 1$ | $\pi_M^{ET} = (1-pA-c-o/3)\frac{o}{3} + \frac{(1-pA-c-5o/3)^2}{4}$<br>$\pi_R^{ET} = \frac{2o^2}{9}$ | $\pi_M^{ET} = (1-2c-o/3)\frac{o}{3} + \frac{(1-2c-5o/3)^2}{4}$<br>$\pi_R^{ET} = \frac{2o^2}{9}$ |

### 15.3.5　场景 ET1 分析：零售环节质量决策存在差异化情形

下面在 ET1 场景下放松 $e_R = e_S$ 的假设，则根据式(15-4)可以得到制造商和零售商关于 $e_M$、$e_R$、$e_S$ 的博弈(表 15-6)。根据表 15-6，可以得到命题 5。

**表 15-6　场景 ET1 下零售商环节质量决策存在差异化情形下质量决策博弈矩阵**

| | R: $e_R = 0$ | R: $e_R = 1$ |
|---|---|---|
| M: $e_M = 0$<br>$e_S = 0$ | $\pi_M^{ET} = (1-2pA-o/3)\dfrac{o}{3} + \dfrac{(1-2pA-5o/3)^2}{4}$<br>$\pi_R^{ET} = \dfrac{2o^2}{9}$ | $\pi_M^{ET} = (1-4pA/3-2c/3-o/3)\dfrac{pA-c+o}{3} + \dfrac{(1-8pA/3+2c/3-5o/3)^2}{4}$<br>$\pi_R^{ET} = \dfrac{2(pA-c+o)^2}{9}$ |
| M: $e_M = 0$<br>$e_S = 1$ | $\pi_M^{ET} = (1-5pA/3-c/3-o/3)\dfrac{c-pA+o}{3} + \dfrac{(1-pA/3-5c/3-5o/3)^2}{4}$<br>$\pi_R^{ET} = \dfrac{2(c-pA+o)^2}{9}$ | $\pi_M^{ET} = (1-pA-c-o/3)\dfrac{o}{3} + \dfrac{(1-pA-c-5o/3)^2}{4}$<br>$\pi_R^{ET} = \dfrac{2o^2}{9}$ |
| M: $e_M = 1$<br>$e_S = 0$ | $\pi_M^{ET} = (1-pA-c-o/3)\dfrac{o}{3} + \dfrac{(1-pA-c-5o/3)^2}{4}$<br>$\pi_R^{ET} = \dfrac{2o^2}{9}$ | $\pi_M^{ET} = (1-pA/3-5c/3-o/3)\dfrac{o-c+pA}{3} + \dfrac{(1-5pA/3-c/3-5o/3)^2}{4}$<br>$\pi_R^{ET} = \dfrac{2(o+pA-c)^2}{9}$ |
| M: $e_M = 1$<br>$e_S = 1$ | $\pi_M^{ET} = (1-2pA/3-4c/3-o/3)\dfrac{c-pA+o}{3} + \dfrac{(1+2pA/3-8c/3-5o/3)^2}{4}$<br>$\pi_R^{ET} = \dfrac{2(c-pA+o)^2}{9}$ | $\pi_M^{ET} = (1-2c-o/3)\dfrac{o}{3} + \dfrac{(1-2c-5o/3)^2}{4}$<br>$\pi_R^{ET} = \dfrac{2o^2}{9}$ |

**命题 5**：存在阈值 $\tilde{c}_2^{ET} = pA$。

（1）当 $c < \tilde{c}_2^{ET}$ 时，$e_R = 1$ 是零售商在零售环节质量努力决策的优势策略，$e_M = 1$ 是制造商在制造环节质量努力决策的优势策略。此时，若 $o < \tilde{o}_1$，则 $e_S = 1$ 是制造商在直销渠道的零售环节质量努力决策的优势策略；若 $o > \tilde{o}_1$，则 $e_S = 0$ 反而是制造商在直销渠道的零售环节质量努力决策的优势策略。

（2）当 $c > \tilde{c}_2^{ET}$ 时，$e_R = 0$ 是零售商在零售环节质量努力决策的优势策略，$e_M = 0$ 是零售商在零售环节质量努力决策的优势策略。此时，若 $o < \tilde{o}_2$，则 $e_S = 0$ 是制造商在直销渠道的零售环节质量努力决策的优势策略；若 $o > \tilde{o}_2$，则 $e_S = 1$ 反而是制造商在直销渠道的零售环节质量努力决策的优势策略。

（3）$\tilde{o}_1$ 和 $\tilde{o}_2$ 的取值为：

$$\tilde{o}_1 = \frac{3 - 2.5c - 3.5pA}{7}, \tilde{o}_2 = \frac{3 - 3.5c - 2.5pA}{7} \quad (15\text{-}33)$$

## 15.4 物联网技术下产品质量决策的数值分析

### 15.4.1 渠道侵入对制造商制造环节质量决策影响分析

如式(15-27)所示，$\pi_R^E(e_M, e_R) = \dfrac{2o^2}{9\tilde{v}}$，结果与本章参考文献[3]中的式(5)一致。

这一结果说明了为什么在渠道侵入下零售商不愿意提供高质量努力的原因。因为在这种情况下，零售商的收益来自于其与直销渠道的差异性 $o$，而与产品质量无关，零售商提供高质量努力的行为反而会由于高质量成本的原因而导致其收益降低。

接下来，比较不同情况 $\tilde{c}^E$、$\tilde{c}^T$ 和 $\tilde{c}_1^N$，以研究渠道侵入带来的影响。如图 15-2 所示，当 $pA$ 比较小时，$\tilde{c}^E$ 随 $o$ 变化的幅度不大；但随着 $pA$ 的增加，$o$ 越小，$\tilde{c}^E$ 的上限越高。另外，当 $pA$ 比较小时，总有 $\tilde{c}^E > \tilde{c}_1^N$，这说明此时渠道侵入反而可以增强制造商在制造环节提供高质量努力的动机；但是当 $pA$ 的变大超过某个阈值时，渠道侵入会导致制造商在制造环节的高质量努力动机削弱，并且 $o$ 越小，这个阈值越大。接下来分析渠道侵入对制造商在制造环节投入高质量努力的影响。积极因素是制造商可以借助渠道侵入获取一部分额外的收益，这使得渠道侵入有提高制造商投入高质量努力的意愿的可能。但消极因素是渠道侵入降低了零售商在传统渠道零售环节投入高质量努力的意愿。因此渠道侵入能否提升制造商提供高质量努力意愿会受渠道差异 $o$ 影响。渠道差异 $o$ 越小，则制造商可以从直销渠道获取的收益越多，渠道侵入的负面影响越小而积极影响越大。因此渠道差异 $o$ 越小渠道侵入越有可能提升制造商在制造环节提供高质量努力的意愿。

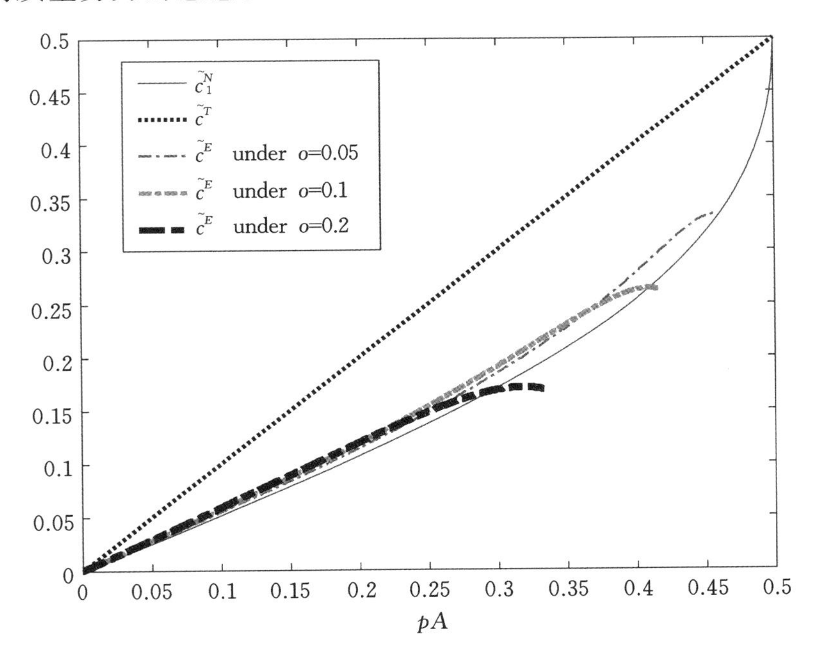


**图15-2　场景N，T和E下质量成本阈值比较分析**

下面在本章参考文献[4]的基础上，对消费者效用、制造商收益和零售商收益进行建模，将可追溯性和渠道侵入同时纳入到模型中，以研究可追溯性和渠道侵入如何共同影响农产品质量决策。研究发现：

(1) 在渠道侵入情况下，可追溯性可以同时提升零售环节和制造环节的质量成本阈值，即可追溯性可以提升制造商和零售商提高产品质量的意愿。尤其当渠道差异 $o$ 和 $pA$ 比较大时，可追溯性的存在可以更大程度地促使制造商在制造环节采用高质量努力。

（2）当可追溯性存在时，渠道侵入不改变制造商在制造环节的质量成本阈值，即渠道侵入不改变制造商在制造环节的质量决策。但是对于零售商在零售环节的质量决策有比较显著的影响。当 $c < pA$ 时，渠道侵入对于零售商提供高质量努力有负面影响，而当 $c > pA$ 时，渠道侵入反而会促进零售商提供高质量努力。

（3）当渠道差异比较大时，在渠道侵入和可追溯性都存在的情况下，制造商在零售环节的质量努力决策可能存在反常现象，即质量努力成本较低时投入低质量努力，在质量努力成本较高时投入高质量努力。

### 15.4.2 制造商在零售环节质量决策分析

直觉上，当质量努力成本比较高时，采用低质量努力是优势策略。但是命题 5 说明在 E、T 场景下，当渠道差异 $o$ 比较大时，可能存在一个反常现象。图 15-3 描述了当 $pA = 0.3$ 时，制造商关于 $e_S$ 的决策示意图。当 $o$ 比较小时（即位于虚线下方时），$e_S$ 采用符合直觉的决策方式。若 $o$ 比较小且质量努力成本比较高时（即区域 4），$e_S = 0$ 是优势策略，若 $o$ 比较小且质量努力成本比较低时（即区域 3），$e_S = 1$ 是优势策略。但是当 $o$ 比较大时（即位于虚线上方时），$e_S$ 采用反常的决策方式。当 $o$ 比较大且质量努力成本比较高时（即区域 2），$e_S = 1$ 是优势策略，当 $o$ 比较大且质量努力成本比较低时（即区域 1），$e_S = 0$ 是优势策略。产生这一现象的原因是当渠道差异 $o$ 比较大时，制造商更重视传统渠道的批发收益，此时制造商在直销渠道的零售环节采用与零售商在零售环节相反的质量努力决策时，可以更大程度地确保传统零售渠道的需求，从而使其收益最大化。

本章在参考文献[6] 的基础上，对消费者效用、制造商收益和零售商收益进行建模，将可追溯性和渠道侵入同时纳入到模型中，以研究可追溯性和渠道侵入如何共同影响农产品质量决策。研究发现，第一，在渠道侵入情况下，可追溯性可以同时提升零售环节和制

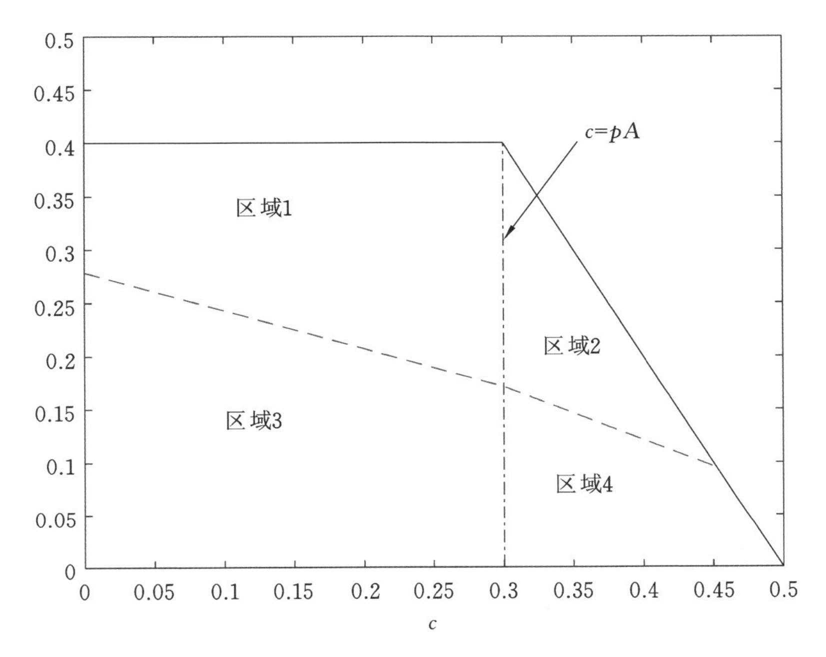


**图 15-3　$pA = 0.3$ 时，$e_S$ 决策示意图**

造环节的质量成本阈值，即可追溯性可以提升制造商和零售商提高产品质量的意愿。尤其当渠道差异 $o$ 和 $pA$ 比较大时，可追溯性的存在可以更大程度地促使制造商在制造环节采用高质量努力。第二，当可追溯性存在时，渠道侵入不改变制造商在制造环节的质量成本阈值，即渠道侵入不改变制造商在制造环节的质量决策。但是对于零售商在零售环节的质量决策有比较显著的影响。当 $c < pA$ 时，渠道侵入对于零售商提供高质量努力有负面影响，而当 $c > pA$ 时，渠道侵入反而会促进零售商提供高质量努力。第三，当渠道差异比较大时，在渠道侵入和可追溯性都存在的情况下，制造商在零售环节的质量努力决策可能存在反常现象，质量努力成本较低时投入低质量努力，在质量努力成本较高时投入高质量努力。

## 本章附录

### 命题 1 的证明

(1) 由于 $\pi_M^N(0,0) < \pi_M^N(1,0)$ 等价于 $\pi_R^N(0,0) < \pi_R^N(0,1)$，$\pi_M^N(0,1) < \pi_M^N(1,1)$ 等价于 $\pi_R^N(1,0) < \pi_R^N(1,1)$。

故而,若 $\pi_M^N(0,0) < \pi_M^N(1,0)$ 且 $\pi_M^N(0,1) < \pi_M^N(1,1)$,则应当有唯一的纳什均衡($e_M = 1, e_R = 1$)。

令 $f_1(c) = c^2 - 2c(1-pA) + pA(1-pA) = (c-s_1)(c-s_2)$,则有 $\pi_M^N(1,0) - \pi_M^N(0,0) \sim f_1(c)$。故当 $f_1(c) > 0$ 时,有 $\pi_M^N(0,0) < \pi_M^N(1,0)$。

因为 $\Delta_1 = 4(1-pA)(1-2pA) \geqslant 0$,所以 $s_1, s_2$ 为实数,不妨假定 $s_1 < s_2$,则有 $s_1, s_2 = (1-pA)_m \sqrt{(1-pA)(1-2pA)} > 0$。

由于 $f_1(0.5) = -(0.5-pA)(1.5-pA) < 0$,故而有 $s_1 < 0.5 < s_2$。考虑到 $c < 0.5 < s_2$,若 $c < s_1$,则有 $f_1(c) > 0$ 即 $\pi_M^N(0,0) < \pi_M^N(1,0)$。

令 $f_2(c) = (3-4pA)c^2 - 2c(1-pA) + pA(1-pA) = (3-4pA)(c-s_3)(c-s_4)$,则有 $\pi_M^N(1,1) - \pi_M^N(0,1) \sim f_2(c)$。故当 $f_2(c) > 0$ 时,有 $\pi_M^N(0,1) < \pi_M^N(1,1)$。

因为 $\Delta_2 = 4(1-pA)(1-2pA)^2 \geqslant 0$,所以 $s_3, s_4$ 为实数,不妨假定 $s_3 < s_4$,则有 $s_3, s_4 = [(1-pA)_m(1-2pA)\sqrt{1-pA}]/(3-4pA) > 0$。由于 $f_2(0.5) = -(0.5-pA)^2 < 0$,有 $s_3 < 0.5 < s_4$。考虑到 $c < 0.5 < s_4$,若 $c < s_3$,则有 $f_2(c) > 0$,即 $\pi_M^N(0,1) < \pi_M^N(1,1)$。

易得 $s_1 < s_3$,故:当 $c < s_1$ 时,有 $\pi_M^N(0,0) < \pi_M^N(1,0)$ 且 $\pi_M^N(0,1) < \pi_M^N(1,1)$,此时($e_M = 1, e_R = 1$)为唯一纳什均衡。

(2) 当 $s_1 < c < s_3$ 时,$\pi_R^N(0,0) > \pi_R^N(0,1)$,$\pi_M^N(0,1) < \pi_M^N(1,1)$,$\pi_R^N(0,0) > \pi_R^N(0,1)$,$\pi_R^N(1,0) < \pi_R^N(1,1)$,此时存在两个纳什均衡($e_M = 1, e_R = 1$)和($e_M = 0, e_R = 0$)。

(3) 当 $c > s_3$ 时,$\pi_R^N(0,0) > \pi_R^N(0,1)$,$\pi_M^N(0,1) > \pi_M^N(1,1)$,$\pi_R^N(0,0) > \pi_R^N(0,1)$,$\pi_R^N(1,0) > \pi_R^N(1,1)$,此时存在唯一纳什均衡($e_M = 0, e_R = 0$)。

(4) $\tilde{c}_1^N = s_1$,$\tilde{c}_2^N = s_3$。

## 参 考 文 献

[1] 新华社. 中共中央国务院关于实施乡村振兴战略的意见. http://www.gov.cn/zhengce/2018-02/04/content_52638 07.htm.

[2] ARYA A, MITTENDORF B, SAPPINGTON D E M. The bright side of supplier encroachment[J]. Marketing Science, 2007, 26(5): 651-659.

[3] HA A, LONG X, NASIRY J. Quality in supply chain encroachment[J]. Manufacturing & Service Operations Management, 2015, 18(2): 280-298.

[4] POULIOT S, SUMNER D A. Traceability, liability, and incentives for food safety and quality[J]. American Journal of Agricultural Economics, 2008, 90(1): 15-27.

[5] MARUCHECK A, GREIS N, MENA C, et al. Product safety and security in the global supply chain: issues, challenges and research opportunities[J]. Journal of Operations Management, 2011, 29(7-8): 707-720.

[6] SAAK A E. Traceability and reputation in supply chains[J]. International Journal of Production Economics, 2016, 177: 149-162.

[7] WANG Z, YAO D Q, YUE X. E-business system investment for fresh agricultural food industry in china[J]. Annals of Operations Research, 2017, 257(1-2): 379-394.

第16章 Chapter 16

# 物联网环境下 RFID 技术对灰色市场的影响研究

## 16.1 灰色市场管理中 RFID 技术的应用问题

窜货是指经销商私自将产品进行跨区域销售的行为，而灰色市场是指未经品牌拥有者授权而销售该品牌的市场渠道[1-3]，经销商窜货会导致灰色市场的形成。窜货导致的灰色市场问题变得日益突出，对市场经济产生了深远的影响[4-5]。例如，在中国移动手机市场中，灰色市场手机的销售份额几乎占到了整个手机市场的35%[6-7]。尤其是近几年苹果手机在中国手机灰色市场上的销量更是惊人。大量研究表明，灰色市场遍布于全球的各行各业[8-9]。灰色手机的销量在马来西亚的手机市场上占有 70% 的份额[9]。德国灰色市场的汽车销售额每年超过 100 亿美元[10]。全球 IT 行业中灰色市场产品的销售额占整个行业的 5% ～ 30%[11]。灰色市场产品几乎占有英国的制药行业 20% 的市场份额[12]。众多知名国际企业产品都出现在了灰色市场上，例如 IBM 个人电脑、梅塞德斯-奔驰、奥林巴斯相机等产品[13]。上述数据均反映了灰色市场规模的日益增加带来的一系列社会经济管理问题：损害品牌忠诚度，降低消费者满意度，造成市场渠道混乱，等等。企业的品牌、销售渠道及盈利发展等受到了来自灰色市场日益增加的压力。

一部分学者研究认为灰色市场会以多种方式损害品牌拥有者的商誉，而版权法可以有效地打击灰色市场，降低对企业品牌的损害[14]。不同的是，另外一些研究结果表明，执法的准确性和速度会影响执法效果，然而执法程度本身不会影响[15]。此外，基于合法营销的一般方式和非法营销方式的框架，部分研究把平行进口的灰色市场当作是一种灰色营销方式，并且列举了美国最高法院关于灰色市场案件的判决，讨论了灰色市场的合法性[16]。由此可见，灰色市场游走于法律边缘的灰色地带，有时通过立法角度难以定义并解决。况且在欠发达国家和地区，市场法律往往并不完善。另外一部分学者从合同契约的角度进行分析，认为商标和版权法不适用于解决灰色市场问题，并提出了一个结合合同、侵权和反托拉斯法的政策来规范灰色市场[2]。而另一些学者考虑了一个由主导零售商和一系列零售商组成的供应链系统，建立了动态数量折扣契约和利润分享契约，以此阻止两类零售商之间窜货形成的灰色市场，并对这两种契约进行对比分析[16]。实际上在灰色市场契约中，面对来自灰色市场的巨大利益诱惑时，窜货方均有单方面违背合同的动机，尤其是灰色市场信息还具有隐蔽性和复杂性，制造商和零售商之间的信息不对称，这更加弱化了合同契约的约束力。最近几年也有学者从营销策略的角度分析灰色市场问题，从返利的营销角度，分析了消费者购买授权产品返利对灰色市场的抑制作用[17]。这一方面的研究目前仍然较少。

物联网是由射频识别传感器、电子设备及互联网等设备组成的网络，并能够使这些对象建立连接、交换数据[18]。物联网 RFID 技术的溯源性是指依托于识别标签跟踪对象历史信息、位置和应用的能力[19]。众所周知，灰色市场问题的核心难点在于零售商的窜货行为具有隐蔽性和复杂性，灰色市场信息难以获取，传统的研究方法难以解决这一核心问题。由此可见，物联网 RFID 技术对灰色市场信息的获取有着天然的优势，为解决这一难题提供了可行的途径，这也是本章将物联网 RFID 技术引入灰色市场问题研究的原因。虽然目前没有学者直接将物联网 RFID 技术与灰色市场问题结合，但已有文献将物联网 RFID 技术与供应链管理结合，也有少量文献研究了物联网 RFID 的溯源性。例如，有些学者研究了 RFID 技术特有的数据抓取能力对供应链实时决策的作用[20]。有些学者从风险分担和协调的角度研究了RFID技术对库存错放的影响[21]。而关于物联网溯源性的研究文献,大多集中在食品质量安全的溯源方面。例如,一部分学者基于物联网RFID技术的溯源性设计了食品追溯系统,并建立信息数据模型分析RFID技术对食品供应链的影响[22]。一部分学者将物联网RFID技术溯源性应用于食品安全质量溯源[23-24]。除此之外,也有学者将物联网溯源性的研究引入了农业[25]和航空[26]领域。

本章将在现有的文献基础上将物联网RFID技术引入灰色市场问题,研究RFID技术对灰色市场的影响,并讨论制造商RFID技术采纳和零售商窜货行为的策略博弈。本章的主要研究内容包括两个方面:(1)建立了制造商RFID技术采纳和零售商窜货行为的博弈模型,分析了每种策略组合下RFID技术对灰色市场及企业收益的影响,并最终找到了策略博弈的纳什均衡解;(2)通过数值仿真方法,讨论了RFID技术、灰色市场与社会福利的关系。本章的主要贡献包括:(1)首次将物联网RFID技术引入了灰色市场研究,拓展了这一领域的研究视野;(2)建立了制造商和零售商的策略博弈模型,找到了博弈的纳什均衡策略,并以此解释了现实经济活动中RFID技术和灰色市场的诸多现状,为灰色市场管理提出了建议;(3)分析了RFID技术和灰色市场对社会福利的影响,为政府应对灰色市场、提高社会福利和促进RFID技术发展提供了理论依据。

## 16.2 基于RFID技术的灰色市场结构建模

### 16.2.1 模型描述

如图16-1,考虑一个由制造商M和零售商R组成的供应链系统,其中制造商有两种策略选择:不采用RFID技术(Non-adoption)和采用RFID技术(Adoption),记为$S_M = \{N, A\}$。同样零售商也有两种策略选择:不窜货(No-fleeing)和窜货(Fleeing-goods),记为$S_R = \{N, F\}$。制造商和零售商同时决策是否采用RFID技术和是否窜货，由此制造商和零售商的决策将产生四种结构组合：$(N,N)$，$(N,F)$，$(A,N)$，$(A,F)$。在每种结构组合下，制造商 M 生产单一产品，以价格 $p_h$ 直接销往高端市场 H（定义为高端产品），然后零售商 R 以批发价格 $w$ 进货，并以价格 $p_l$ 销往低端市场 L（定义为低端产品），且在 $(N,F)$ 和 $(A,F)$ 结构组合下零售商还以价格 $p_g$ 将产品私自销往灰色市场 G（定义为灰色产品）。高端产品和低端产品潜在需求分别为 $a_h$ 和 $a_l$。后文将依次分析每种结构组合情形，以期得到纳什均衡策略。

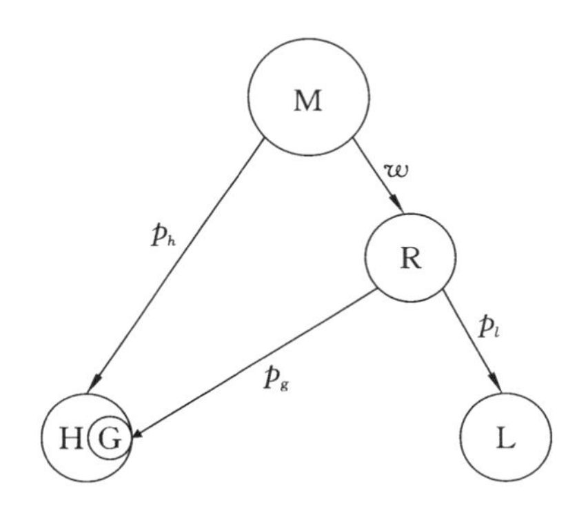


图 16-1　零售商窜货的灰色市场结构

## 16.2.2　模型假设

（1）为了简化结果且不影响分析，假设产品固定成本为零。

（2）假设 RFID 技术固定成本也为零，单位 RFID 标签成本为 $\beta$。RFID 技术成本主要由单位可变成本（RFID 标签）和固定成本（RFID 阅读器、无线通信设备）组成。固定成本不受业务量增减变动影响，因此同样假设为零。

（3）假设零售商无库存，所有产品最终都销往市场。这种假设在非库存的研究中大量存在。根据假设，制造商可以通过实际批发给零售商的产品数量和监控数据精确计算出灰色市场的产品销量。

（4）假设在 $(A,F)$ 策略组合下，制造商采用 RFID 技术能够获得零售商的窜货信息，并向零售商征收单位产品窜货惩罚成本 $\theta$，且该部分惩罚成本由制造商获取。这一假设符合现实，零售商窜货侵蚀了制造商利益，因为这部分惩罚成本由制造商获取符合实际。

(5) 假设灰色产品和高端产品之间为可替代关系，且产品潜在需求相同。灰色产品是未经渠道授权的正品，其功能和授权产品相同，他们之间为可替代关系，因此假设灰色产品潜在需求和高端产品相同。这一假设可理解为灰色市场的出现挖掘了更多的潜在需求。

(6) 假设 $4a_h < a_l < 5a_h$，$0 < \beta < a_l - 4a_h$，以此保证所有策略组合下的均衡解都为正。假设是为了保证所有的解符号均为正。其中，$4a_h < a_l < 5a_h$ 亦可理解为低端市场潜在需求高于高端市场潜在需求。在实际市场活动中，低端市场往往有更大的潜在需求。例如2016 年，在中国智能手机市场增速开始放缓的背景下，OPPO 创造了销量增长 109% 的神话，其重要原因是 OPPO 手机在低端市场（三四线城市）成功挖掘了大量潜在需求。此外，易知 $0 < \beta < a_l - 4a_h$ 表示 RFID 标签成本不可过高，否则制造商一定不会考虑 RFID 技术的采用。

(7) 假设制造商和零售商同时决策是否采用 RFID 技术和是否窜货，且双方均知道每种策略组合情形下其他参与者的策略及得益函数等信息。定义此完全不完美信息博弈为：$G = \{S_m, S_r; u_m, u_r\}$，$S_m = \{N, A\}$，$S_r = \{N, F\}$。

基于上述四种结构组合，下面将构建制造商和零售商的博弈模型，求解和分析四种组合下的均衡解。最终通过博弈支付矩阵的分析，找到制造商和零售商博弈的纳什均衡。

### 16.2.3 (N,N) 结构情形

制造商选择不采用 RFID 技术，零售商选择不窜货情形。这是一种最基本的情形，制造商以价格 $p_h^{NN}$ 将产品直接销往高端市场，零售商以批发价格 $w^{NN}$ 进货，并以价格 $p_l^{NN}$ 销往低端市场。本章采用线性函数刻画市场需求，由此可得高端市场和低端市场产品需求函数分别为：$D_h^{NN} = a_h - p_h^{NN}$，$D_l^{NN} = a_l - p_l^{NN}$。制造商和零售商目标函数分别为：

$$\max_{(w^{NN}, p_h^{NN})} \pi_m^{NN} = w^{NN} D_l^{NN} + p_h^{NN} D_h^{NN} \tag{16-1}$$

$$\max_{p_l^{NN}} \pi_r^{NN} = (p_l^{NN} - w^{NN}) D_l^{NN} \tag{16-2}$$

### 16. 2. 4　(A,N) 结构情形

制造商选择采用 RFID 技术，零售商选择不窜货情形。制造商以价格 $p_h^{AN}$ 将产品直接销往高端市场，零售商以批发价格 $w^{AN}$ 进货，并以价格 $p_l^{AN}$ 销往低端市场。此外，制造商批发给零售商的产品在生产加工时会添加 RFID 标签，单位成本为 $\beta$。同理可得高端市场和低端市场产品需求函数分别为：$D_h^{AN} = a_h - p_h^{AN}$，$D_l^{AN} = a_l - p_l^{AN}$。因此 $(A,N)$ 情形下制造商和零售商目标函数分别为：

$$\max_{(w^{AN}, p_h^{AN})} \pi_m^{AN} = (w^{AN} - \beta) D_l^{AN} + p_h^{AN} D_h^{AN} \tag{16-3}$$

$$\max_{p_l^{AN}} \pi_r^{AN} = (p_l^{AN} - w^{AN}) D_l^{AN} \tag{16-4}$$

对比式(16-3) 和式(16-2) 可知，此时制造商批发给零售商单位产品的净收益为 $w^{AN} - \beta$。同理，通过逆序归纳法解得此博弈均衡解见表 16-1。

### 16. 2. 5　(N,F) 结构情形

制造商选择不采用 RFID 技术，零售商选择窜货情形。制造商以价格 $p_h^{NF}$ 将产品直接销往高端市场，零售商以批发价格 $w^{NF}$ 进货，并以价格 $p_l^{NF}$ 销往低端市场，以价格 $p_g^{NF}$ 销往灰色市场。借鉴参考文献[26] 的做法，我们假设高端产品和灰色产品具有相同的线性需求函数，由此得到高端市场、低端市场和灰色市场需求函数分别如下：$D_h^{NF} = a_h - p_h^{NF} + p_g^{NF}$，$D_l^{NF} = a_l - p_l^{NF}$，$D_g^{NF} = a_h - p_g^{NF} + p_h^{NF}$。制造商和零售商目标函数分别为：

$$\max_{(w^{NF}, p_h^{NF})} \pi_m^{NF} = w^{NF} (D_l^{NF} + D_g^{NF}) + p_h^{NF} D_h^{NF} \tag{16-5}$$

$$\max_{(p_l^{NF}, p_g^{NF})} \pi_r^{NF} = (p_l^{NF} - w^{NF}) D_l^{NF} + (p_g^{NF} - w^{NF}) D_g^{NF} \tag{16-6}$$

同理，通过逆序归纳法解得此博弈均衡解见表 16-1。

### 16. 2. 6　(A,F) 结构情形

制造商选择采用 RFID 技术，零售商选择窜货情形。制造商以

价格 $p_h^{AF}$ 将产品直接销往高端市场，零售商以批发价格 $w^{AF}$ 进货，并以价格 $p_l^{AF}$ 销往低端市场，以价格 $p_g^{AF}$ 销往灰色市场。此外，制造商批发给零售商的产品在生产加工时会添加 RFID 标签，单位成本为 $\beta$。由此得到高端市场、低端市场和灰色市场需求函数分别如下：$D_h^{AF}=a_h-p_h^{AF}+p_g^{AF}$，$D_l^{AF}=a_l-p_l^{AF}$，$D_g^{AF}=a_h-p_g^{AF}+p_h^{AF}$。制造商和零售商目标函数分别为：

$$\max_{(w^{AF},p_h^{AF})}\pi_m^{AF}=(w^{AF}-\beta)(D_l^{AF}+D_g^{AF})+p_h^{AF}D_h^{AF}+\theta D_g^{AF} \tag{16-7}$$

$$\max_{(p_l^{AF},p_g^{AF})}\pi_r^{AF}=(p_l^{AF}-w^{AF})D_l^{AF}+(p_g^{AF}-w^{AF}-\theta)D_g^{AF} \tag{16-8}$$

由式(16-7)和(16-8)可知，通过 RIFD 技术获得灰色市场信息，以此精准地对窜货部分的灰色产品($D_g^{AF}$)征收单位窜货惩罚成本 $\theta$。解得此博弈均衡解见表 16-1。

**表 16-1　四种策略组合下制造商和零售商利润**

| 利润策略组合 | $\pi_m$ | $\pi_r$ |
| --- | --- | --- |
| $(N,N)$ | $\frac{1}{8}(2a_h^2+a_l^2)$ | $\frac{a_l^2}{16}$ |
| $(N,F)$ | $\frac{1}{8}(25a_h^2+8a_ha_l+a_l^2)$ | $\frac{1}{16}(41a_h^2-8a_ha_l+a_l^2)$ |
| $(A,N)$ | $\frac{1}{8}(2a_h^2+(\beta-a_l)^2)$ | $\frac{1}{16}(\beta-a_l)^2$ |
| $(A,F)$ | $\frac{2\beta^2+25a_h^2-2a_h(\beta-8\theta-4a_l)-2\beta a_l+a_l^2}{8}$ | $\frac{2\beta^2+41a_h^2-2\beta a_l+a_l^2-2a_h(\beta+4a_l)}{16}$ |

# 16.3　不同结构情形下 RFID 技术对灰色市场的影响分析

**命题 1**　对比分析$(A,N)$和$(N,N)$策略组合发现，在零售商不窜货情形下，制造商偏向于不采用 RFID 技术，否则将产生如下结果：

(1) 制造商和零售商利润均减少：$\pi_m^{NN}>\pi_m^{AN}$，$\pi_r^{NN}>\pi_r^{AN}$；

(2) 批发价格和低端产品价格均上升，高端产品价格不变；

$w^{NN} < w^{AN}, p_l^{NN} < p_l^{AN}, p_h^{NN} = p_h^{AN}$；

(3) 低端市场需求量下降，高端市场需求量不变：$D_l^{NN} > D_l^{AN}$，$D_h^{NN} = D_h^{AN}$。

证明：对比$(N,N)$和$(A,N)$策略组合下的均衡解，可得如下结果：

$$D_l^{NN} - D_l^{AN} = \frac{1}{4}\beta, D_h^{NN} - D_h^{AN} = 0$$

$$w^{NN} - w^{AN} = -\frac{1}{2}\beta, p_l^{NN} - p_l^{AN} = -\frac{1}{4}\beta$$

$$p_h^{NN} - p_h^{AN} = 0, \pi_m^{NN} - \pi_m^{AN} = \frac{1}{8}\beta(2a_l - \beta) > 0$$

$$\pi_r^{NN} - \pi_r^{AN} = \frac{1}{16}\beta(2a_l - \beta) > 0$$

命题 1 得证。

命题 1 说明了在零售商不窜货时，制造商没有动机采用 RFID 技术，因为这将导致制造商成本增加，收益下降($\pi_m^{NN} > \pi_m^{AN}$)。此时，制造商为了降低成本，将运用价格杠杆提高批发价格($w^{NN} < w^{AN}$)来转嫁成本的增加。同时，零售商为了应对上升的批发价格，会提高低端产品价格($p_l^{NN} < p_l^{AN}$)，这也导致了低端产品需求量的下降($D_l^{NN} > D_l^{AN}$)。最终由 RFID 技术带来的部分成本将会被转嫁到消费者身上。命题 1 一定程度上反映了现实经济活动中，众多企业面对新兴技术的消极态度。在没有完全了市场情况或者掌握新兴技术对企业生产管理的作用之前，他们大多规避风险、保持现状，不愿花费成本在新兴技术的应用投资上，即使他们知道这项新兴技术有可能帮助他们解决企业目前或即将遇到的重大问题。而一旦企业面临的问题集中爆发或者新兴技术的变革迅猛来临时，这些企业往往来不及反应而被市场淘汰。

**命题 2**　对比分析$(N,F)$和$(N,N)$策略组合发现，在制造商不采用 RFID 技术情形下，零售商偏向于选择窜货，且将产生如下结果：

(1) 制造商和零售商利润均增加：$\pi_m^{NF} > \pi_m^{NN}, \pi_r^{NF} > \pi_r^{NN}$；

（2）批发价格、低端产品和高端产品价格均上升：$w^{NF}>w^{NN}$，$p_l^{NF}>p_l^{NN}$，$p_h^{NF}>p_h^{NN}$；

（3）低端市场需求量下降，高端市场需求量上升：$D_l^{NF}<D_l^{NN}$，$D_h^{NF}>D_h^{NN}$。

证明同上（略）。命题2说明了在制造商不采用RFID技术时，零售商有强烈动机进行窜货（$\pi_r^{NF}>\pi_r^{NN}$）。值得注意的是，制造商利润也将增加（$\pi_m^{NF}>\pi_m^{NN}$）。这是因为灰色市场的存在往往增加了制造商产品的总需求量（$D_h^{NF}+D_g^{NF}+D_l^{NF}>D_h^{NN}+D_l^{NN}$），制造商一方面通过价格杠杆转嫁灰色市场带来的不利影响（$w^{NF}>w^{NN}$），另一方面享受着灰色市场间接帮其拓展销售渠道、挖掘更多潜在需求而产生的额外收益。命题2也解释了为何现实经济活动中，灰色市场大量存在且难以完全消除。因为零售商有强烈的窜货动机，且灰色市场对企业有利也有弊，一方面有可能侵蚀企业品牌形象，降低消费者满意度，另一方面也间接帮助企业挖掘被其忽视的潜在市场和顾客。

**命题3** 对比分析$(A,F)$和$(N,F)$策略组合发现，在零售商窜货情形下，制造商采用和不采用RFID技术的收益结果比较如下：

（1）当$\theta>\dfrac{5(a_l-4a_h)}{8}$时，制造商采用RFID技术收益更高；

（2）当$0<\theta<\dfrac{5(a_l-4a_h)}{8}$时，若$0<\beta<\beta_1$，制造商采用RFID技术收益更高，若$\beta_1<\beta<\bar{\beta}$，制造商不采用RFID技术收益更高。

证明：对比表16-1中$(A,F)$和$(N,F)$两种策略组合下制造商的利润可得：

$$\pi_m^{NF}-\pi_m^{AF}=\frac{1}{4}[-\beta^2+\beta(a_h+a_l)-8\theta a_h]$$

记$f(\beta)=-\beta^2+\beta(a_h+a_l)-8\theta a_h$，$f(\beta)$为开口向下的二次函数。令$f(\beta)=0$，其根的判别式为$\Delta=(a_h+a_l)^2-32\theta a_h$。令$\Delta=0$，解$\theta=\dfrac{(a_h+a_l)^2}{32a_h}$。由二次函数性质易知，$\theta>\dfrac{(a_h+a_l)^2}{32a_h}$时，$\Delta<0$，$f(\beta)<0$，$\pi_m^{NF}-\pi_m^{AF}<0$；$\theta<\dfrac{(a_h+a_l)^2}{32a_h}$时，$\Delta>0$，二次方程$f(\beta)$

$=0$ 有两个实根，记为：

$$\beta_1=\frac{(a_h+a_l)-\sqrt{(a_h+a_l)^2-32\theta a_h}}{2}$$

$$\beta_2=\frac{(a_h+a_l)+\sqrt{(a_h+a_l)^2-32\theta a_h}}{2}$$

且 $\beta_2>\beta_1>0$。由前文假设知 $0<\beta<a_l-4a_h$，记 $\bar{\beta}=a_l-4a_h$。所以只需比较 $\bar{\beta}$ 与 $\beta_1$、$\beta_2$ 大小关系即可：

$$\begin{cases}0<\theta<\dfrac{5(a_l-4a_h)}{8},\beta_1<\bar{\beta}<\beta_2\\\dfrac{5(a_l-4a_h)}{8}<\theta<\dfrac{(a_h+a_l)^2}{32a_h},\bar{\beta}<\beta_1\end{cases}$$

同样由二次函数性质易知，当 $\dfrac{5(a_l-4a_h)}{8}<\theta<\dfrac{(a_h+a_l)^2}{32a_h}$ 时，$f(\beta)<0$，$\pi_m^{NF}-\pi_m^{AF}<0$；当 $0<\theta<\dfrac{5(a_l-4a_h)}{8}$ 时，若 $0<\beta<\beta_1$，则 $f(\beta)<0$，$\pi_m^{NF}-\pi_m^{AF}<0$，若 $\beta_1<\beta<\bar{\beta}$，则 $f(\beta)>0$，$\pi_m^{NF}-\pi_m^{AF}>0$。综上分析可得如下结果：

$$0<\theta<\frac{5(a_l-4a_h)}{8}, \text{当 } 0<\beta<\beta_1, \text{则 } \pi_m^{NF}<\pi_m^{AF},$$

$$\text{当 } \beta_1<\beta<\bar{\beta}, \text{则 } \pi_m^{NF}>\pi_m^{AF}$$

$$\theta>\frac{5(a_l-4a_h)}{8},\pi_m^{NF}<\pi_m^{AF}$$

即当单位窜货惩罚成本较低$\left[0<\theta<\dfrac{5(a_l-4a_h)}{8}\right]$，且 RFID 标签成本较高($\beta_1<\beta<\bar{\beta}$) 时，制造商不采用 RFID 技术收益更高($\pi_m^{NF}>\pi_m^{AF}$)，否则制造商采用 RFID 技术收益更高。命题 3 得证。

命题 3 表明，即使给定零售商窜货情形下，制造商也不一定选择采用 RFID 技术去监控零售商窜货行为。只有当单位窜货惩罚成本较高$\left[\theta>\dfrac{5(a_l-4a_h)}{8}\right]$或者单位窜货惩罚成本较低$\left[0<\theta<\dfrac{5(a_l-4a_h)}{8}\right]$且 RFID 标签成本也较低($0<\beta<\beta_1$) 时，制造商才会

选择采用 RFID 技术，否则制造商选择不采用 RFID 技术。这是因为采用 RFID 技术监控并制定灰色市场惩罚措施，虽然打击了零售商窜货行为，同时也降低了制造商的产品总需求量，但还需要付出一定成本。因此，当 RFID 技术带来的收益较低或者 RFID 技术成本较高时，企业不愿意采用。命题 3 揭示了企业面临灰色市场问题时，并没有强烈动机付出一定成本去采用 RFID 技术监控窜货行为。一方面是因为灰色市场的存在间接拓展了销售渠道，挖掘了更多潜在顾客（如命题 2 所述），另一方面是企业不愿承担采用新兴技术付出的成本，特别是当技术成本较高时（$\beta_1 < \beta < \bar{\beta}$）。这也是灰色市场存在的客观原因之一。

**命题 4**　对比分析（$A,F$）和（$A,N$）策略组合发现：在制造商采用 RFID 技术情形下，零售商亦偏向于选择窜货，且将产生如下结果：

（1）制造商和零售商利润均增加：$\pi_m^{AF} > \pi_m^{AN}$，$\pi_r^{AF} > \pi_r^{AN}$；

（2）批发价格、低端产品和高端产品价格均上升：$w^{AF} > w^{AN}$，$p_l^{AF} > p_l^{AN}$，$p_h^{AF} > p_h^{AN}$；

（3）低端市场需求量下降，高端市场需求量上升：$D_l^{AF} < D_l^{AN}$，$D_h^{AF} > D_h^{AN}$。

证明同上（略）。结合命题 2 和命题 4 发现，在本章的灰色市场结构情形下，不论制造商是否采用 RFID 技术，零售商总是有强烈的窜货动机，即窜货是零售商的占优策略。这是因为在完全不完美信息博弈中：

$$G = \{S_m, S_r; u_m, u_r\}, S_m = \{N, A\}, S_r = \{N, F\}$$

双方均知道每种策略情形下的得益函数。面对零售商的窜货行为，制造商不一定会采用 RFID 技术，即使采用 RFID 技术也不会完全阻止零售商窜货。零售商亦知道制造商不一定会阻止灰色市场，只要灰色市场能够给其增加产品销量和利润，因此，窜货是此博弈下零售商的占优策略。在现实经济活动中，由于窜货行为的复杂性和隐蔽性导致了信息的不对称，制造商无法有效掌握灰色市场信息，这将使得零售商的窜货动机更加强烈，直接导致了大量灰色市场的存在。所以在应对灰色市场问题时，制造商采用 RFID 技术获取灰色市场信息，在一定程度上可以弥补信息不对称，使自身处在博弈的有利地位。

## 16.4　纳什均衡分析

制造商和零售商在制定价格策略之前，各自决策是否采用 RFID 技术及是否窜货。这是一个完全不完美信息博弈，每种策略组合下的收益函数双方均知道。上文讨论了每种策略组合情形，并对不同的策略组合进行了对比。分析了制造商 RFID 技术的采用策略和零售商的窜货策略，并从不同角度解释了灰色市场存在的原因。基于上文的分析，得到博弈 $G$ 的支付矩阵如表 16-2 所示。

**表 16-2　博弈 $G$ 支付矩阵**

| 制造商 \ 零售商 | $N$ | $F$ |
| --- | --- | --- |
| $N$ | $(\pi_m^{NN}, \pi_r^{NN})$ | $(\pi_m^{NF}, \pi_r^{NF})$ |
| $A$ | $(\pi_m^{AN}, \pi_r^{AN})$ | $(\pi_m^{AF}, \pi_r^{AF})$ |

**命题 5**　在博弈 $G=\{S_m, S_r; u_m, u_r\}$，$S_m=\{N, A\}$，$S_r=\{N, F\}$ 中：

(1) 当 $\theta>\dfrac{5(a_l-4a_h)}{8}$ 时，有唯一纯策略纳什均衡 $(A, F)$；

(2) 当 $0<\theta<\dfrac{5(a_l-4a_h)}{8}$ 时，若 $0<\beta<\beta_1$，则纯策略纳什均衡为 $(A, F)$，若 $\beta_1<\beta<\bar{\beta}$，则纯策略纳什均衡为 $(N, F)$。

对于零售商而言，窜货是占优策略（$\pi_r^{NF}>\pi_r^{NN}$，$\pi_r^{AF}>\pi_r^{AN}$），不论制造商选择何种策略，零售商窜货总是占优选择，因此纳什均衡策略只可能出现在 $(N, F)$ 或者 $(A, F)$。对于制造商而言，并不存在占优策略，其在不同策略组合下的收益大小取决于单位窜货惩罚成本 $\theta$ 和单位 RFID 标签成本 $\beta$。如图 16-2 所示，当 $\theta$ 足够大 $\left[\theta>\dfrac{5(a_l-4a_h)}{8}\right]$ 时，或者 $\theta$ 并非足够大但 $\beta$ 较小 $\left[0<\theta<\dfrac{5(a_l-4a_h)}{8},\right.$

$0<\beta<\beta_1\Big]$时，制造商选择采用 RFID 技术将获得更高收益（$\pi_m^{AF}>\pi_m^{NF}$），唯一的纯策略纳什均衡为（$A$，$F$）；当$\theta$较小且$\beta$较大$\Big[0<\theta<\frac{5(a_l-4a_h)}{8}$，$\beta_1<\beta<\bar{\beta}\Big]$时，制造商选择不采用 RFID 技术将获得更高收益（$\pi_m^{AF}<\pi_m^{NF}$），且唯一的纯策略纳什均衡为（$N$，$F$）。在上述均衡中，制造商和零售商任何一方都没有积极性改变自己的策略，任何单方面地改变策略将会使自身陷入不利的局面。

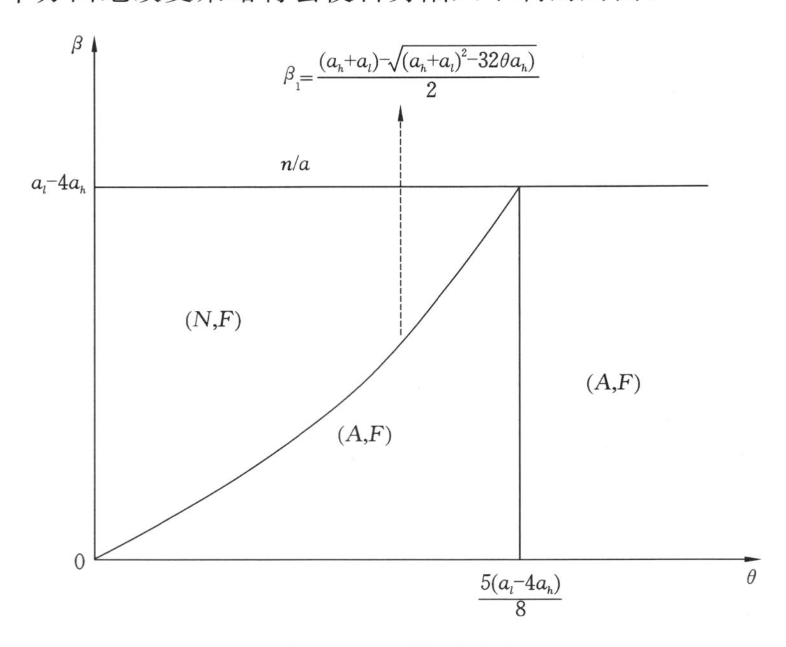


**图 16-2　纳什均衡分布**

命题 5 反映了现实经济活动中灰色市场问题的现状，即制造商面对零售商的窜货行为时，最终双方达到的均衡状态（$N$，$F$）或者（$A$，$F$），取决于 RFID 技术成本和窜货惩罚成本，一部分企业不愿采用 RFID 技术的原因之一就在于 RIFD 技术成本较高（$\beta_1<\beta<\bar{\beta}$）。事实上，在纳什均衡（$N$，$F$）或者（$A$，$F$）中，制造商默认了零售商的窜货行为，并利用价格杠杆调节灰色市场的规模及影响。灰色市场更像是制造商的一种营销或者渠道策略，以此挖掘高端市场更多的潜在需求。此外，命题 5 也提供了具有参考价值的管理启示意

义，管理者可以通过调节窜货惩罚成本 $\theta$ 的大小，实现对灰色市场的有效管理。例如，若要促进RFID技术的发展应用或者降低灰色市场规模，则相应地增大 $\theta$，促使双方博弈达到 $(A,F)$ 均衡；若要使产品的总需求量最大化，则相应地减小 $\theta$，促使双方博弈达到 $(N,F)$ 均衡。

本章考虑了由一个制造商、一个零售商及两个独立市场组成的供应链系统，首次将物联网RFID技术引入灰色市场研究，实现了制造商对灰色市场信息的监控，并在此基础上建立了制造商RFID技术采纳和零售商窜货行为的完全不完美信息博弈模型。通过分析四种不同策略组合下的均衡解，解释了RFID技术在现实灰色市场问题中的应用现状。研究发现：(1) 窜货总是零售商的占优策略，而制造商是否采用RFID技术则取决于技术本身的成本和零售商窜货惩罚成本的高低；(2) 物联网RFID技术的采用并不会直接增加制造商的收益，反而可能增加制造商的成本负担，但可以为制造商消除信息的不对称（获取灰色市场），使其处于博弈的对等位置。本章补充了物联网RFID技术在灰色市场管理研究领域的理论，并提供了具有管理启示价值的建议。但限于篇幅，仍存在一些不足：(1) 本章仅考虑了制造商RFID技术采纳和零售商窜货行为的完全不完美信息博弈，但实际情况中可能存在某一方事先观察到对方的决策的情况，因此完全且完美信息博弈值得进一步研究；(2) 本章仅考虑了一种类型的灰色市场结构模型，现实生活中可能存在不同结构类型的灰色市场模型；(3) 本章没有考虑同类型制造商之间的横向竞争，未来研究中可作进一步拓展。

## 参考文献

[1] 洪定军，马永开，倪得兵. 授权分销商与灰色市场投机者的Stackelberg竞争分析[J]. 系统工程理论与实践，2016，36(12)：3069-3078.

[2] GALLINI N T，HOLLIS A. A contractual approach to the gray market[J]. International Review of Law & Economics,

1996，19(98)：1-21.

[3] MYERS M B，GRIFFITH D A. Strategies for combating gray market activity[J]. Business Horizons，1999，42(6)：2-8.

[4] ANTIA K D，BERGEN M E，DUTTA S，et al. How does enforcement deter gray market incidence? [J]. Journal of Marketing，2006，70(1)：92-106.

[5] 程国平. 国际贸易中的灰色市场问题研究[J]. 外国经济与管理，1998(8)：12-15.

[7] 卢微微，姚硕珉. 中国大陆手机灰色市场研究[J]. 甘肃理论学刊，2011(5)：139-144，148.

[6] LIAO C H，HSIEH I Y. Determinants of consumer's willingness to purchase graymarket smartphones[J]. Journal of Business Ethics，2013，114(3)：409-424.

[8] MYERS M B. Incidents of gray market activity among U. S. exporters：occurrences，characteristics，and consequences[J]. Journal of International Business Studies，1999，30(1)：105-126.

[9] ANTIA K D，DUTTA S，BERGEN M E. Competing with gray markets[J]. Mit Sloan Management Review，2004，Fall(1)：63-69.

[10] HUANG J，LEE B C Y，SHU H H. Consumer attitude toward gray market goods[J]. International Marketing Review，2004，21(6)：598-614.

[11] AHMADI R，IRAVANI F，MAMANI H. Coping with gray markets：the impact of market conditions and product characteristics [J]. Production & Operations Management，2015，24(5)：762-777.

[12] KANAVOS P，HOLMES P，LOUDON D，et al. Pharmaceutical Parallel Trade in the UK[J]. Civitas，2005.

[13] DUHAN D F，SHEFFET M J. Gray markets and the legal status of parallel importation[J]. Journal of Marketing，1988，52(3)：75-83.

[14] MOHR C A. Gray market goods and copyright law: an end run around K Mart v. Cartier[J]. Cath. u. l. rev, 1996.

[15] ANTIA K D, BERGEN M E, DUTTA S, et al. How does enforcement deter gray market incidence? [J]. Journal of Marketing, 2006, 70(1):92-106.

[16] SU X, MUKHOPADHYAY S K. Controlling power retailer's gray activities through contract design[J]. Production & Operations Management, 2012, 21(1):145-160.

[17] ZHANG J. The benefits of consumer rebates: a strategy for gray market deterrence[J]. European Journal of Operational Research, 2016, 251(2):509-521.

[18] BROWN E. 21 Open source projects for IoT[J]. Linux.com. Retrieved, 2016:23.

[19] KELEPOURIS T, PRAMATARI K, DOUKIDIS G. RFID—enabled traceability in the food supply chain[J]. Industrial Management & Data Systems, 2007, 107(2): 183-200.

[20] CHATZIANTONIOU D, PRAMATARI K, SOTIROPOULOS Y. Supporting real-time supply chain decisions based on RFID data streams[J]. Journal of Systems and Software, 2011, 84(4): 700-710.

[21] CHEN S, WANG H, XIE Y, et al. Mean-risk analysis of radio frequency identification technology in supply chain with inventory misplacement: risk-sharing and coordination[J]. Omega, 2014, 46: 86-103.

[22] AUNG M M, CHANG Y S. Traceability in a food supply chain: safety and quality perspectives[J]. Food Control, 2014, 39: 172-184.

[23] PARREÑO-MARCHANTE A, ALVAREZ-MELCON A, TREBAR M, et al. Advanced traceability system in aquaculture supply chain[J]. Journal of Food Engineering, 2014,

122：99-109.

[24] SHANAHAN C, KERNAN B, AYALEW G, et al. A framework for beef traceability from farm to slaughter using global standards: an irish perspective[J]. Computers and Electronics in Agriculture, 2009, 66(1): 62-69.

[25] NGAI E W T, CHENG T C E, LAI K, et al. Development of an RFID based traceability system: experiences and lessons learned from an aircraft engineering company[J]. Production and Operations Management, 2007, 16(5): 554-568.

[26] 韩敬德，赵道政，秦娟娟. Bertrand 双寡头对上游供应商行为的演化博弈分析[J]. 管理科学，2009(2)：57-63